21世纪高等医学院校教材

大学生心理卫生

主　　编　刘鲁蓉

副 主 编　林庆国

编　　委　（以姓氏笔画为序）

王儒芳　成都中医药大学

刘鲁蓉　成都中医药大学

张雯衣　成都中医药大学

林庆国　山东中医药大学

罗晓文　成都中医药大学

徐丹慧　河南中医学院

蒋建华　成都中医药大学

科学出版社

北　京

内 容 简 介

本书采用了国内外最新的相关资料,结合了高等院校心理卫生教育中积累的实践经验,立足于大学生的实际,选取了当今大学生常出现的心理方面问题进行探讨。本书内容共分9章,分别从大学生心理卫生概述,自我意识,适应,学习,人际交往,恋爱、性与婚姻、职业生涯规划、心理压力与控制以及大学生常见的心理障碍等方面阐述大学生心理卫生知识,并提供相关案例及测试。内容精炼、案例生动、信息量大,具有较强的理论性、针对性和实用性。

本书可供全国高等院校大学生心理卫生公共课使用,也可作为大学生的课外读物,还可作为大学生辅导员的培训教材。

图书在版编目(CIP)数据

大学生心理卫生/刘鲁蓉主编. —北京:科学出版社,2006.8
21世纪高等医学院校教材
ISBN　7-03-017646-4

Ⅰ.大…　Ⅱ.刘…　Ⅲ.大学生-心理卫生-医学院校-教材　Ⅳ.B844.2

中国版本图书馆CIP数据核字(2006)第078881号

责任编辑:郭海燕　方　霞 / 责任校对:陈丽珠
责任印制:刘士平 / 封面设计:黄　超

科学出版社出版
北京东黄城根北街16号
邮政编码:100717
http://www.sciencep.com
新科印刷有限公司 印刷
科学出版社发行　各地新华书店经销
*
2006年8月第　一　版　　开本:787×1092　1/16
2015年5月第十二次印刷　　印张:17
字数:403 000

定价:25.00元

如有印装质量问题,我社负责调换

前　　言

高校是一个特殊的社区，这一社区的大学生具有不同的层次特点，具有各自的生活成长背景、广泛的区域来源、活跃的思维方式以及高度的群体聚集性质。他们正处于生理、心理的急剧变化时期；他们既面临以往的许多共同问题，又面临着新形势下的诸多困惑和压力；他们面对社会的变革却又缺乏心理素质方面的训练，这就使心理卫生问题在大学生中显得尤为突出。二三十年来，大学生的心理问题一直呈上升趋势，尤其是近年来，问题更加突出，特别是由大学生心理问题引发的犯罪、自杀问题更是屡见报端，这些现象已经引起了政府及社会各界的广泛关注。

2005 年 1 月，中华人民共和国教育部、中华人民共和国卫生部、团中央联合下发《关于进一步加强和改进大学生心理健康教育的意见》，指出加强和改进大学生心理健康教育是新形势下全面贯彻党的教育方针、推进素质教育的重要举措，是促进大学生健康成长、培养高素质合格人才的重要途径，是加强和改进大学生思想教育的重要任务。

现代社会不仅要求大学生有渊博的知识、健康的体魄，更要有良好的心理素质。培养大学生具有良好的心理品质，提高社会适应能力和心理调适能力，预防和减少心理问题、心理障碍，是学校心理卫生工作的主要任务。

没有心理卫生教育的教育绝不是完整的教育，没有心理卫生工作的学校工作是有缺陷的工作。而课堂教学是开展心理卫生工作的重要且有效的途径，鉴于此，我们在多年从事大学生心理卫生教学的实践基础上，参考国内外的研究成果编写了本书。

本书编写体例的设计主要根据大学生心理卫生教育的实践。全书分为 9 章，主要针对大学生常出现心理问题的几个方面以及目前大学生比较关注的压力控制、自杀预防、职业生涯规划及就业指导等。为了使大学生便于理解和掌握每章的内容，我们在每一章的分析前安排了引导案例，在每一章中穿插了案例与信息框，在每章结束后有思考与讨论、练习与实践、推荐阅读三个部分。思考与讨论通过案例分析等引发学生的思考；练习与实践通过一些活动或心理问卷测评加强大学生自身的心理体验；推荐阅读的目的是希望大学生通过阅读，进一步强化对相关知识的掌握。

我们在本教材的编写中力求体现以下特点：

(1) 基础性：从基本概念、基础知识入手，介绍大学生常见的心理卫生问题的主要表现、产生的原因以及应对方法。

(2) 实用性：在教材内容选取上，充分考虑教材使用者的可接受性，深入浅出，形式生动，可操作性强，贴近大学生的现实生活。

（3）启发性：通过思考与讨论、练习与实践等环节，力求有助于培养学生发现问题、分析问题和解决问题的能力。

（4）可读性：力求做到文字通俗，易读易懂，可读性强。

本书编写分工如下（按章节的顺序）：第一、八章　刘鲁蓉；第二章　蒋建华；第三章　罗晓文、林庆国；第四章　罗晓文、蒋建华；第五章　王儒芳、徐丹慧；第六、七章　王儒芳；第九章　张雯衣。全书由主编刘鲁蓉负责编写大纲、统稿和定稿。

本书在编写过程中参考了国内外许多有关的文献和资料，在此向各位作者表示谢意！

由于我们的水平与经验有限，时间仓促，在许多方面还存在缺陷，恳请同行专家及广大读者提出宝贵意见，我们将不断修改和补充，以期日臻完善。

刘鲁蓉

2006 年 6 月

目　录

第一章　大学生心理卫生概述

上大学是一项积极的生活事件，它为青年人提高自身素质、走向成熟提供了新的发展契机。同时，它也是人生的一次重大转折，因为大学与中学的生活环境、学习环境、人际环境等方面都发生了非常大的变化。面临这一变化，个体已经形成的切合于过去熟悉的中学环境的适应机制必然受到冲击和挑战。个体必须针对与中学环境迥然相异的大学环境，调整和改变旧的适应机制，形成一套切合新环境的机制。在这一过程中，个体可能会遇到很多困难，承受比较大的压力，并且伴随着焦虑、抑郁等负面的情绪反应。同时人的心理和生理是密切相关、互为影响的，心理不健康不仅会导致身体疾患，也影响人的生活质量。要提高大学生的整体素质，就必须关注大学生的心理健康，要拥有健康的心理，就必须讲究心理卫生。本章的主要内容就是结合大学生的实际，介绍心理卫生的概念、大学生心理卫生的目标与意义、大学生心理健康的含义、大学生身心发展规律与心理健康的关系以及如何培养健康的心理等。

引导案例

后悔没有去看心理医生

广东某大学信息管理系学生蓝庆庞因杀害他人致死被以故意杀人罪判处死刑。2006年2月21日，蓝庆庞被注射执行死刑，在行刑前一个多小时，记者与他进行了对话。

记者问："你希望家里人来看你吗？"

"不希望。"蓝庆庞回答得很干脆。

"为什么？"

"家里人来了，他们会伤心。"

"听说你的父母都是老师，你应该从小就是一个非常懂事的孩子。"

"对不起我妈妈……"

"爸爸呢？"

"爸爸不爱我，我和爸爸没有共同语言。"

1982年9月20日，蓝庆庞出生在广西壮族自治区大化瑶族自治县的一个贫困农家。2002年，这个壮族少年考入广东某大学信息管理系图书馆专业。在校期间，蓝庆庞曾开了两家小店。

记者说："听说你一上大学就开始做生意，你应是一个很有前途的学生啊。"

蓝庆庞说："我一上大一就自己做生意，因为家里很穷，不想连累家里。"

“你做了哪些生意呢?”

“先开了一间珍珠奶茶店,后来又开了一家澳门云吞店。好的时候,每天进账几百元,甚至上千元。后来因为受同行嫉妒排挤,我才想改开无烟烧烤店。”

上学期间,蓝庆庞租了一个房间,并认识了自称名叫唐玲的陈素容,此后两人有过多次来往。2004 年 9 月 5 日凌晨 5 时许,蓝庆庞在其租住处与陈素容商议共同开办烧烤店。

据蓝庆庞供述,有个同学从西北回来,想和他一起开一间无烟烧烤店,并叫陈素容入股,但遭到陈的拒绝,两人因此发生争执。“开始时互相打对方耳光,后来陈大怒,称要叫人来干掉我,我一脚踢到她大腿上,她就摔下床了……我将她猛力一推,她头部撞到门框,昏迷过去。我用手放在她鼻子上,觉得她没气了,但随后她又喘了一口气,我怕她活过来叫救命,就用洗脸的毛巾捂住她的嘴。后来我看她四肢僵硬,知道她已经死了,但仍怕她活过来,就在房间里找了 1 根一米长的红塑料绳,在她脖子上捆了一圈,把绳子两端交叉拉紧。”

“你认为自己为什么会走上这条路?”记者问。

蓝庆庞说:“心理压力太大。我性格内向,压力大的时候,我不会找别人诉说,只能自己承受。”

“为何不去看心理医生呢?”

蓝庆庞说:“我在监所里想得最多的就是这件事情。心理压力大的时候,我后悔没有去看心理医生,直到犯了罪。如果早去找心理医生化解一下心理压力,我不会有今天,可是太晚了。”

“你为什么不找心理医生?”

“怕别人笑话我,怕人说我有(精神)病。”沉默良久,蓝庆庞说,“我这个年龄最容易出事,希望同龄人千万调整好自己的心态,不要走我的路。”

记者说:“老师和同学对你评价不错,据此来看,你不是一个容易犯罪的人啊。”

“我在学校里办了一个校刊,我是主编,当时学校没给一分钱,全是我拉的赞助。”蓝庆庞说,“我在学校里一直很积极,开导别人,帮助别人,可我自己却没人开导。”

“你是怎样帮助别人的?”

“我自己是贫困生,所以很理解穷学生的苦,我自愿帮 158 名同学办了助学贷款。一个内蒙古的同学,家里遭了蝗灾,颗粒无收,他妈妈又出了车祸,2003 年春节时,他没钱回家,我就给他买了车票,结果我自己都没回家。”

蓝庆庞告诉记者:“我小时候家里很穷,上学时住校,周六早上走四五个小时,才从学校走到家,周日中午,又这样去学校,很孤独。”

“你知道马家爵吗?”记者问。

“知道,马家爵出事后,我曾向学校建议,对大学生在校外租房的情况进行调查,并把他们召回来。可我自己却在外面租房,而且一直没回学校。”

“你现在有什么愿望?”记者问。

“我希望把眼角膜及所有的器官都捐献出去。”蓝庆庞说。

(引自:检察日报)

第一节 心理卫生的概念及大学生心理卫生的目标与意义

一、心理卫生的概念

（一）健康观的演变

“健康就是没病”，这是人们对健康的最初认识。虽然是个传统的概念，但却有不全面与消极的意义。实际上，健康和疾病是人体生命过程中两种不同的状态，从健康到疾病是一个从量变到质变的过程，而且健康水平还有不少不同的能级状态。

自从有了人类，就存在健康问题。在远古时代，由于环境的恶劣和人类文明的落后，人类面临的主要问题是生存问题，健康问题只是处于一种模糊的状态，常带有鬼神观念，健康即为没有疾病的认识是不难理解的。随着医学科学的发展，人们对健康的认识也在不断深化。

“人体各器官系统发育良好、功能正常、体质健壮、精力充沛并具有良好劳动效能的状态。通常用人体测量、体格检查和各种生理指标来衡量。”这是生物医学模式对健康的认识。这里指出了健康的重要特征以及可检测的标准，却忽视了健康的精神与社会方面的要求。随着第二次世界大战的结束，人类的疾病与死亡发生了重大的变化，许多心身疾病——近年来也称之为生活方式疾病，成为人类健康的主要“杀手”。人们的不良生活方式、行为、心理、社会和环境因素成为影响健康的重要的不可忽视的因素。因此，世界卫生组织（WHO）在其成立时（1948 年），向全世界发出的有关健康认识的呼吁中指出：“健康，不仅仅是没有疾病和身体的虚弱现象，而是一种在身体上、心理上和社会上的完满状态。”1989 年世界卫生组织又提出了 21 世纪健康新概念：健康不仅是没有疾病，而且包括躯体健康、心理健康、社会适应良好和道德健康。世界卫生组织的定义是有权威性的定义。

（二）心理健康与心理卫生

对于个体来说，讲求心理卫生、保持心理健康是至关重要的。那么何谓心理健康和心理卫生呢？心理健康和心理卫生英文均为“mental health”，两者可看作同义词，但严格地讲，两者又有区别。

第 3 届国际心理卫生大会（1946 年）将心理健康定义为：心理健康是指在身体、智能以及情感上与他人的心理健康不相矛盾的范围内，将个人心境发展成最佳状态。简单地讲，心理健康是心理功能良好、心理活动协调一致的状态。

心理卫生，则是指保持积极有效的心理活动、平稳正常的心理状态和机体对环境（包括自然环境、社会环境和自我内环境）的有效适应。著名的社会学家费孝通教授曾指出：“心理卫生即讲求心理健康和社会功能良好之道。”《简明大不列颠百科全书》中写道：“心理卫生包括一切旨在改进及保持心理健康的措施。诸如精神疾病的康复及预防，减轻充满冲突的世界带来的精神压力，以及使人处于按其身心潜能进行活动的健康水平。”

概括上述观点，心理卫生有两个基本含义：一是指心理健康状态，具体地讲，即保持心理活动的内稳态和机体对环境的有效适应；二是指维持心理健康、减少行为问题和精神疾病的原则和措施。

由此可见，心理卫生比心理健康有更深的内涵。

二、心理卫生发展简史

（一）中外古代心理卫生思想的萌芽

1. 中国古代的心理卫生思想

中国是一个具有五千年文明史的国家，也是世界心理卫生思想最早的策源地之一。在中国古代思想家的理论中，人贵论、形神论、性习论、知行论、情欲论等思想对我国及世界今天的心理卫生的理论与实践均具有重要的影响。

在中国的先秦古籍中，就含有心理卫生的思想。《管子》中的“内业”篇，阐述了善心、定心、全心、大心为最理想的心理状态，正静、平正、守一为养心之术。《左传》中阐述并列举了心理状态与生理状态之间的关系。

祖国传统医学把人体视为一个脏腑、经络、营卫、气血为内在联系的有机整体，同时强调人体与自然界和社会的关系，特别重视心理因素对人体的影响。祖国医学文献中的“养心之道”的理论精辟，见解独到，“健心之术”丰富多彩，切合实用。尤其是我国最早的一部医籍《黄帝内经》，开篇即强调心理卫生的重要性，指出“精神内守，病安从来”，养生要“志闲而少欲，心安而不惧，形劳而不倦”(《素问·上古天真论》)，言简意赅。

祖国医学中的心理卫生思想主要体现于七情学说中。人有七情：喜、怒、忧、思、悲、恐、惊。七情学说主要包括：①七情致病理论：七情太过，易生百病。所谓“怒伤肝、喜伤心、思伤脾、忧伤肺、恐伤肾”；“百病生于气，怒则气上，喜则气缓，悲则气消，恐则气下，惊则气乱，思则气结”。②七情治病理论：情绪治病，以情胜情。“悲胜怒、恐胜喜、思胜恐、怒胜思”。(《素问·阴阳应象大论》)③七情防病理论：摄生养性，心平气和。“五脏安定、血脉和利、精神乃居”，“精神内守，病安从来”；“节烦恼以养神，节愤怒以养肝，节思虑以养心，节悲哀以养肺”，“顺回时而适寒暑，和喜怒而安居处，节阴阳而调刚柔。”(《灵枢·本神》)

另外，各个年龄段的心理卫生，在古代文献中，均有论述。诸如，《三因极一病证方论》中谈到胎儿的心理卫生；《幼儿发挥》论及幼儿心理卫生；《万病回春》中讨论到青少年心理卫生；《千金方》中论述了老年心理卫生；《简明医彀》中则从“抚育幼龄”一直谈到“奉养高年”，强调在人的整个一生中始终都要注意心理卫生。

中国的心理卫生思想渊源悠久，在世界心理卫生思想中占有重要地位。

2. 古代西方和中世纪阿拉伯的心理卫生思想

西方心理卫生思想产生于古希腊时代。古代医学的奠基人希波克拉底(Hippocrates, BC 460～BC 377)即论述过有关心理卫生问题。希波克拉底及其弟子，各个时代的医生和哲学家们，为解决心理卫生的问题探索了方法，其中最重要的方法是：通过提高医学知识水平和医学专家们的心理卫生活动来增强心理对外部环境有害因素的抵抗力。

古罗马杰出的学者西塞罗(M. T. Cicero, BC 106～BC 43)写的《论友谊》一文，把人与人之间的友谊也列为有利于保护健康的因素。这些都表明，早在当时，人们就已经理解了健康对心理生理协调平衡和社会和谐的依赖关系。

11 世纪时期的阿拉伯医学就已经把心理卫生问题作为保护健康的必要条件之一。阿拉伯医学家阿维森纳(Avicenna，980～1037)在其被奉为“医典”的《医疗之书》中提出了保护健康必需的六点内容：①阳光和空气；②食物和饮料；③运动和安静；④睡眠和兴奋；⑤新陈代谢；⑥情感。从这六个方面，将人生面对的矛盾分析得恰到好处，特别指出了情感对人体健康的重要影响是有非常大的意义。

(二) 现代心理卫生运动的形成和发展

心理卫生作为思想渊源有一个久远的历史，但是作为一种运动，却只有一个短暂的现在。世界心理卫生运动是从改善精神病人待遇开始的。

19 世纪以前，精神病人被认为是魔鬼附身，而受到监督或虐待，境况悲惨。1792 年，法国精神科医生比奈尔(Pinel)提出废除对精神病人的约束。一般认为，这是心理卫生历史的起点。

19 世纪末，精神病人虽然已从锁链和酷刑中解放出来，但在医院中仍受到种种粗暴残忍的待遇，命运仍然是悲惨的。1908 年，美国的比尔斯(C. W. Beers)《一颗失而复得的心》(*A Mind That Found ltself*)一书的出版，揭开了大规模心理卫生的开端。以此为标志，心理卫生运动飞跃发展起来了。比尔斯在精神病院中，亲身受到当时病院中种种粗暴残酷的待遇，目击病友们过着非人的生活，出院后，立志将自己余生贡献给精神病患者。他向各有关方面呼吁，要求改善精神病患者的待遇，从事预防精神病的活动。

比尔斯在得到各方面的赞助和鼓励后于 1908 年 5 月成立了“康涅狄格州心理卫生协会”。这是全世界第一个心理卫生组织。发起人除比尔斯本人外，还有大学教授、医生、心理学家、精神病学家、教会牧师、审判官、律师、社会工作者以及康复的精神病患者及其家属。此协会工作的目标，有下列五项：①保持心理健康；②防止精神疾病；③提高精神病患者的待遇；④普及关于医学疾病的知识；⑤开展与心理卫生有关单位的合作。该组织活动的对象扩展到了整个社会，从而奠定了心理卫生的坚实基础。

经比尔斯和同行们的继续努力，1909 年 2 月成立了“美国全国心理卫生委员会”。1917 年全国总会出版的《心理卫生》季刊为科普读物，宣传心理卫生常识，流传很广，影响极大。另外还有各种不定期刊物和小册子，供群众免费阅览。

1930 年 5 月 5 日，在华盛顿召开了第一届国际心理卫生大会，到会的有 53 个国家的 3 042名代表，中国也有代表参加。大会产生了国际心理卫生委员会，它的宗旨是：“完全从事于慈善的、科学的、文艺的、教育的活动。尤其关心世界各国人民心理健康的保持和增进，对心理疾病、心理缺陷的研究、治疗和预防以及全人类幸福的增进”。

20 世纪 30 年代，在国际心理卫生运动日趋发展的影响之下，我国于 1936 年 4 月在南京正式成立了“中国心理卫生协会”。翌年，因抗日战争爆发，致使心理卫生的工作被迫停顿。抗日战争胜利后，于 1948 年曾在南京开过一次局部的心理卫生代表会议。其后，由于种种原因，直至 1979 年冬在天津召开的中国心理学会第三届代表大会上，许多与会者提出重建“中国心理卫生协会”的倡议。经过各有关方面的积极活动，中国心理卫生协会于 1985 年正式成立。随后成立了儿童心理卫生、青少年心理卫生、老年心理卫生、心身医学和特殊职业群体心理卫生等专业委员会并开展学术活动。各省市地方和专业系统也纷纷组建心理卫生协会,开展活动。

(三)心理卫生发展趋势

第二次世界大战之后,心理卫生的发展趋势是逐渐将着眼点从对精神病的预防与治疗,转移到正常人的心理健康上,主张从个体生命萌发之始就要培养人健康的心理和完善的人格。

1961 年世界心理卫生联合会(WFMH)出版的《国际心理卫生展望》(*Mental Health in International Perspective*)中提出的任务是:"在生物学、心理学、医学、教育学和社会学等最广泛的领域,使居民的心理健康达到尽可能高的水平。"这一纲领远远超出精神病学的范围,是对原有纲领的重大修改。战后之所以有如此大的转变,与以下几点进展关系密切。第一,生物医学的长足进步,为精神病、神经症的预防与治疗提供了生物学的和理化的手段。第二,社会学和心理学的长足进步,提供了从心理、社会因素方面的研究途径。这种进步也为生物医学模式向生物、心理、社会医学模式的转化提供了科学依据。第三,特别是生物、心理、社会医学模式的应运而生,表明了人们对世界认识的不断变化。

三、大学生心理卫生的目标与意义

(一)大学生心理卫生的目标

1. 狭义与广义

从心理卫生的工作目标来看,具有狭义与广义之分。就狭义而言,是指预防和矫治各种心理障碍、心理疾病;就广义而言,是指促进和提高人们的心理健康水平。狭义和广义的心理卫生工作是相互联系、相辅相成的。对心理障碍的防治就是对心理健康的维护和增进;而维护和增进心理健康则是预防心理疾病的最积极的手段和最根本的措施。德国心理卫生学家赫希特(K. Hecht)曾指出:"精神病预防属于保健领域,而心理卫生则是整个社会的事业。"也就是说广义的心理卫生工作更具有积极与深远的意义。

我国学者章颐年在他所著的《心理卫生概论》(1936 年)中就曾把心理卫生工作分为消极和积极两个方面:消极方面是预防心理疾病的产生,改善心理疾病者的待遇;积极方面是促进心理的健康,培养完整的人格。并指出:"这两种工作比较起来,自然后者更为重要。"

因此,大学生心理卫生工作的目标不仅是心理问题的预防和治疗,更注重学生心理健康的培养和协调发展。因此,对心理健康的维护,对个体认识机能、情感机能的发展和完善,对个体独立、健全、完美的人格塑造,对学生潜能的开发,对高水平心理素质的培育和养成,对个人生活质量的关注和提高,才是大学生心理卫生工作的根本目标。

2. 三级功能

心理卫生运动最初的意义侧重于改善精神病人的待遇,随着心理卫生运动的广泛开展和深入,人们对心理卫生的意义得以深化,提出了心理卫生的"三级预防":初级预防是向人们提供心理卫生知识，以防止和减少心理疾病的发生；二级预防是尽早发现心理疾病患者并提供心理和医学的干预，同时也包括设法缩短病人的病程和降低复发率；三级预防是防止住院病人的精神异常转为慢性，使他们尽快地回到社会生产和独立自主的生活中去，同时对已进入慢性期的病人设法减轻其残疾程度，适当提高他们的社会适应能力。"三级预防"的方针把防和治结合了起来，这对心理卫生研究和实践具有重要的指导意义。但心理卫生的三级预防仍然是以不病及少病及病了能得到迅速治愈为目标，而三级功能的提出更有助于我们完整地理解心理卫生的涵义。所谓三级功能为：初级功能——防治心理疾病；中级功能——完善心理调节；高级功能——发展健全的个体与社会。

著名学者马建青认为，大学生心理卫生同样具有三级功能：初级功能——防治心理疾病，也就是及时发现心理异常者并及时采取相应措施，避免事态的扩大或恶性事件的发生；中级功能——完善心理调节，就是帮助大学生加强对自己、他人和社会的了解，完善心理调节机制，学会自我调节，增强挫折承受力和社会适应能力，保持积极乐观的情绪；高级功能——促进心理发展，就是帮助大学生认清自己的潜力所在，培养开拓创新、勇敢坚毅、乐观自信的心理品质，更有效率地学习，全面而充分地发展自己，幸福而快乐地生活。

（二）大学生心理卫生的意义

大学生心理卫生的意义主要体现在以下几个方面：

1. 有助于心理疾病的防治

随着社会变革、社会价值观的急速改变，学生的心理矛盾和冲突以新的内容和形式表现出来，近二三十年来，大学生的心理问题一直呈上升趋势。大学生心理卫生工作的开展，将使大学生更好地适应社会，从而减少心理疾病的发生，有助于心理疾病的防治。

2. 有助于大学生心理健康的发展

心理卫生知识的普及，将有利于促进大学生的心理健康。一般说来，心理健康的学生其学习效率高于心理不健康者，更为重要的是，心理健康的人更能耐受挫折和逆境，更容易稳妥地度过社会变故和灾难。

3. 有助于提升大学生的综合素质

1999 年全国教育工作会议上明确提出了要推进素质教育，要培养心理素质健康的新的一代。这对于大学生心理卫生工作的开展，无疑是一个明确的动员令。健康的心理既是素质教育的重要组成部分，也是素质教育的基础和载体。心理素质是人的素质中一个重要组成部分，同时也是各方面素质发展的重要基础。在大学生中有计划地进行心理卫生知识的普及，对帮助大学生认识自己、完善自己，提高自身心理素质具有重要作用。通过系统的心理卫生知识的学习和训练，使大学生的心理素质得到整体优化，有助于提升大学生的综合素质。

4. 有助于实现和谐社会

构建和谐社会，首先要关注的是人与人之间的和谐，人与自然要和谐相处亦必须建立在人与人之间的和谐共处之上，因为人与人和谐了，才有可能达成对于自然的共识。人与人之间要和谐相处，就必须关注心理卫生。

你了解心理咨询吗

有些大学生出现心理困扰很想走进心理咨询中心，但总是下不了决心，觉得要是自己真的接受心理咨询，不就说明自己有精神病吗？如果自己去咨询被别人知道了，别人会怎么想？这些同学的心情是可以理解的，同时也说明有些大学生对心理咨询似懂非懂、朦朦胧胧，存在片面的认识，因此有必要在此揭开心理咨询的“面纱”。

心理咨询和心理治疗已经有一百多年的发展历史，是心理学的重要分支，属于应用心理学的范畴。心理咨询和心理治疗，指由受过系统训练的专业工作者，运用心理学的理论与方法，与来访者建立良好的关系，帮助来访者更好地认识自我、接纳自我、欣赏自我的过程，克服各种心理困扰，促进人格向健康、协调的方向发展，走向和谐与适应。

心理咨询与心理治疗在理论与方法上没有太大的差异，主要区别在于服务的对象有些不同。心理咨询主要的服务范围是一般的心理困扰，人们在日常生活中遇到一些问题，但还不太严重。心理治疗主要的服务对象是心理障碍者，比如神经症、人格障碍者，也包括一些康复期的精神病患者。在高校里，更多使用心理咨询这个概念。

对于心理咨询专业工作，需要澄清以下几个关键点：

第一，从事心理咨询工作的必须是受过系统训练的专业人员。即使是心理学、医学教育背景，并不表明一定能胜任这一工作。因为心理咨询是专门的学科，尤其需要大量的临床实践经验。只有帮助人的热情，又学习了一些心理学知识，不能称其为专业人员。

第二，咨询不是聊天。心理咨询是专业工作，与辅导员找你谈心、你向朋友倾诉有本质的区别。心理咨询虽然也是会谈过程，但需要咨询员具备专业素养和专业技能。

第三，咨询不是灵丹妙药。心理咨询过程挑战与收益并存，咨询不是灵丹妙药，不可能咨询一次就解除所有困扰，而是需要一段过程。咨询不是救命稻草，不可能见过咨询员问题就烟消云散，还需要自己面对生活中的问题，咨询的根本目的是帮助来访者自强自立。

第四，咨询员会为你保密。在心理咨询中来访者诚实的态度是非常重要的，当你向咨询员敞开心扉的时候，不必担心传言满天飞，因为遵守保密制度是咨询员基本的职业道德。

求助心理咨询的同学，常常担心自己被同学误解为有精神病，这是因为对心理咨询不了解而产生的偏见。从更深层的原因来讲，来咨询本身说明自己有心理困扰而且自我调节无效，似乎意味着自己不能解决自己的问题了，这可能让人感到自己很失败。所以承认自己有心理困扰是需要勇气的，承认自己需要别人的帮助同样是需要勇气的。从另一个角度而言，接受心理咨询表明你在勇敢地面对自己，主动地解决问题，而不是采取“鸵鸟政策”回避问题、被动拖延。有效地利用社会资源促进个人的健康发展，是一种明智之举。

第二节　大学生心理健康的标准

一、心理健康的特点

1. 相对性

人的心理健康具有相对性，与人们所处的环境、时代、年龄、文化背景等有关。例如一个四五岁小孩当众哭闹撒娇，人们不足为怪；若一个成年人如此，人们则会认为是异常之举。

2. 动态性

心理健康状态并非固定不变。心理健康水平会随着个体的成长、环境的改变、经验的积累及自我的变化而发展变化。一个人出现了心理困扰、心理矛盾，如果能及时调整情绪、改变认知、纠正不良行为，则很快会解除烦恼，恢复心理平衡。反之，如果不注意心理保健，则心理健康水平就会下降，甚至产生心理疾病。

3. 连续性

心理健康与不健康之间并没有一条明确界限，而是呈一种连续甚至交叉的状态。从健康的心理到严重的心理疾病，是一个两头小、中间大的渐进的连续体。

二、心理健康的判断原则

一般来说，判断心理健康与否可依据下述三项原则：

1. 统一性原则

心理健康的人心理活动与客观环境、内隐的心理与外显的行为应当统一、协调。一个人倘若失去这种统一性，言行离奇出格，为常人所不能理解，例如一个人无任何诱因突然在课堂上哈哈大笑，则应考虑其心理可能不健康。

2. 整体性原则

心理活动的各种过程应该是协调一致的，这种整体性是个体保持正常社会功能的心理学基础。如果这种整体性受到破坏，知情意行不一，例如，某人对应当感到悲伤的事情做出欢欣的反应，说明其心理、行为偏离了正常轨道。

3. 稳定性原则

个性一旦形成就具有相对的稳定性，如果一个安静、沉稳内向的人突然变得狂躁不安、喋喋不休，就要考虑他是否出现了心理异常。

三、心理健康的标准

心理健康指的是一种持续的心理状态，在这种状态下，个人具有生命的活力、积极的内心体验、良好的社会适应，能够有效地发挥个人的身心潜力与积极的社会功能。心理健康标准是心理健康概念的具体化，国内外学者提出的心理健康的标准不尽相同。

（一）国际心理卫生大会的标准

1946 年，世界心理健康联合会提出了具体明确的心理健康的标志，即：①身体、智力、情绪十分协调；②适应环境，人际交往中能彼此谦让；③有幸福感；④在工作和职业中，能充分发挥自己的能力，过着有效率的生活。

（二）马斯洛和密特尔曼的“经典十条”

美国心理学家马斯洛（Maslow）和心理学家密特尔曼（Mittelman）提出的人的心理是否健康的 10 条标准（1951），是心理健康的“最经典的标准”。这 10 条标准是：①有充分的自我安全感。具有自尊心，对自我与个人的成就具备“有价值”之感。②能充分了解自己，并恰当评价自己的能力。不过分夸耀自己，也不过分苛责自己，具有适度的自我批评。③自己的生活理想和生活目标切合实际。个人从事的事多为实际的、可能完成的工作。④不脱离周围现实环境，有自知之明。具有适度的自发性与感应性，不为环境所奴役。没有过度幻想，能够容忍生活中挫折的打击。⑤能保持人格的完整与和谐。个人的价值观能视社会标准的不同而改变，对自己的工作能集中注意力。⑥善于从经验中学习。具有从经验中学习的能力，能适应环境的需要而改变自己。⑦有良好的人际关系。与他人的和谐交往中宜有利己和利人两种成分。⑧能适度地表达、宣泄和控制情绪。⑨在符合团体要求的前提下，能适当地发挥个性。重视团体的需要，接受团体的传统，并能控制为团体所不容的个人欲望与动机。有个人独立的意见，有判断是非、善恶的能力，对人不阿谀奉承，也不过分追求社会赞许。⑩在不违背社会规范的前提下，适当地满足个人的基本需求，并具有满足此种需要的能力。特别是不应对个人在性方面的需要与满足产生恐惧或歉疚。

（三）我国台湾心理学家提出的心理健康标准

王钟和等人 1979 年提出的心理健康的 9 项标准：①幸福感。一种内在的主观感受。②和谐。即内在情绪平衡，以及欲望和环境之间协调。③自尊感。包括自我了解、自我认同、自我接纳和自我评价。④个人成长。即潜能充分发展，是自我实现的人。⑤个人成熟。就是个人发展达到了该年龄应有的行为。⑥个人统整性。指有效发挥其理智判断力及意识控制力，积极主动，能应变。⑦保持与环境良好接触，生活于现实生活中，免于疏离感。⑧有效适应环境，即能面对问题做理性思考，有效解决。⑨从环境中自我独立，即独立自主，自由而自律。

台湾学者黄坚厚于 1976 年提出的“衡量心理健康的标准”，被台湾心理学界认为“最为简洁适切，且具综合性意义”。他提出的关于心理健康的四条标准是：①心理健康的人是有工作的，而且他能够把他本身的智慧和能力，从其工作中发挥出来，以获取成就，同时他常能从工作中得到满足之感，因此，他通常是乐于工作的。②心理健康的人是有朋友的，他乐于与人交往，而且常能和他人建立良好的关系，在人与人相处时，正面态度（如尊敬、信任、喜悦等）常多于负面态度（如仇恨、嫉妒、怀疑、畏惧、憎恶等）。③心理健康的人对于他本身应有适当的了解，并进而能有悦纳自己的态度，他愿意努力发展其身心的潜能，对于无法补救的缺陷，也能安然接受，而不做无谓的怨尤。一个人在生活环境中，要经常使自己与环境相适应。④心理健康的人应能和现实环境有良好的接触，对环境能作正确、客观的观察，并能做健全、有效的适应，他对于生活中各项问题能以切实的方法加以处理，而不企图逃避。

（四）中国内地心理学研究者提出的心理健康标准

马建青(1992)从临床表现方面提出的心理健康标准（七标准论）是：①智力正常。智力正常是人正常生活最基本的心理条件，是心理健康的首要标准，智力异常是导致其他心理功能异常的重要原因之一。②善于协调和控制情绪，心境良好。情绪在心理异常中起核心作用，心理健康者能经常保持愉快、开朗、自信、满足的心情，善于从生活中寻求乐趣，对生活充满希望。更重要的是情绪稳定的人，具有控制自己的情绪以保持与周围环境动态平衡的能力。③具有较强的意志品质。意志是个体的重要精神支柱，健康的意志品质表现为心理承受力强，自制力好，不放纵任性。④人际关系和谐。人际关系是个体在与他人交往中表现出来的心理状态，和谐的人际关系既是心理健康不可缺少的条件。也是获得心理健康的重要途径。表现为乐于与人交往；在交往中保持独立而完整的人格；能客观评价别人，友好相处，乐于助人；交往中的积极态度多于消极态度。⑤能动地适应和改造现实环境。不能有效地处理与周围现实环境的关系，是导致心理障碍的重要原因，对现实环境的能动适应和改造，是很积极的处世态度。与社会广泛接触，对社会现状有较清晰正确的认识，其心理行为能顺应社会文化的进步趋势。⑥保持人格的完整和健康。人格是个人比较稳定的心理特征的总和，心理健康的最终目标是使人保持人格的完整性，培养健全人格。⑦心理行为符合年龄特征。与人生各阶段生理发展相对应的是心理行为表现，从而形成不同年龄阶段独特的心理行为模式，心理健康者应具有与同年龄段多数人相符合的心理行为特征。这七项标准，有研究者认为第 1 条不宜作为心理健康水平的标准。尽管智力不正常的人伴有心理问题与障碍，但很多有心理问题和心理障碍的人，往往智力商数在正常值以上甚至很高。心理健康水平与智力商数各有自己的评估条件和方法，心理健康水平与智力水平没有必然的逻辑联系。

郭念锋(1986)提出 10 条标准（十标准论）：①周期节律性。如果一个人的心理活动的固有节律经常处于紊乱状态，不管什么原因，都是心理健康水平下降。②意识水平。思想集中的程度越差，心理健康水平就越低。③暗示性。暗示性造成被周围环境的无关因素引起情绪的波动和思维的动摇，有时表现为意志力的薄弱，给精神活动带来不太稳定的特点。④心理活动强度。这是指对于突然的强大的精神刺激的抵抗能力。⑤心理活动耐受力。这是对慢性的、长期的精神刺激的抵抗能力。⑥心理康复能力。这是从打击中恢复到往常水平的能力，包括需要的时间和恢复的程度，康复能力高的人恢复得快，而且不留什么痕迹。⑦心理自控力。情绪的表达、思维的方向和过程都是在人的自觉控制下实现的。心理活动和过程的随意和谐以及自觉控制的水平高低，是与自控能力有关的。⑧自信心。自信心实质是一种自我认知和思维的分析综合能力，自信心的偏差表现为：自信心过高导致挫败从而产生失落感或抑郁；自信心过低可因为自觉力不从心，害怕失败而产生不安的情绪。因此，个体是否有恰当的自信是精神健康的一种标准。⑨社会交往。一个人与社会中其他人的交往，是人类的心理活动得以产生和维持的重要的支柱，标志着一个人的心理健康水平。⑩环境适应能力。对工作环境、生活环境、人际关系等的环境适应能力，是一个人心理健康水平的重要标志。这10条不是标准，而是范围。

应该说，心理健康的标准还没有一致的意见。在心理健康标准的问题上，有的学者定得十分复杂，多达10类共75条标准，并且有许多重复。造成这种状况的原因：一是由于人们确立心理健康标准的依据不同。二是人们对心理健康标准把握的尺度宽严的不同。三是人们在描述心理健康的人的行为特征时涉及的品质范围与关注的重点不同。有的强调积极自我概念的重要；有的强调良好习惯的重要；有的重视生活适应状况；有的关注人的自我潜能实现的程度。

综合各种观点，可归纳出六条标准：①对现实的正确认识；②自知、自尊与自我接纳；③自我调控能力；④与人建立亲密关系的能力；⑤人格结构的稳定与协调；⑥生活热情与工作效率。

中国传统文化中的心理健康标准

在中国的传统文化中并没有直接提出"心理健康"这一名词，也没有直接制定心理健康的标准，但中国传统文化中有许多论述涉及这个问题。以孔子为代表的儒家文化所提出的"君子"理想人格，几乎体现和代表着心理健康的人的主要特征。而道家文化提出的"至人"、"真人"，墨家提出的"博大完人"等等，也是所谓具有健全人格的人。

佐斌(1994)在《中国传统文化中的心理健康观》一文中认为中国传统文化的心理健康标准主要有六个方面，即：①具有良好的人际关系，如儒家倡导"爱人者人恒爱之，敬人者人恒敬之"，"受人滴水之恩，必当涌泉相报"，"羊有跪乳之恩，鸦有反哺之义"，"来而不往，非礼也"等。②适当约束自己的言行，如孔子教导弟子"非礼勿视，非礼勿听，非礼勿言，非礼勿动"，"言必行，行必果"。③保持情绪的稳定与平衡，如中国古代医书药典之中有许多关于人的健康疾病与情绪之间关系的论述，尤其是中国阴阳人格学说和以情胜情的中医心理治疗论。④正确认识周围环境，如孔子鼓励弟子了解自己和认识世界，主张"入太庙，每事问"，"三人行，必有吾师"。⑤抱有积极的生活态度，如《中庸》曰："君子……在上位不凌下，在下位不援上，正己而不求于人则无怨；上不怨天，下不尤人。"⑥完善的自我发展目标，如孟子最为赞赏的人是"大丈夫"——"富贵不能淫，贫贱不能屈，此之谓大丈夫"。

四、大学生心理健康的标准

参照心理健康的一般标准，我们认为我国大学生的心理健康标准有以下7条：

1. 能正确认识自我，悦纳自我

心理健康的大学生能体验到自己存在的价值，能了解自我，接受自我，对自己的能力、性格和优缺点都能做出恰当的、客观的评价；自信乐观，生活目标和理想切合实际，能扬长避短。

2. 能保持对学习较浓厚的兴趣和求知欲望

一般说来，大学生的求知欲是很强的，而且也很爱学习，兴趣广泛。但并非每位大学生都如此，有的学习兴趣广泛，但不专注、持久；有的爱学习，但不善于学习，未掌握学习的方法，创造性学习能力不强。因此，心理健康的大学生应具有较强的求知欲、学习兴趣和学习能力。

3. 能保持和谐的人际关系，乐于交往

良好的人际关系是心理健康的润滑剂，人际关系和谐的人有安全感和幸福感。心理健康的大学生乐于与人交往，能接受他人，悦纳他人；能用尊重、信任、友爱、宽容的态度与人相处；能分享、接受和给予爱和友谊；能与他人同心协力，正确处理个体与群体的关系，有独立的人格和积极助人的精神，人际关系协调和睦。

4. 能保持良好的环境适应能力

心理健康的大学生能够面对现实，接受现实，并能主动地适应或改变现实；既有高于现实的理想，又不会沉湎于不切实际的幻想和奢望中，对自己的能力有充分的信心；能在环境改变时正确面对现实，对环境做出客观正确的判断，不怨天尤人；能与社会保持良好的接触，使自己的思想、行为与社会协调一致。

5. 能控制情绪，心境良好

心理健康的大学生能够经常保持愉快、乐观、开朗、满意的心境，对生活充满希望；能适度地表达和控制自己的情绪，喜不狂，忧不绝，胜不骄，败不馁，谦而不卑，自尊自重。

6. 人格完整统一

心理健康的大学生其人格特征包括气质、性格、能力和理想等各方面平衡发展，所思、所做、所言协调一致，具有积极进取的人生观，能够与社会步调合拍，也能和集体融为一体。

7. 心理行为符合年龄特征

心理健康的大学生应该精力充沛，勤学好问，反应敏捷，喜欢探索。心理年龄随着生理年龄的增长而不断发展提高着，就称其为年龄特征。心理健康的大学生应具有与年龄相同或相当的大多数心理健康，而心理年龄明显低于生理年龄的人心理就不算是健康的，例如，成年人还像幼儿那样得不到喜欢吃的食物就哭闹，那他的心理就不健康了。

对于以上概括出的心理健康标准，相当多的大学生还存在着认识上的误区，总认为心理健康就是没有心理困扰。其实心理健康不是没有心理困扰，在生活中每个人都会遇到各种困扰，但是不等于心理不健康，重要的是能有效的解决就是心理健康的表现。大学生面临如下困扰，可以说是正常的，最重要的是怎么去面对和解决：①生活中遇到的各种成长中的困扰。大学生的生活也可以说是充满了困扰的生活，比如进入大学不适应大学生活，甚至包括饮食起居，饭不可口，宿舍拥挤，天气或冷或热，或干或湿都会让一些同学特别不适。尤其是许多同学对大学充满了幻想，但现实往往离自己的期望值相去甚远。再加上学习的不适应，老师讲得多，讲得快，根本不是什么上了大学就轻松了的传言，稍不留神考试就可能不及格。同学关系也觉得难以相处，不仅缺一般的朋友，也缺知心朋友。②特殊时期的发展课题带来的困扰。心理学家艾里克森(Erikson)将人生历程分为八个时期(表 1-1)，在每一时期人们都要面对不同的发展课题，他称为心理社会困境(psychosocial dilemma)，如果“成功地”解决了每一个两难问题并摆脱困境，就会使个人和社会之间产生新的平衡，从而使人健康发展，如果问题不能解决，个人成长将受到阻碍。青年期的发展课题是自我认同，大学生多处于青年期，这个阶段的主要任务是要回答一个问题：“我是谁?”心理和身体的成熟带来新的感觉，大学生必须根据自己的各种自我知觉和他人的关系建立统一的角色认同感，将自己所扮演的学生、儿子(女儿)、朋友、恋人等等不同角色在自我感觉上整合起来，将自己的各种矛盾的经历整合起来，其中包括理想自我与现实自我的矛盾，他人对自己的期待与自我发展定位的矛盾等，无法形成角色认同就将陷入角色混乱中。刚进入大学的学生常难于确定自己的位置，以往中学时的优势和优越感在强手如云的大学里荡然无存，有着特别的平庸感，如果不及时调整，就会陷入迷茫。困扰是常见的，对大学生来讲，重要的是学习去解决，在克服困扰中成长。

表 1-1 艾里克森人生发展的八个阶段

阶段	危机	令人满意的结果
婴儿期(0～1 岁)	信任感—怀疑感	对人信赖，有安全感
婴儿后期(2～3 岁)	自主感—羞怯感	建立对自己能力的自信
幼儿期(4～5 岁)	主动—内疚	有目的方向，能独立进行
儿童期(6～11 岁)	勤奋—自卑	具有求学、做事、待人的基本能力
青年期(12～18 岁)	角色统一—角色混乱	自我观念明确，追求方向肯定
成人前期(19～25 岁)	亲近感—孤独感	有能力与他人建立爱情和友谊的关系
成人中期(26～60 岁)	普遍关注—自我关注	关心家庭、社会和后代
成人后期(60 岁以上)	完美感—绝望感	有尊严和成就感，能够欣然面对死亡

如何认识心理健康

尽管设置了某种形式的心理健康标准，在具体评估一个人的心理健康状况时，还会遇到不少困难。因为如何合理地确立心理健康的概念与标准，涉及个人的人性观、思维方式以及特定社会的主流价值观念。我国心理学家刘华山认为明确以下几个观念，有助于深化我们对这一问题的思考：

1. 判断一个人心理健康状况应兼顾内外两个方面

从内部状况来说，心理健康的人的各项心理机能健全，人格结构完整，能用正当手段满足自己的基本需要，因而主观上少痛苦，能体验到幸福感。从对外关系来说，心理健康的人的行为符合规范，人际关系和谐，社会适应良好。而“个人基本需要的满足”这一点是我们经常忽略的。事实上，大多数心理障碍与疾病都是由于人的基本需要，特别是人的交往需要、尊重需要未得到合理满足(缺少爱、不被认可、师生关系紧张、亲子关系疏离；蒙受羞辱、无能感、无价值感、自尊心受到威胁)从而损害或摧毁了个人的积极的自我概念而产生的。因此，有人说，所谓“心理问题”实质是个需要问题，这话是有道理的。就是说，在一个相对长的时间内，个人正当需要得不到满足，或用不正当手段、无效的手段来满足需要，或需要结构本身不合理。都有可能引起心理困扰、心理障碍或心理疾病。孔子说他自己“七十而从心所欲，不逾矩”(《论语·为政》)，就是说一个人格发展成熟的人，行为既能符合规范(不逾矩)，个人需要又能获得满足，因而可以达到一种“从心所欲”的自由状态。

2. 心理健康应有不同层次

通常人们把平衡、适应作为心理健康者的特征。如果把适应理解成对环境的顺从，把平衡理解为内心无冲突，也是不合适的，除非我们对“适应”一语作更积极的解释。一个人满足于现状，没有追求，不思进取，因而无挫折、无冲突，这也许可称做“平衡”；或者逢人说人话，逢鬼说鬼话，上下讨好，左右逢源，这也许可叫做“适应”。其实，这里前一种人只是一个“没有目的的躯壳”，后一种人或许可叫做“有教养的市侩”(许又新语)。看来，杰何达(M. Jahoda)提出“积极的心理健康”的概念，并将其与“消极的心理健康”做相对区分，是很有必要的。在心理学领域内，对于一个人行为的根本动力是追求“平衡”这一人性假定，人们本来就是持有不同的看法的。行为主义心理学家、精神分析派的代表人物(如弗洛伊德)等明言人的行为的根本动力是追求平衡(达到稳态、降低内驱力、消除紧张等)；而人本主义心理学家如马斯洛等则认为人的生活不仅是为了追求内部平衡，更重要的是追求不断成长与自我实现。是不是可以说，人既是趋向平衡的，也是追求新的刺激与不断成长的。如果我们把消除过度的紧张不安而达到内部平衡状态称做“消极的”或“低层次的”心理健康的话，则“积极的”或“高层次的”心理健康意味着有高尚的目标追求，发展建设性的人际关系，从事具有社会价值的创造，渴望生活的挑战，寻求生活的充实与人生意义。

3. 心理健康是一种状态更是一个过程

心理健康并不是一种静态的平衡，并不是永久性的无压力、无冲突、无痛苦，而是要在平衡—不平衡的交错中，进行有效的自我调整，与现实环境保持动态的协调，进而追求成长与发展。

4. 心理健康说到底是一种人生态度

心理健康首先反映出一个人健康的人生态度。心理健康的人对生活抱开放态度，乐于吸取新经验；心理健康的人以积极的眼光看待周围事物；心理健康的人富有利他精神，能在尝试付出、伸展自己的过程中增强自我价值感；心理健康的人追求高尚的生活目标，但作为一种现实的生活目标，他能放弃做“完人”、“超人”的念头；心理健康的人有观念明确、能身体力行而又有一定程度弹性的道德准则，而缺少道德观念与坚持“超道德”观念正是人格异常者与神经症患者常见的特征。总之，心理健康的人在生活中多持有一种积极的、开放的、现实的、辩证的、通达的人生态度。

大学虽然使个体获得了更丰富更广阔的发展空间，为个体走向成熟提供了许多便利条件，但与此同时，个体在大学生活的过程中遇到困难和承受压力也是不可避免的，这也可以看做是个体走向成熟必然经历的“阵痛期”。大学生要了解自己出现心理变化是正常的，关键是要科学地解决这些心理问题，以良好的心态走过大学生必经的“心理断乳期”。总之，每个人都会经历心理困扰，可能是适应性问题，也可能是发展性困惑。心理健康的人不是没有心理困扰，而是勇于面对自己的烦恼、积极调整，使自己走向和谐与适应。

人在何时需要专业性的帮助

人什么时候需要对心理问题的专业性帮助？尽管很难简单地回答这个问题，但下面四种情况需要引起警惕：

(1) 当你感到焦虑或抑郁时，你应该考虑寻求心理帮助。

(2) 当你的行为表现有明显的异常改变时，例如出现无法控制的学习成绩下降、常旷课、酗酒、无法保持正常的人际关系时，你应该去寻求专家帮助。

(3) 如果你的同学、朋友或亲属建议你去寻求帮助，你应考虑采纳，因为他们看你的问题要比你自己更客观。

(4) 如果你有持续的、苦恼的自杀想法或冲动，应该立即寻求专业人员的帮助。

第三节 大学生身心发展的特点与心理健康

一、大学生的生理特点与心理健康

（一）大学生的生理发展特点

我国大学生身体的发展，正是处于由身体发展的第二次快速生长期进入生长稳定期的阶段。其特点是：骨化逐渐完成，身体形态日趋稳定，各器官、系统的机能日益完善，人体发育的生殖系统达到完全成熟水平。

身高、体重、胸围、坐高等是身体形态的主要指标。调查表明：我国大专院校男生，平均身高为170.3厘米，体重为58.5公斤*，胸围为85.7厘米，坐高为92.1厘米。在18～25岁期间平均身高增长1.7厘米，体重增长3.7公斤，胸围增大3.4厘米，坐高增长1.5厘米。女生的身高平均为159厘米，体重为51.5公斤，胸围为78.9厘米，坐高为86.3厘米。在18～25岁之间平均身高增长0.9厘米，体重增加2.3公斤，坐高增长0.6厘米，胸围扩大1.3厘米。

脉搏、血液、肺活量等是人体心血管机能的基本指标。调查还表明：我国大专院校男生平均脉搏为75.3次/分钟，血压为74.1/118.3毫米汞柱**，肺活量为4124毫升。女生平均脉搏为77.5次/分钟，血压为69.2/107.8毫米汞柱，肺活量为2871毫升。从18～25岁，上述各项基本指标已处于平稳状态。

---

*1公斤＝2斤＝1千克，**1毫米汞柱＝0.133千帕，后同。

（二）大学生生理发展对心理的影响

1. 体型对自我概念的影响

大学生身体发育达到高峰后逐步定型，此时对心理的特殊影响是促进自我概念的发展。自我概念主要包含两个方面：一是对自己的体型、仪表、体力方面的综合看法；二是对自己智力、情操以及人格等方面的看法。这两个方面是互相联系、统一的。从发展来看，个体对身体形态和仪表的自我概念成分比对智力、人格等方面的认识形成较早。人在出生后6个月左右开始对自己的镜中形象感兴趣，这个阶段属于“第一镜像阶段”。从青春期开始，在自我意识中形成的身体、仪表的观念称为“第二镜像阶段”。不论是出于自我欣赏还是自我反感，对于自己身体显著的变化，内心交织着种种评价和情绪体验，直到获得恰当的自我概念为止。这当中起决定因素的是自我评定水平和标准，它也随年龄变化而变化。在青年早期阶段，身体发育速度很快，青年开始对认识“自我”感兴趣，这种兴趣首先表现在关心自己身体的形象，喜欢受到好评。然而由于个体发育速度及社会审美价值取向的不同，有的青年可能对自己的外观不认同。例如，有的男青年对自己的身高不满意而经常焦虑。女青年常因体胖、脚大而忧虑。脸上长粉刺和身体肥胖，无论男孩和女孩都会感到痛苦。早熟的男性会因在身高、体力方面都胜过同龄人，而引起周围人的羡慕，晚熟的男性经常担心自己发育不全，等等。到了青年中期，即大学阶段，大学生一方面对自己的体型和仪表的特征非常敏感，另一方面能够综合个人的智能、情操和人格特点，进行自我评价。随着年龄的增长，为仪表和体型而忧虑的情绪逐渐减少，而认为智能、情操、品格因素更重要，起主要作用。

2. 生理成熟对心理成熟的影响

生理成熟是指身体各个器官发展到完成状态后，身体的生长即行停止。大学生正处于身体迅速走向成熟的时期，这个时期的生理状态对大学生心理成熟具有相当大的影响。一方面，生理成熟促进了智力和情绪的成熟，另一方面，生理成熟也影响人格的成熟。人格的成熟是在先天素质的基础上，受环境和社会关系影响的结果。在人格形成的过程中，离不开神经生理基础的作用；同时生理上的逐步成熟也不断地同心理发生交互影响，参与人格的形成。个人的仪表、体型常常受到人们的主观裁判和期望，在一定程度上决定了人际关系中双方的行为和态度，影响着人格的形成。例如，一些有身体机能发育缺陷或有慢性疾病的大学生往往依赖性强，自理能力较差，老师、同学也往往对他产生两种态度：要么过分照顾，要么嫌弃，这两种极端的态度都可能造成病态人格。

总之身体的生长发育是心理发展的物质基础，人的生理发展和心理发展是不可分的。从发展的观点来看，进入大学阶段后，身体发育处于生长高峰，躯体形态改变速度放缓并迅速走向成熟，大学生的生理发展对心理发展有特殊的影响。

二、大学生的心理特点与心理健康

（一）心理发展的过渡性

从心理的发展水平看，大多数大学生的心理正处于迅速走向成熟又没有完全成熟的时期。从心理的发展过程看,认知的核心要素思维已由经验型向理论型转化,情感也从激情体验、易感状态逐步升华、过渡到富有热情,充满青春活力,社会道德感和社会责任感增强;在意志行动上则从容易冲动发展到具有一定的自控力,形成了相对稳定的行为习惯;从个性发展看,性格、能力等个性心理特点都达到相对稳定和渐臻成熟的水平;理想、信念、价值观、世界观等,经过大学生阶段也逐渐接近成人的发展水平。

(二)心理发展的可塑性

青年期是人生各种心理品质全面发展、急剧变化的时期,在这一时期大学生心理发展存在着不稳定、可塑性大的特点,如在认知方面容易偏执;在情绪方面容易走极端;在意志方面有时执拗;在个性方面,虽然许多个性品质已基本形成,但却容易受外界或生活情境的影响。大学生心理发展的可塑性源于内外两种原因:一是外因,面对生活中的各种影响,如果不求变,则凡事难通,那些偏执、极端、执拗等会使其"行路"变得艰难;二是内因,大学生是最追求真善美的一族人群,他们对人生、对世界都抱着惟美心理,这使得他们愿意去完善自我,完美自身。

(三)心理发展的矛盾性

当代大学生由于在学校受教育期长,从校门到校门,几乎没有社会生活经验,心理社会化成熟度滞后于生理成熟度,在这一过程中,大学生处于第二次"心理断乳期",即由于失去他律,自律尚未充分形成,远离了父母亲人,尚未能完全自理生活,加上现代多元价值的影响等,使大学生心理发展既存在积极面又存在消极面,这势必导致矛盾和冲突。与此同时,他们又处于自我意识发展的新阶段,从眼光朝外着重认识外部世界,转而朝向内部认识自己。因而,他们经常强烈地意识到内心所发生的种种矛盾。这些内心矛盾主要有:①孤独感与渴求亲密情感关系的矛盾;②独立性与依赖性的矛盾;③强烈求知欲与识别力低的矛盾;④情绪与理智之间的矛盾;⑤愿望、幻想与当前现实的矛盾;⑥强烈的性意识与正确处理异性关系之间的矛盾。当然这些矛盾并非偶然,而是发展过程中的正常现象,是迅速走向成熟与尚未完全真正成熟的集中表现。

(四)心理发展的差异性

大学生心理发展的差异性主要表现在不同年级的大学生心理发展特点的不同。

1. 入学适应阶段(适应期)

新生从高考成功的喜悦中走进大学,面对的是从中学生活到大学生活的一系列急剧的转变:生活环境变了,生活条件变了,人际关系变了,学习的方式、方法变了……这些变化,使他们很恐慌,一时适应不过来。原有的、习惯了的心理机能被打乱了,心理定势被破坏了。在这陌生的环境中,只有努力去适应新的环境,建立新的心理结构,才可以实现新的心理平衡。这一时期(一般是大学一年级)突出的问题主要是如何适应大学生活,建立起新的人际关系。入学适应阶段是整个大学阶段最困难的时期。适应不好,会影响到整个大学时期的学习和生活。适应期的长短因人而异,适应能力强的人,所需时间少一些。一般来讲,大约要一个学期左右。

2. 稳定发展阶段(发展期)

这是大学生活全面发展和深化的阶段。大学生基本适应了大学生活,新的心理平衡已初步建立起来。大学生活进入相对稳定的时期,这是大学生成长、成才的关键时期。这一时期时间较长,一般要到大学毕业前夕。在这一阶段中,大学生会遇到许多新问题、新情况,需要做出抉择和回答;大学生极强的心理可塑性得到充分的诠释,每个人都按自身独特的方式塑造着自己。这一阶段突出的心理问题是:恋爱与性心理健康,成才道路的选择与理想的树立,学习目标的实现与学习态度,学习方法的掌握以及形成优良的学习心理结构。这个时期是大学生人生观形成时期,也是实现教育目标的关键时期。

3. 准备就业阶段(成熟期)

大学生经过四年的生活和学习,世界观、人生观逐步形成,心理渐趋成熟。这一时期是大学生从学生生活向职业生活过渡的时期,他们又将面临新的心理挑战,是继续深造还是就业?是留在国内学习还是联系出国进修?择业就业中双向选择的压力等,又使大学生的心理掀起波澜。不过,此时的大学生已接受了严格的专业训练和独特的校园生活的磨砺,自主感较强,自我意识也有了很大提高,对未来的生活道路会产生种种设想,而这些设想多数与现实有一定距离。大学生在此阶段必须开始做走向社会的心理准备。进一步深入了解社会,把握好自己在生活中的位置,是所有大学生面临的任务。这一阶段是大学生各方面素质进行综合考验的阶段,同时又是进一步促进大学生心理成熟的阶段。

大学生心理特点的两面性

我国心理学家张增杰认为大学生心理特点具有两面性:

1. 大学生心理发展的积极特点

大学生心理发展正处于迅速走向成熟的阶段,这些成熟的方面表现出积极的特点,其中主要的有:

(1) 精力充沛,朝气蓬勃,具有勇往直前的气魄。

(2) 出现大量类似成人的新需要,并渴望获得充分满足,从而激起对生活的美好愿望。

(3) 情绪强烈,但比青年初期善于控制;情绪丰富,热情高涨;高尚情操日益发展。

(4) 抽象逻辑思维高度发展,辩证性日益提高,发散性思维有新发展。加上想像丰富,所以善于独立思考,思想活跃,求知欲强而好争辩,迫切希望能有新的发明创造与成就,对社会、对人类做出贡献。

(5) 自我意识有新的发展,对自己各方面的认识大大提高,主动性增强,同时自尊心特别强。

(6) 人际关系进一步扩大,比青年初期更善于与他人交往,对友谊和爱情十分重视。

(7) 富有理想,积极向上,向往真理。

2. 大学生心理发展的消极特点

处于发展过渡期的大学生，虽然由于迅速走向成熟而具有许多积极面，但往往就在这些积极面中也包含着没有达到真正成熟的方面，因此某些本来属于积极的特点，当他们不善于考虑当时客观条件或情境时，或所发挥的作用超过一定限度时，往往易于导向某些消极的表现，甚至是有害的特点。

(1) 滥用充沛的精力与蛮干。

(2) 在客观条件未具备时，急于谋求需要的满足，导致失败或误入歧途。

(3) 对情绪、情感缺乏控制时，易成为情感的奴隶。

(4) 过分凭借想像与间接思维，不善于将集中思维与发散思维巧妙地结合起来，容易导致脱离现实，坚持片面性结论，甚至因怀疑或不满现实，以致削弱进取心。

(5) 自我意识强，情绪体验深，在外界的不良影响下，易陶醉于低级情绪。

(6) 在未掌握正确的社会准则时，在开放、自由的交往中，容易走入歧途。

(7) 在缺乏正确理想指导时，求知欲与敏感性易导致迷信错误的、自以为是的“新知识”或“新思潮”。

三、大学生的阶段特征与心理健康

(一) 大学生群体的特殊性

1. 高教育水平群体

我国当代大学生的年龄基本都在 17～24 岁之间，处于青年中期，正在接受高等教育，他们在心理特征上具有共同性，在影响心理健康的因素上也有共同性。大学生是一个具有较高文化水平的群体，他们更加关注自己的心理健康问题，但大学生的个性各异，在遗传素质、行为习惯、文化素养、兴趣爱好、抱负追求等方面都也各不相同，因而所遇到的心理问题也有很大差异。

2. 高智商群体

许多研究显示大学生的平均智商约在 110 分左右，平均高出一般人群 10 分左右。大学生一向被看做是聪明的，而一定的智商水平也是心理健康的基本保证；但高智商不等于高智慧，有时反而因此更易产生心理健康方面的问题。据调查，人们的快乐度与智商呈弱的负相关，这可能是因为较高智商者更难为人们所理解，因而更容易体会到“高处不胜寒”的悲凉。

3. 高自我价值感群体

大学生的抱负水平高，更看重自己，自我评价一般高于同龄其他群体。这种积极的自我观念对心理健康有促进作用，但如果自我评价不切实际、过高，一味追求难以达到的目标，则更容易受挫导致心理疾病。加上大学生的人生经历及社会实践经验都还欠缺，挫折容忍力低，遭遇困境也就很容易影响心理健康。

4. 高压力群体

大学生承受着来自各方面的生活压力。首先，他们是同龄人中的佼佼者，人们对他们寄予了更大的期望，有来自国家和社会的，更有来自家庭和学校的。这些期望既可以化作动力，也可以造成心理压力。其次，当今社会的快速变迁，特别是在择业与就业上的一系列变化，使他们面临多种选择，也带来更多的心理压力。再者，在大学生群体中，相互间的竞争随时随地、有形无形地展开着，也给他们带来沉重的精神压力。面对上述种种压力，如果不能正确地看待和恰当地应对，就可能对心理健康造成损害。

（二）大学生活的特殊性

1. 围墙效应

校园曾被看做是“世外桃源”，一道围墙把大学与现实社会分隔开来。学子们在校园里安心地接受教育，而与现实社会明显脱节的教育使得他们的心理越发脆弱。如今，随着高校体制的改革，一道道校园围墙在市场经济大潮的冲击下变成了一个个的门面。与此同时，变幻不定、光怪陆离的现实景象也使学子们的心理变得躁动不安。由于大学在推倒围墙、面向社会教育的同时，一系列的各种应对措施，包括心理健康教育措施并未及时跟上，使得大学生面临着突如其来地更多的考验。

2. 延缓偿付期

延缓偿付期是艾里克森提出的一个用以说明青年暂时延迟确定自我身份的一个特殊阶段。作为承续青年期并开始步入成年初期的大学生，虽然他们已应该而且有能力承担诸多责任和义务，但大学时代是从心理上、社会上不尽义务的时期，大学生在这个时期生活的经济来源主要靠父母，一般不直接接触生产活动和社会活动，一心一意学习。在延缓所承担的义务和责任的同时，大学生自我意识发展尚未成熟，对自己的兴趣爱好及才能并不十分了解，他们必须克制自己过早地确定自己的身份、确定自己应是一个什么样的人。上述两层意思都表明大学生正处于艾里克森的延缓偿付期内。这也说明了为什么不少大学生经常为自己的前途感到困惑和苦恼。

第四节　大学生健康心理的培养

一、大学生心理卫生的现状

上大学使青少年个体的学习和生活环境发生了很大的变化，这一变化给他们的成长带来了很多积极的影响，给他们的成长提供了新的发展契机。John. W. S.（1996）认为，上大学促进了个体的成熟，使他们比以前更加觉得自己长大了。比如，上大学使他们从父母的监控下走出来从而获得了更多的独立；大学给他们提供许多课程，他们可以任意选择；他们有更多的时间和同伴待在一起；有更多的机会发现和尝试不同的生活方式和价值观；新的学习还可能给他们的智力带来新的挑战，新鲜而刺激。Sullivan 等人（1980）对住校生和走读生两组大学生的研究表明，住校生比走读生有更强的独立性，与父母的关系也明显好于走读生。看来，离家上大学不仅对个体获得独立性有益，而且有助于改善他们与父母的关系。

但是，有相当数量的大学生经历了来自学业、生活、情感等许多方面的困扰和冲击。例如，

2003年的《北京市高校学生心理素质状况及开展心理素质教育工作的研究报告》指出，北京的大学生中，存在中度以上心理卫生问题的学生占16.51%。很多采用Scl-90量表对我国大学生心理健康状况的测查结果(季建林等.1990；何蔚.1992；刘美涓等.1995；张智勇等.1998)表明：大学生群体Scl-90各因子均分都明显高于全国青年组常模，其中着重体现在强迫、人际关系敏感、焦虑、敌对和恐惧等症状上，这在一定程度上反映了我国大学生的心理卫生状况在总体水平上与同龄人之间存在差距。邓勇等(1996)对625例中医药大学生进行了调查，结果表明，九项因子分和阳性项目数均非常显著高于国内正常人青年组($P<0.001$)。常见的心理问题为强迫、抑郁、偏执、人际关系敏感和敌对性，其中达中等严重程度者占7.36%～9.920%。

在大学生群体内部，不同年级的大学生心理健康状况也存在显著差异，低年级(一、二年级)大学生的心理问题相对较多(黎凡.1988；季建林.1990；张智勇等.1998)。李淑然等(1989)对1978～1987年北京市16所大学本科生因精神疾病休学、退学情况的分析结果表明：十年中，在大学生休学、退学的主要原因里，因患精神疾病休学、退学的大学生人数居于第一位，其中，低年级大学生因精神疾病休学、退学率较高。我国香港地区的大学新生的心理健康状况也不容乐观。刘颖莹(1997)连续对香港理工大学1995级、1996级新生的身心健康状况调查结果表明：约有1/3的新生在入学期间的数个星期内精神健康状态欠佳，感到有压力或有健康问题。Astin，Green和Korn(1989)对美国500多所高校的超过300 000新生的调查表明，1987年，8.7%的大学新生报告经常感到很沮丧，1988年这个数字上升到10.5%。Weber(1993)通过对大学新生心理健康的研究得出大学新生是一个感受着相当多忧郁的群体的结论——他们的忧郁来自担心自己在新的环境里没有好的人际关系，不能给自己的家庭带来骄傲和害怕自己没有能力在大学取得成功。这些说明，大学新生承受着越来越多的压力，感受到越来越严重的沮丧。总的来讲，当前大学新生的心理问题主要是适应性和与人沟通的问题，二、三年级学生则以情感、人际关系和自我成长等问题为主，而毕业生主要是就业压力等问题。此外，感情纠葛、性心理活跃等问题也困扰着不少大学生。到了毕业前，因求职等引发的一系列心理波动对毕业生来说更是一大考验。

以上现象充分显示了大学生心理卫生问题的严重性，大学生的心理卫生的确应该引起足够的重视。

自己抑郁了没有

有时你感到自己情绪低落，此时，你要清醒地意识到是否出现了抑郁。研究抑郁问题的专家提醒人们，当下面五种情况出现时，切不可仅将其看成是小的情绪波动，而可能是出现了抑郁情绪。这五种情况包括：

(1) 你对自己的各方面看法都很消极。

(2) 你经常责备和批评自己。

(3) 一些事情过去不会使你感到困扰，但现在你开始觉得难以忍受。

(4) 你感到前途暗淡。

(5) 你觉得自己不堪重负。

二、大学生常见的心理卫生问题

（一）自我意识的模糊与困惑

一项调查表明21%的学生对如何发挥自己的优点和克服缺点感到迷茫，有一部分学生看到班上有些多才多艺、能力较强的同学，觉得自己一无是处、事事不如人，产生自卑心理；有些学生知道自己不足，但又不知道如何突破自己。在大学阶段，个体自我意识逐步增强，但在相当长的时间内，他们并没有形成关于自己的稳固形象，自我意识还不够稳定，看问题往往片面主观，加上心理的易损性，一旦遇上暂时的挫折和失败，往往灰心丧气、怯懦自卑。同时，大学生对于周围人给予的评价非常敏感和关注，哪怕一句随便的评价，都会引起内心很大的情绪波动和应激反应，以致对自我评价发生动摇。

（二）环境改变与适应问题

大学生离开自己所在地区或学校，到另一个陌生的环境求学，地域文化和生活环境的差异，使他们极易处于心理应激状态，存在的心理适应问题相对较多，反映出来的心理和情绪问题也就比较突出。中学时教师为了激励学生刻苦学习，总爱把大学描绘成一个“人间天堂”，学生也将考大学作为惟一的和最终的目标来激励自己在高中埋首苦读。但学生跨入大学校园后，突然发现事实并非如此，其中一部分学生表现出对现实的失落感。还有一部分学生表现出对生活环境的不适应，进入大学后，由原来依赖父母的小家庭过渡到相对自立的大学集体生活，心理上产生一种孤独感。与中学相比，大学学习具有更多的自主性、灵活性和探索性，进大学后，他们一时无所适从，有些学生感觉一下子从中学的严格管教中“松了绑”，但又不知如何安排学习，以致心中忧郁、焦虑。

（三）学业问题

在影响大学生情绪波动的因素中，学习的因素排在第一位。一般说来，压力过大、学习负担过重，会导致智力活动受限制，学习效率下降，反过来学习成绩的下降又会降低学生的学习兴趣，使学生对学习失去信心，精神上感到压抑、焦虑不安。同时，由于近年毕业生数量大幅增长，而社会整体就业职位无明显增加，就业难已成为大学生一入校就困惑伤神的难题，为了增加就业机会，大学生除了完成必修学业之外，还参加各种形式的等级和资格考试，学业负担普遍过重，使得部分学生身心疲惫，特别是来自农村的学生和部分女生表现出焦虑、抑郁、悲观的情绪反应。

（四）人际交往困难

研究表明，一半以上的学生有人际交往方面的心理困惑，有些学生表现为人际敏感：在与他人交往过程中，经常发生一些摩擦、冲突和情感损伤，这一切难免引起一部分学生的孤独感，从而产生压抑和焦虑；有些学生表现为人际交往心理障碍：因为语言表达能力较差，使得他们害怕与他人沟通思想感情，把自己的内心情感世界封闭起来，经常处于一种想要交往而又害怕交往的矛盾之中，很容易导致孤独、抑郁或自卑；还有些学生因为性格上的不合群，在同学中不被理解而遭排斥，其中一部分人便独来独往，不与他人接触，久而久之就产生一种受冷落或性格孤僻、粗暴等心理倾向。

（五）恋爱与性心理问题

处于青春中后期的大学生，由于性的发展成熟，恋爱不可避免地成为除了学业外的另一个主题。恋爱，对大学生来说，是认识自己、了解自己的一种方式，是学习与人建立一种亲密、和谐的关系的途径，从这个意义上来说，恋爱是一种很好的成长。可是，怎样选择恋爱对象，怎样处理好恋爱与人际交往、恋爱与学业、恋爱与工作、恋爱与性以及怎样应对失恋，这些问题总会打破恋爱的浪漫色彩。大学生是一个十分特殊的群体，他们在校学习时间的延长导致了他们社会化过程的后延。他们在经济上尚未独立，还生活在半社会的校园中，他们还有比较艰巨的专业学习与专业训练的任务，他们的未来还有许多不确定因素，这一切导致了他们的性心理的成熟落后于性生理的成熟，由此而产生与性心理有关的心理冲突，这让大学生经常会感到困惑与焦虑。特别是失恋，作为恋爱的结果之一，对大学生的打击更是重大的，有些大学生把失恋看做是对自己的全盘否定，甚至开始怀疑人生的意义。

（六）就业问题

就业是人生的重要转折点，也是大学生最为关心的问题。面对择业，大学生的心理是复杂而多变的，有些毕业生鉴于学习成绩不理想、对自我形象不满意、家庭负担重或鉴于个人条件好、自我评价高，在择业中表现出急于求成、悲观失望、盲目攀高或消极依赖等情绪。大学生求职择业过程中产生的种种矛盾心态、迷茫和困惑干扰了他们正确的就业心态。什么单位才是自己应该去的工作单位，什么样的工作单位才是自己最适合发展的，什么工作才是最有前途的工作呢，这些都是摆在大学生面前的现实问题。

上述心理问题在缺少正常的心理疏通与引导、远离家人关怀的情况下，一些大学生就很容易出现心理危机。据统计，2005 年，在全国 23 个省份近 100 所高校内，发生大学生自杀事件 116 起，其中 83 人死亡。但不少大学生对心理卫生的概念很模糊，甚至有误解，不懂得自我释放压力，不向外界求援，不少大学生的心理处在一种“亚健康”的状态。心理问题是每个人都会遭遇到的，心理问题如果得不到及时解决则会发展成心理疾病（心理障碍），心理疾病甚至成为大学生违法、犯罪的一个重要诱因，如清华大学刘海洋用硫酸泼熊一案就是佐证。

三、影响大学生心理健康的因素

影响大学生心理健康的因素是复杂的、多样的。概括起来有生物、心理和社会三方面的因素。

（一）生物学因素

1. 遗传

一般说来，人的心理活动是不能遗传的，主要是后天的社会环境影响下形成和发展起来的。但是，一个人作为整体(包括身心两个方面)与遗传因素的关系却是十分密切的，尤其是一个人的体型、气质、神经结构的活动特点、能力、性格，这些都受遗传因素的明显影响。统计调查数据及临床观察经验表明，在精神病患者家族中确有一定的成员患有精神病或某些异常的心理行为表现，如抽风发作、精神发育不全、性情怪僻、狂躁抑郁等。

2. 病菌、病毒感染

细菌、病毒等对躯体或神经系统组织结构的损害，加上感染所引起的高热、病原体毒性代谢产物的蓄积和吸收、电解质平衡失调、缺氧、血管病变等，均可导致脑功能或脑器质性病变，从而引起各种器质性心理障碍或精神异常。

3. 化学物品导致的依赖和中毒

某些毒性化学物质(医用的、工业废品中的、农药中的)可影响到中枢神经系统，导致意识和精神障碍。特别是鸦片类的吗啡、二醋吗啡(海洛因)、可卡因等。

4. 严重躯体疾病、生理机能障碍、颅脑外伤

某些严重的躯体疾病或生理机能障碍的影响，也可以成为心理障碍或精神失常的原因，如多疑、易怒、暴躁、情绪不稳和自制力减弱等心理异常表现，就有可能是甲状腺功能亢进所致；颅脑外伤可引起短暂或持续的精神障碍，如意识障碍、言语障碍、人格变化等。

（二）心理学因素

个人心理活动过程中的冲突与挫折等，是影响心理健康的另一类个人因素。一方面，处于青年期的大学生，心理发展水平正处在迅速成熟但未完全成熟的阶段，他们有理想和追求，充满热情，但由于情况、条件以及个人能力的限制，在多种目标不能协调时，他们不得不被迫放弃某些目标、忍痛割爱，这种被迫的取舍选择，若是涉及自己心爱的人、事与物，事后又觉得不妥、懊丧不已，那么久而久之，会产生忧郁感，甚至积忧成疾。另一方面，大学生活也不是一帆风顺的，所谓“人生逆境十之八九，顺境十之一二”，大学生随时会在学习、生活、交友、恋爱、择业等方面遇到各种各样的困难，当他们遇到困难又无法克服时，就会产生挫折感，心情不愉快，甚至会感到痛苦。倘若他们不能正确地对待挫折，不能在遇到挫折后通过适当的心理防卫或适应机制去战胜挫折，就会经常感到自尊心的损伤与自信心的丧失，内心滋长起失败感和愧疚感，形成一种紧张、不安、忧虑、恐惧、抑郁等交织而成的复杂心境，这种焦虑的心态若长期持续下去，便会导致不健康的心理。

（三）社会因素

1. 社会环境因素

社会物质、社会意识、社会风气、社会舆论四方面对大学生的心理影响较大。市场经济带来物质产品的巨大丰富、利益格局的重新调整、贫富差距的加大；在社会意识方面，社会主义市场经济体制的建立和发展，必然伴随着价值观念的转换。社会的变迁过程，实际上也是一种心理态度、人生价值观和思想行为等更新、定位和变革的过程。社会转型时期信仰的迷茫、价值的失落必然对大学生产生一定影响；与此同时，社会风气、社会舆论也会在成长着的大学生中留下深层的心理积淀。正确的舆论有利于大学生心理健康成长，不正确甚至错误的舆论会对大学生心理的健康成长构成不良影响。

2. 早期教育和家庭环境的影响

研究表明，早期教育和家庭环境的影响也是影响个体心理健康的重要因素。如家长对子女的教育方法、父母本身的心理行为、父母关系、家庭氛围等都会给大学生带来影响。毋庸置疑，大学生世界观、人生观的形成是以其少儿时期的思想、观念为基础的。个体在早期的发展中，父母的爱、支持和鼓励容易使个体建立起对初始接触者的信任感和安全感，这种信任感和安全感保证了个体成年后与他人的顺利交往。而儿童早期的这种信任感和安全感的缺乏，会随着个体的发展，逐渐产生一种孤独、无助的性格，难于与人相处，因而容易产生心理异常，出现人际交往方面的障碍。研究表明青春期前持续的爱的缺乏和丧失与成年期的抑郁有着密切的联系。如果少儿时期，父母的认知不统一、观念行为不一致，往往会使子女产生心理困惑。事实证明，父母感情和谐、兄弟姐妹相亲相爱的家庭氛围，往往会使个体形成谦虚、礼貌、随和、诚恳、乐观、大方等良好的人格特征。反之，家庭成员之间如果经常吵闹、打骂，则容易使个体形成粗暴、野蛮、孤僻、冷漠等不良的人格特征。有的大学生父母婚姻的不幸，也会给他们造成心理上的阴影，因为在单亲家庭中，婚姻的破裂，会使父母将生活中的不满和愤恨转化为一种观念并加诸子女身上，这种有意无意的影响都会使孩子形成错误的观念，导致孩子们产生怀疑、否定别人的心理和行为。

3. 生活事件

生活事件指的是人们在日常生活中遇到的各种各样的社会生活的变动，如升学、亲人亡故、环境的巨大变迁等。大量的研究结果表明，即使是中等程度的压力事件，如果它们连续发生，对个体的影响就可能累加，因而也是很严重的。由于生活事件的增加而产生的压力体验，与各种各样的生理和心理障碍有着明显的关系。例如，高血压、癌症、事故以及学习成绩的下降等等，都与生活事件的明显增加有着密切的关系。在对生活事件与心理健康之间的关系进行解释时，一般都认为由于生活事件的产生增加了个体适应环境的压力，如果在一段时间内发生太多的生活事件，个体的躯体和心理健康状况就很容易受到影响。

大学生抑郁的若干原因

李虹等(2002)对788位大学生的调查表明有50%的学生报告有抑郁倾向(其中达到严重程度的有5%)。为什么会有这么多学生感到抑郁？造成学生抑郁的因素有哪些？下面是一些报告得最多的原因：

(1) 大学课程难度的加大和选择职业的压力常常让学生感到他们失去了生活的乐趣，或者让他们感到自己的辛勤努力是没有价值的。

(2) 当大学新生离开了家庭、高中时的朋友圈子或其他亲密的朋友后，他们不再能够得到像过去一样的支持和鼓励，感到孤独和与人有隔阂。

(3) 学习的问题和分数的问题常常引发抑郁。很多学生在进入大学之前有很高的抱负，但缺乏失败的体验和锻炼。同时，许多学生缺乏在大学学业中取得成功所必需的基本技能。

(4) 大学生抑郁的另外一个常见原因是恋爱出了问题。例如，上大学后与以前的男友或女友关系破裂，或上大学后在恋爱中遭到失败。

(5) 一些人上大学后发现自己很难继续保持理想的自我形象，这类人特别容易感到抑郁。

(6) 因解决心理压力的方法不当而引起抑郁。例如，抑郁的学生常常沉湎于网络，而网瘾又成为抑郁的另一个根源。

四、大学生健康心理的培养

(一) 掌握一定的心理卫生知识

大学生要增强心理卫生的意识，学习并掌握一定的心理卫生知识，用这些知识来武装自己，使自己“百毒不侵，百折不挠”。有了一定的心理卫生知识，就等于把握了心理健康的钥匙，掌握了心理健康的主动权，即有了自助自救的能力，也就能防微杜渐，防患于未然，顺利地度过大学生活。

(二) 建立健康的生活方式

1. 合理的生活秩序

许多住校大学生是第一次过独立自主的生活，开始时往往觉得时间多得不知怎样利用，因此，必须尽快建立合理的生活秩序。每天按时作息，按时就餐，形成一个强有力的生物钟。同时要从事适度的体育锻炼，研究表明体育锻炼能改善个体的生化状况，对饮食和睡眠都有不错的调节。不吸烟不酗酒，注意基本的个人卫生，养成健康的生活方式，据调查，50％的早死是由不健康的生活方式引起，心血管疾病的危险因素中，不健康的生活方式也占54％。因此，建立合理的生活秩序，做到生活有节奏，有张有弛，劳逸结合，提高学习效率，增添生活情趣，使自己达到最佳适应与发展。

2. 用来学习的时间要适当

学生应以学为主，大学生也不例外。但是有些新生认为自己“过五关斩六将”好不容易考进大学，该好好轻松一下了，读研或就业都还远，于是“平常大撒把，考试前突击看书”，当发现大学内容的难度和量已使这种做法难以奏效，不及格的结局已难以挽回。据统计，大学几年中，大一不及格的人数最多。也有的学生不太适应大学的学习方式，而周围又强手如林，以前的学习优势已不复存在，为了弥补落后，他们夜以继日地苦练勤学，但结果却往往适得其反。因此，大学生要掌握一定的适应大学学习的方法，合理地安排学习时间，既不终日无所事事，也不废寝忘食、夜以继日地死读书，劳逸结合方可事半功倍。

3. 科学用脑,注意用脑卫生

大脑是心理的物质器官,是心理活动的最重要的物质基础。过度的疲劳、紧张或长时间的高度兴奋、强烈刺激,都会引起脑功能失调。要想恢复失调的脑功能,颇为费时费力。例如有位大学生为了使自己的学习成绩更好,每天早晨5点钟起床开始一天的学习,中午休息半个小时,晚上近2点钟才睡觉,每天除了学习,很难有一点闲暇的时间,节假日也不例外,如果哪一天玩了半小时,也追悔莫及。但过了半年,他身体出现了状况,带着熬红的双眼来到了心理咨询室。还有一些学生开始把玩电脑游戏作为休息,但由于自控能力差,一上瘾便不能自拔,待学业荒疏后越学越难,玩游戏便成了逃避现实的办法。有高校做过统计,每天在网上聊天、玩游戏的时间在2～3小时的学生占60%,个别人达到8个小时,整天没精打采。因此,大学生千万不要图一时之尽兴,逞一时之能,忽视用脑卫生。

(三)善于调节情绪

情绪是心理状态的晴雨表,几乎每一种心理疾病在情绪上都有表现。稳定而乐观向上的情绪会使人心情开朗,精力充沛,对生活充满兴趣与信心。相反,如果一个人情绪波动不稳,患得患失,喜怒无常,处于不良情绪状态中,而自己又不会调节,就会导致心理失衡和心理危机,甚至精神错乱。善于调节和控制自己的情绪,首先应学会合理宣泄,能够恰当地表达自己的情绪,既不要压抑自己,也不要放纵自己;其次,对于消极情绪,不能一味沉湎其中不能自拔,而要学会几种自我疏导、自我排遣的方式,学会积极地自我心理暗示;最后,还要寻求专业支持,即心理咨询。

(四)建立良好的人际关系

早在一百多年前马克思就已指出:“人是一切社会关系的总和。”个体的生存和发展是离不开纷繁复杂的人际关系的。和谐的人际关系可以增加自信和理解,减少心理上的不适感。而学会做人、学会做事、学会去爱与良好的人际关系(学会共处)的建立是相辅相成的,是每个人毕生的学习课题,它们对于一个人心理的健康成长与养护有着举足轻重的作用。

(五)树立符合实际的奋斗目标

我们鼓励大学生要有远大的理想、宏伟的目标,但不赞成不切实际地高标准、严要求,如果由于树立了不切合实际的奋斗目标而屡遭挫折、失败,这对个体的心理打击很大,往往会使其承受不住而导致心理防线崩溃,甚至发生心理疾病。因此,不切合实际的奋斗目标绝不可取,我们主张跳一跳摘到桃子,既富有挑战性又不是唾手可得,并且目标的制订宜一步一步进行,小步子前进的人并不逊于大步前进而跌跤的人。

(六)培养良好的人格品质

对于学生自身来讲,保持心理健康一个重要的途径是注意培养和锻炼自己的人格品质,使其健康发展。因为在整个环境中,“致病因素”大量存在,预防心理疾病的关键是增强自身的“免疫”能力,尤其是要养成乐观向上的个性、坚强的意志和一定的挫折耐受力。

如何从抑郁情绪中走出来

如果你考试没考好，分数不理想，你可能会出现什么反应？如果你只将其视为孤立的小挫折，那么，你可能就不会感觉太坏。然而，如果你感到自己"一败涂地"，那么就很可能出现抑郁情绪。心理学家发现，一些大学生把日常琐事与长期目标（如成功的职业或高收入）联系过紧，就容易对一些不如意的日常小事做出过度反应，比如，有一次考试成绩不好，就认为自己今后的就业和发展都没有希望了。

这些研究结果能够给我们什么启发呢？最重要的一点是对日常发生的事情一定要能够"拿得起，放得下"，这样，人就不会一遇挫折就感到无助或绝望了。

心理学家贝克(Beck)和格林伯格(Greenberg)建议，在你觉得抑郁的时候，可以给自己做一个日程表，尽量安排各种活动，把一天中的每一小时都占满，在每个活动完成的时候做一个记号。在为自己选择要做的事情时，最好是从易到难。抑郁的大学生们躺在床上的时间太多，他们一方面感到自己无所作为，另一方面又不做出任何努力。通过应用"日程表"的方法，就能够让人们去做自己该做的事情，走出那种"坐以待毙"的怪圈。此时，人所需要的正是通过一个小的成功而得到鼓励，从而把事情顺利地做下去。如果一个大学生不知道自己如何才能在大学学习中获得成功，那么正确的方法是去向别人请教，总是感到没有人来帮助自己是没有用的。

当人认为自己没有价值或没有希望时，常常会自卑，过度地自我批评。贝克和格林伯格建议当消极的想法出现时，特别是那些给你带来悲伤的念头出现时，你应该马上把它们写下来。在记录下这些想法后，要给每种想法做出另一种合理的解释。例如，你出现一种"没人爱我"的想法，那么，你要试着列出那些真正关心你的人的名单，你会发现有不少人在关心你、爱你。要学会一点：当事情有所进展时，你要将其视为光明即将来临的信号。如果你能够把这种积极的信号看做稳定的和持续的（而不是临时的和不固定）的事物，抑郁便会随之结束。

在大学生中抑郁是常见的事，我们应该把一般的"大学生抑郁"与严重的抑郁症区别开来。严重的抑郁症是很危险的，往往会导致自杀或严重的情绪障碍。因此，当你感到难以自拔时，最明智的办法就是去寻求专家的帮助，尽快从低落的情绪中走出来。

思考与讨论

大学一年级真的会彷徨吗

"2004年，我带着对大学的无知与好奇，走入了梦中的象牙塔。刚刚经历过'黑色七月'的我立即被眼前的广阔天地所深深吸引，各式各样的学生社团活动、异彩纷呈的学术讲座、五花八门的文艺节目……容不得自己细细考虑，我就满心欢喜地投进了这片迷人的风暴中。刚开学的社团招新，我连续好几个晚上都去参加面试，没想到试一试的心态换来的却是多个社团成员的身份。一时间厚重的收获感与自足感充满心胸。源于大学一年级新生

(freshman)的冲劲，我有了每天晚上筹备比赛至深夜一两点的经历，有了每日奔波于大大小小例会的经历，有了期末疯狂复习却依然对一大堆专业术语毫无感觉的经历……渐渐地，原本轻松而活泼的心，在这样紧张而劳累的生活中变得不胜疲惫，我开始寻找逃避的托词。因为我慢慢地发现，在一天天的忙碌之后，自己的心灵并没有因为有了一份份感悟和收获而丰盈起来，反而诱发了虚荣心和轻浮感的俱增……”

如何规划自己的大学生活？这是一个极为重要又难以回避的问题。如果你早有正确的思路，那么你就可能少走许多弯路。读完这个大学生的自白，请大家发表评论，并就这一问题交换意见。

练习与实践

我们来相识

目的：尽快相识，增进集体凝聚力。

时间：约 30 分钟。

准备：用挂历纸或旧报纸卷成一根纸棒。

操作：全班同学以 15～20 个人分为几组，男女同学最好配搭均匀，每组全体成员围圈而坐，轮流介绍自己的名字、爱好、出生年月等个人资料。每个人都专心去记其他成员的资料。然后站成一圈，选一个执棒者站在圈中间，由他面对的人开始大声叫出另一个成员的姓名，执棒者马上跑到那个被叫的人面前。被叫的人马上再叫出另一位成员的姓名。如果叫不出来，就会受当头一棒，然后由他执棒。依此类推，直到大家熟悉互相的姓名为止。如果一个人两次被打就必须出来表演，作为惩罚。此活动适合大学生在游戏中相识、熟悉。

推荐阅读

如何面对大学生活

——三位大学生就如何面对大学生活的谈话实录

林丹：入大学，我面对的最大问题是怎么消除陌生感，怎样融入新环境。从来没有一个人到过陌生城市，一切都无从入手。开始特别想家，想以前的朋友，于是疯狂地打电话、写信。后来发现“远亲不如近邻”，如果能处理好宿舍关系，每一天都能生活在一个和睦融洽的环境里，会让自己身心愉快，做起其他事也会特别有劲。集体生活必须改掉任性脾气，学会为别人考虑，学会包容和退让。结交朋友的时候，我会比较主动，找到与自己合得来的朋友是一件很愉快的事。我参加几个学校社团，让自己的业余生活过得很充实，开发自己的兴趣，并且在那里找到很多志同道合的朋友，努力把这个陌个城市变成像家乡一样亲切可爱，遇到问题要想得开，千万不要钻死牛角尖。

李海涛：高中时一心想着上大学，生活的范围很狭小，也没有接触过多的人，没有那么多学习和生活上的烦恼。进了大学以后不光要学习，还要处理好室友、同学之间的关系；刚开始时感到特别困难。开始时都是由着自己的性子来，最后发现不行，那样遇到事情到处碰壁。至今有件事情我记得清清楚楚：有一天晚上一位室友将我的椅子拿去放衣服，第二天我起床发现以后就将他的椅子拿过来坐。结果他将椅子一把抢过去，还说：“那么多的椅子何必拿我的呢!”我看着他的样子自己也毫不示弱就和他吵了一架。事情过去之后,自己一个人仔细地想了想,与同学相处,自己何必处处都要争呢,有时候忍让一下又有什么呢?其实同学之间也没有什么坏心眼。他只不过是性格要强一点,我在各种小事上让他一些不就行了。如果和同学之间没有发生矛盾,我到现在也学不会与人相处。

张阳:我今年已经大三了。高考之前父母双双去世,进了大学之后经济没有任何来源,我便做家教、送报纸,最初的日子里甚至还曾去桥头的劳务市场做小时工。起步的一切似乎都很艰难。现在情况好多了,奖学金加上自己的稿费和平时的打工所得基本够生活所需了。想想走过的路,最大的感触就是自己不能被自己打倒。我开始的时候总是想:为什么自己会这么不幸?但是后来我逐渐明白光想这些是没有用的,一点实际问题也解决不了。现实就是现实。我于是就不断地给自己打气,告诉自己能行,一定要走下去。信念和毅力给了我莫大的勇气,并且我总是告诉自己:生活交给自己难题的时候,抱怨和退缩都是不行的,既然让自己遇上了,坦然地面对好了。这对自己的心智是一个很好的锻炼。我不但要面对经济上的困窘,还要承受心理上的思亲之痛。尤其是过年的时候,孤独、寂寞,还有很多难以言说的心绪就会铺天盖地地砸来。开始的时候我有些茫然不知所措,后来我学会了在为自己的前途而奋斗中排遣无助的心情。我把自己的时间排得满满的,一想到自己如果能有一个好的将来是对父母最大的慰藉,一切无助和无奈就都没了。

第二章 大学生的自我意识与心理卫生

导言

每个人为了使自己能适应社会发展的要求，能在社会中更好地发挥作用，经常会对自己本身进行反思，以了解自己是一个什么样的人，有什么样的特点和能力，能在社会中发挥怎样的作用，这样就形成了人对自身的意识，即自我意识。自我意识是社会化的一个极为重要的方面，它不仅是个体心理发展水平的重要标志，而且影响和制约一个人的人生选择与行为取向。大学生正处于自我意识由分化、矛盾逐渐走向统一的特殊时期，大学阶段是自我意识发展的关键时期，能保持正确的自我意识、接纳自我是大学生心理健康的标志之一。本章主要介绍了自我意识的内涵、大学生自我意识发展的过程、特点，存在的问题及其影响因素，并就怎样培养大学生正确的自我意识提出建议。

引导案例

我是全校最自卑的人

“我觉得自己是全校最自卑的人。”这是一位大一女生走进咨询室对我说的第一句话。“我不知道怎么才能讲得清我的心情。我是我们那个乡村惟一出来上大学的人，村里的人都为我能到这里来上学而感到自豪。开始时我也十分庆幸自己能有这样的好机遇。但是，现在我对我自己的感觉越来越不好了，我真后悔到这里来上学，我在别人最羡慕我的时候感到最自卑，我在学校过得很辛苦。上课听不懂，说话带着浓重的口音，大家都知道的许多事我不知道，我知道的许多事大家又都觉得好笑。我不明白自己为什么要来这里接受这一切的羞辱，我很想念在家乡的日子，那里没有人看不起我。现在我一想到家就想哭，我不知道自己究竟怎么了。我从没这么自卑过，我真的想马上回家去。”

第一节　自我意识概述

一、自我意识的涵义

你喜欢照镜子吗？我想你的回答是肯定的。那你在照镜子时在镜子里看到了什么，发现了什么呢？或许你会说，怎么会问这么傻的问题，当然我看到我自己了，难道还会看到妖怪。你随意的一句回答，却准确地指出了“自我”的两种状态，即“我”可以分成一个处于观察者角色的“我”和一个处于被观察者角色的“我”。很明显，在“我看见我自己”这句话里，前一个"我"处于观察者的地位,后一个"我"是处于被观察者的地位。这就是我们经常讲的自我的两种分类。

"镜子中的你长得怎么样?"对于这个问题,你肯定也会有个答案,你会说"我长得很漂亮,貌似潘安(貂婵)",或者"我长得很丑",或者"我长得还可以"等。你的这个自我评价,就是自我意识,它反映的是生理的自我,即对自我相貌特征的评价。

自我意识是一个复杂的、多层次的心理系统。

从其内容上来看,自我意识又可分为生理自我、社会自我和心理自我。生理自我是指个体对自己身体的意识,如刚才所举的例子"我认为自己长得很漂亮。"所谓社会自我,就是个人对自己在社会关系、人际关系中的角色的意识,包括个人对自己在社会关系、人际关系中作用和地位的意识,对自己所承担的社会义务和权利的意识等,如"我是一个有人缘的人","我是一个有责任心的人。"与社会自我出现的同时,心理自我也同时形成和发展。所谓心理自我,就是个人对自己心理的意识,包括个人对自己的性格、智力、态度、信念、理想和行为等的意识,如"我的性格是内向型的"、"我的信念很坚定"。个人对自己生理的、社会的、心理的种种意识,也是密切联系在一起的。因而,每一个人都有对他自己的看法和态度,并有其独特的形式和内容。

就自我认知中的自我观念来看,自我意识又可分为现实的自我、投射的自我、理想的自我。现实的自我也称现实我,是个人从自己的立场出发对自己目前实际状况的看法。投射自我也称镜中自我,是个人想像中他人对自己的看法,想像他人心目中自己的形象,想像他人对自己的评价,以及由此而产生的自我感,如"大家都说我长得很漂亮"就是投射自我的表现。现实自我即个人对自己现实的观感,不一定与想像中他人对自己的观感完全相同,两者之间可能有距离。当这个距离加大时,便会感到自己不为别人所了解。理想的自我也称理想我,是指个人想要达到的完善的形象,如"我想成为一名医生"、"我想做一名诚实的人"等。理想我是个人追求的目标,不一定与现实我是一致的。理想我虽非现实,但它对个人的认识、情绪和行为的影响很大,是个人行为的动力和参照系。

二、自我意识的形成过程

大学生的自我意识是在儿童和青年时期自我意识基础上的进一步发展,它既有继承性,又有自身新的特点。心理学研究表明,个体的自我意识从发生、发展到相对稳定,大约要经过二十多年时间。生理自我最早在出生后八个月才开始,到三岁左右才成熟。

(一)自我意识萌生时期

在生命降生之初,婴儿是没有自我意识的,他们甚至不能意识到自己和外界事物的区别。他经常吮吸自己的手指头,就像吮吸自己母亲的乳头一样津津有味,因为他把母亲当作他自己的一部分。可见,他还生活在主体和客体尚未分化的状态之中。婴儿一般在八个月龄左右,生理自我开始萌生,这是自我意识的最初形态。到一岁左右,儿童开始能把自己的动作和动作对象区别开来,初步意识到自己是动作的主体。例如,当他手里抓着玩具的时候,他不再把玩具当作自己身体的一部分了。一周岁以后,儿童逐步认识自己的身体,也开始意识到自己身体的感觉。不过，他只是把自己作为客体来认识，他从成人那里学会使用自己的名字，并且像称呼其他东西一样地称呼自己。一般到两岁左右，儿童逐渐学会用代词“我”来代表自己。三岁左右的儿童，自我意识有了新的发展，主要表现在：

(1) 出现了羞愧感与疑虑感：当做错了事时，儿童会感到羞愧；当碰到矛盾时，儿童会感到疑虑。

(2) 出现了占有欲和嫉妒感：儿童看到自己喜欢的东西，就想独自占有，不愿与人共享；如果母亲对其他儿童表现出关心和喜爱，他会产生强烈的嫉妒感。

(3) 出现自我独立的要求：第一人称“我”使用频率提高，许多事情都要求“我自己来”，应该说，三岁儿童的自我意识已经有了一定的发展，但其行为仍然是以自我为中心的，即以自己的想法解释外部世界，并把自己的想法和情感投射到外界事物上去。

（二）自我意识形成时期

三岁到青春期这段时期，是个体接受社会化影响最深的时期，也是学习角色的重要时期。个体在家庭、幼儿园、学校中游戏、学习、劳动，通过模仿、认同、练习等方式，逐步形成各种角色观念，如性别角色、家庭角色、伙伴角色、学生角色等。这一时期，也是获得社会自我的时期，他们开始能意识到自己在人际关系、社会关系中的作用和地位，能意识到自己所承担的社会义务和享有的社会权利等。

青春期以前，个体的眼光是向外的，引起他们兴趣和注意的是外部世界，他们对自己的内心世界视而不见。他们虽然已经意识到自己是一个主体，可以充分认识到自己的行为，但却不了解自己的下列状态：他们常常把自己的情绪视为某种客观上伴随行动而产生的东西，而不懂得情绪是自己的主观感受；他们还不善于应用自己的眼光去认识世界，而不只是照搬成人的观点作为对外部世界的认识。

（三）自我意识的发展时期

从青春发育期到青春后期大约十年时间，是心理自我的发展时期，自我观念渐趋成熟。青春期，个人无论在生理、认识或情绪等方面，都有很大变化，如性的成熟、逻辑思维和想像力的发展、感受性的敏感，都是造成自我意识发展的基础。这一时期，个人的自我意识具有以下特点：

(1) 自我意识分裂为观察者的我(I)和被观察的我(me)，因而个人就能从自己的观点出发，认识和评量自己的心理活动。

(2) 能够透过自我去认识客观世界，即由自我的观点来认识事物而不是从他人的观点去评量事物。

(3) 个人价值体系的发展和理想自我的活动，总是与自我观念的发展相联系。这时，个人常常强调自己所具有的个性特征的重要性，以及个人认为自己追求的目标对于自己的重要性。由于自我意识的发展，到了青春期，青年要求独立、自治的意识强烈，更想摆脱成年人的影响束缚。

一般地讲，青年自我意识的发展，经历着一个特别明显的、典型的分化、矛盾和统一的过程。自我明显的分化，意味着自我矛盾冲突的加剧，即主体我与客体我的矛盾斗争，理想的我与现实的我矛盾斗争的加剧。两个我不能统一，自我形象便不能确立，自我概念也不能形成。于是，青年表现出明显的内心冲突，甚至有一定的内心痛苦和激烈的不安感。他们对自我评价常常是矛盾的，对自我的态度常常是波动的，对自我的控制常常是不自觉、不果断的。他们可能忽而只看到自己的这一方面，又忽而只看到自己的那一方面；时而能较客观地评价自己，时而又不能这样做；时而肯定自己，时而又否定自己；时而感到自己什么都行，时而又感到自己特别幼稚；时而步入憧憬境界，对自己的现实缺乏意识，时而又厌恶自己长大而津津乐道那令人留恋的童年；时而对自己充满自信，时而又感到自己无能，对自己不满等等。

（四）自我意识完善时期

如果说青春期自我意识是迅速发展并趋向成熟的阶段，那么青年期之后个体的自我意识则是完善和提高阶段，这是由于自我意识的局限性、矛盾性和片面性所决定的。自我意识的局限性是指一个人自我意识的容量是很有限的，所包含的知识量是很少的。这就意味着自我意识的可靠性有问题，经不起实践的考验。自我意识的矛盾性是指一个人的自我意识往往不断地吸收和容纳一些互相矛盾的价值观念。自我意识的局限性和矛盾性常常引起主体的我和客体的我相互对立和冲突，破坏自我的统一。这种对立和冲突的结果是导致正确的思想占有主导，从而形成新的自我统一。相反，对立和冲突的消极结果会产生自卑感，或原谅自己所犯的错误。所谓片面性，是指一个人的自我意识是经验的，或者是预先打下某种社会烙印的。片面性往往会导致人们只看到自己的正面而发现不了自己的缺点，导致自以为是、骄傲自满情绪的滋生。

自我意识的形成和发展的过程，正是一个人人格成长的过程，忽视了每一阶段的健康成长，都会给一个人终生带来遗憾。

三、自我意识的结构

自我意识是一种多维度、多层次的复杂心理现象，它由自我认识、自我体验和自我控制三种心理成分构成。这三种心理成分相互联系、相互制约，统一于个体的自我意识之中。

（一）自我认识

自我认识是自我意识的认知部分，它是主体我对客体我的认知和评价，即自我认知和自我评价。其中自我认知是自己对自己身心特征的认识；自我评价是在自我认知的基础上对自己做出的某种判断。

自我认识主要解决“我是一个什么样的人”的问题，比如有人观察自己的形体，认为自己属于“健壮型”；分析自己的为人处世，认为自己是热情友善的；用批评的眼光审视自己时，觉得自己脾气暴躁、容易冲动等。可见，自我认识涉及个人的自我感觉、自我观察、自我分析和自我批评等。

在客观的自我认识基础上做出正确的自我评价，对于个人的心理活动、行为表现及个人在社会群体中人际关系的协调，都具有重大的影响作用。如果一个人在社会生活中把自己看得低人一等、没有价值，那么，他就会产生自卑感，做事缺乏胜任的信心，没有主动性和积极性,其结果是无论做什么事情都难以保证质量。相反,如果一个人只看到自己的长处,他就会产生盲目乐观的情绪,自我欣赏、自以为是,结果往往不能处理好人际关系,难以与人合作,或被他人拒绝、被群体所孤立。可见,对自我的客观认知和评价,对个人的健康发展有着不可忽视的影响。

(二)自我体验

自我体验是通过认识和评价而表现出来的情绪上的感受,其中包括满意或不满意、自尊、自爱、责任感、义务感、优越感、羞怯、自卑等。在人的生活体验中,不仅有肯定的情绪体验,也有否定的情绪体验,而且还要按照自己在社会中的地位或角色体验多种不同的情绪。

自我体验的产生是环境与个人内部的心理因素相互作用的结果,它是由外在环境的变化引起的,而外在环境能引起一定的情绪状态,又是与情绪经验的积累与概括相联系的。尤其是个人的动机活动受到环境的阻碍或干扰但又无法克制时,情绪就容易激动,这种激动水平的大小,又可能随着受到挫折的强弱、范围,过去受挫折次数和可能受到的压力而有不同的情绪体验。愉快、兴奋、愤怒、恐惧与羞怯都是以动机的形式对自我知觉发生作用,激起人们的行动。情绪有更大的适应环境变化的特点,行为的成功与失败,总是引起一定的积极的与消极的情绪反应。如果学生把测试的优良成绩归因于自己的努力和能力,就能提高自我价值并增强自尊心;如果把考试的失败归因于自己的努力和能力这些内部因素时,则会降低自我价值并挫伤自尊心,这说明行动原因的部位与情绪有密切的联系。

(三)自我控制

自我控制是主体对自身心理行为的主动的掌握。自我控制表现为意志方面,就是对自己的行为和活动的调节,从而了解自己在达到目的的过程中,如何克服外部障碍与内部困难,采取什么手段实现自己的决定。

一个具有坚强意志的人,在控制方面就会表现出自立、自主、自制、自强、自信、自律,发挥独立性、坚定性,增强责任感;遇到挫折时,沉着冷静;做事果断而有韧性,执行计划时,绝不半途而废;不说空话,不炫耀自己,不哗众取宠。而一个意志薄弱的人则缺乏主见,容易受暗示,随波逐流,不能自制,情绪不稳定,不努力思考;面对困难,畏缩不前,缺乏竞争意识;有的人怯懦,有的人爱冲动,轻易地或随便地违背自己应遵守的原则,不负责任,不尽义务;有的人在人际关系中有更多的防卫心理,嫉妒或提防他人,或者害怕与他人发生冲突、因而进行自我监督、自我命令和自定义务。但监督自己的执行要与个人具体特点相结合,当缺乏某种知识或技能时,个人就不能取得积极的成果,因而对自我发生不满。自我监督的实际意义在于根据个人能力水平确定任务和目标,实现计划时不受其他事件的引诱与干扰,防止改变决定。对各方面的条件估计越全面,接受的信息越多,越有利于实现自我监督。例如有的学生由于阅读文艺作品,注意到作者表达思想的论证方法,而改变了读书的目的,把过去注意情节有趣转向思维与论证,并学会监督自己。自我命令不限于自我强制或自我压抑,他的实际作用取决于个人的信念,使自己的决定符合于生活的主要目标和信念。自我命令有时由于迁就自己的惰性而不能执行,在这种情况下,首先要求有意识地养成严于律己的习惯,不随便姑息自己,轻易地改变决定;其次提高责任感水平,进行自我说服。由于青年期思维与论证能力的发展，青年有足够的理由，从认识与信念的增强上，克服自己的缺点，加强果断执行的意志力。

四、自我意识的作用

自我意识是人类特有的心理现象。个体活动离不开自我，自我客观地存在于个体的活动中，自我对于个体的活动具有不言而喻的重要性。

（一）自我意识经常把自身作为自己活动的参照物

人们怎样活动、活动的内容，都是以自己为参照物。人们对外部世界的各种看法，大多是相对于自己状况而来的。如我们说“那儿离这儿很远”，是相对于自己所处的地理位置而言。个体认为某人很蠢，其潜在含义至少是那人没有自己聪明。心理学家曾为人类所看见的物体为什么会被看成是正立的，而不是上下颠倒、左右交叉的问题，争论不休。临床发现，先天失明而后天恢复了视力的人，在初次看到外部世界时，并未报告是颠倒的，原因在于人类总是把自己作为参照物去观察外部世界，把自身与外部世界作为一个参照系统。

（二）自我介入对个体活动的意义重大

我们将某一事物与自我有内在的关系，称为自我介入。在个体活动中，自我介入通常与感情因素有关。如果一件事被认为与自己无关，我们不会有什么反应，如别人东西被偷了，与自己东西被偷了，在感觉上是不一样的。一般说来，为自己做事和为他人做事会有不同的活动效果，除非别有企图时，才会有相同的活动效果。自我介入在少儿三岁前后开始产生，表明个体对于自身有相当的认识，已知道自己与其他人、其他事物的不同。以后，自我介入范围愈来愈广，到成年时，和自我有关的事物不但包括财产、家庭、职业、国家、政党、民族，而且还包括思想、观念、信仰、目标、价值观等，如果这些受到损害或威胁，个体会认为是自己受到损害或威胁，便会进行自我防卫。

（三）自我是个体活动的觉察者、调节者和发动者

自我作为个体活动觉察者是使个体知道他在干什么，干得如何，并随时修正。而某一活动干得是否恰当，自我会对它做出评价，提供反馈信息，从而保持或改变活动的内容、方向和强度，这是自我作为调节者。这种调节有时是有意识的，然而有时也是无意识的。当个体总感到自己不能决定自己的活动时，他就处于一种危险的境地。临床发现，如果个体长期处于被强迫的活动状态之中，就会产生心理上的烦恼，丧失自信，产生生理或心理疾病。由此可见，自我作为个体活动的发动者的重要性。

（四）自我使个体的活动具有一致性、独特性和共同性

比如，有人认为做人应该对得起自己的良心，那么无论在何种情况下，他都会努力按照这一信条去做，否则便有一种过失感和罪恶感。个体活动的一致性是相对于他们自身而言的，如果个体感到自己处处与他人一样，他会感到不满意，因此自我总是要寻求自己活动的

独特性。有这样的一项研究，主试让被试描述自己，结果发现，每个被试在描述自己时往往强调自己不同于他人的特点。事实上，无法与他人相区别的感受可能令人不快，所以个体在活动的时候会发挥自己的主观能动性，总要表现出与他人的不一样，尤其是在个体的活动被预期可能受到奖赏时，更是如此。而当个体的活动被预期可能受惩罚时，个体总要寻求与其他个体活动的共同性。

（五）不同的自我优势，引起相应的自我评价与自我追求

当生理的自我占优势，在其自我评价的基础上，个体主要追求其身体外表、物质欲望的满足，获得家庭成员的关心与爱护等；如果以社会的自我为主导，那么在其自我评价的基础上，则个体处处追求他人的注意与重视，追求他人对自己的情感，追求名誉、地位、金钱；若心理的自我占优势，在其自我评价的基础上，个体主要追求自己在政治上、宗教上、道德上能上进，并且努力发展自己的智慧。

（六）自我寻求理想的自我实现

理想的自我不一定是客观上有价值的，它是个体希望使自己成为什么样的人。从某种角度看，个体都不符合他想成为的那种人的标准，正是实际的自我与理想的自我之间的差距激发了个体的某些活动。自我实现是人类活动的根本活动，个体的社会化包含一种经常趋向自主，并摆脱外部力量控制的倾向。每一个健康的个体都需要两种类型的关心——社会和个人的关心。假若个体没有感受到别人对他的关心，以及缺乏一种具有真实基础的对自身价值的意识时，他就不可能是正常的，也不可能正确地发挥作用。完全理想的自我实现的个体几乎是没有的，从个体的角度看，个体很少有自我满足的时候，他总是处于不断地追求和奋斗的状态中，即寻求理想的自我实现。

谢里曼的喜剧

19 世纪，德国有个叫亨利·谢里曼的商人。早在幼年时期，他就深深迷恋于荷马史诗的故事，并暗下决心，一旦他有了足够的收入，就投身于考古研究。谢里曼很清楚进行考古发掘和研究是需要很多钱的，而自己的家境却十分贫寒，在自己与理想之间，没有直线可走，他决定走曲线。于是，从 12 岁起，谢里曼就自己挣钱谋生，先后做过学徒、售货员、见习水手、银行信差，后来在俄罗斯开了一间私人的商务办事处。虽然谢里曼从事商业和投机买卖，面对的都是一些琐碎的、毫无浪漫可言的事务，但他却从未忘记过自己童年时的理想，没有忘记过研究古代希腊。利用业余时间，他自修了古代希腊语，而通过穿梭于各国之间的商务活动，他还学会了多门欧洲语言，这些都为日后的“奇迹”打下了基础。

终于谢里曼在经营俄国的石油业中积攒了一大笔钱，当人们以为他会大大享受一番时，他却放弃了有利可图的商业，把全部时间和钱财都花在追求儿时的理想上。他始

终坚信荷马的那些话，认为通过发掘，是能够找到《伊利亚特》和《奥德赛》中所列举的所有城市的遗址、荷马所记的英雄的坟墓甚至进行战争的地方的。1870年，他开始在特洛伊挖掘。不出几年，他就发掘了九座城市，并最终挖到了两座爱琴海古城迈锡尼和梯林斯。这样，歇业商人谢里曼就成了发现高度发展的爱琴文明的第一人。谢里曼的发现在世界文明史中具有重要意义，这使他取得了作为一般商人所无法想像的青史留名的成就。此时，人们才真正明白了为什么痴迷考古的谢里曼要花费那么多时间去赚钱，因为像许多事业一样，考古研究特别是发掘需要大量的资金投入，也需要衣食无忧的心态。

第二节　大学生自我意识的发展

一、大学生自我意识发展的过程

进入青春期后，大学生的自我意识会出现一个分化—冲突—统一的过程。这一过程是大学生自我意识不断发展，趋于成熟的过程。

（一）自我意识的分化

儿童的自我意识是一个尚未分化的整体，其意识内容主要停留在对自己外部行为和自己与周围关系的外部特征上。进入青年期，原来在儿童、少年时期统一不可分割的自我意识一分为二：一是理想自我，它是根据主观的自我和主观感受的社会现实所希望自己未来成为什么样的人而达成的自我状态。理想自我是处于观察者的地位，也就是“主体我”(I)。二是现实自我，它是指当前实际所达到的自我状态，即我现在是什么样的人。现实自我处于被观察者的地位，是理想自我所要观察的对象，也就是“客体我”(me)。

自我意识的明显分化，使大学生主动、迅速地对自己内心世界和行为具有了新的意识，开始意识到自己那些从来没有被注意到“我”的许多方面和细节。在这一时期，大学生的自我沉思、自我分析、自我反省的时候明显增多；对自我新的认识、体验和控制而带来的种种激动、焦虑、喜悦和不安也显著增加；为自己应该怎样做、能怎样做、不应该怎样做等而开始认真地动脑筋，不像中学生那样随心所欲。此时如果个体的理想自我(主体我)和现实自我(客体我)能保持大致的平衡，也就是说，个体真正的能力、性格、欲望能如实地表现出来，个体便能以自己的本来面目出现在别人面前，既不用掩饰自己的努力，也不怕暴露自己的缺点，从而有利于发挥自己的实际能力，促进个体健康发展。但也常常会出现理想自我和现实自我的失衡感。

现实自我占优势的个体，往往表现出较强的虚荣心和自我陶醉感，特别在乎他人对自己的评价，期望事事处处得到他人的赞赏。他们担心暴露自己的缺点，常常炫耀自己的知识，追新猎奇，哗众取宠，以换取他人的赞赏。

理想自我占优势的大学生，往往将“客体我”萎缩到实际能力之下，总认为自己事事处处不如人。他们往往自卑感较强，因为自己某方面的欠缺，如口才不好、身材不高、相貌一般、家境贫寒、能力不强而苦恼，甚至放弃应有的努力，形成自我怜悯或伤感的心理状态。

总之，自我意识的分化促进了大学生的思维和行为的主体性的形成，从而为客观地评价自己和他人、合理地调节自身的言行奠定了基础。这是自我意识开始走向成熟的标志。

（二）自我意识的冲突

自我意识的分化，使青年开始意识到自己不曾注意的许多“我”的方面和细节，发现理想我与现实我的差距。另一方面，由于处于发展阶段，自我形象不能很快确立，自我概念不能明确地形成，因而自我冲突加剧，表现为内心冲突，甚至有很大的内心痛苦和强烈的不安感。

归纳起来，当代大学生自我意识的矛盾冲突主要表现在以下几个方面：

1.“理想我”与“现实我”的冲突

这可以说是大学生自我意识矛盾最突出、最集中的表现。大学生对未来充满信心，抱负水平较高，成就欲望较强，但由于他们生活范围相对狭窄，社会交往比较单一，缺乏社会阅历，对自我认识的参照点较少，因此，不能很好地将理想与现实结合起来，从而使“理想我”与“现实我”之间产生较大差距。这种差距在给大学生带来苦恼和不满的同时，也会激发大学生奋发进取的积极性，但如果这种矛盾与冲突过于强烈，不能及时加以调适，则会导致自我意识的分裂，从而带来一系列心理问题。

2. 独立意向与依附心理的冲突

上大学后，大学生的独立意识迅速发展，希望能在经济、生活、学习、思想等方面独立，希望摆脱成人的管束，自主地处理所遇到的一些问题，但大学生在心理上又依赖成人，无法真正做到人格上的独立，这种独立意向与依附心理的矛盾也一直困扰着大学生。

3. 交往需要与自我闭锁的冲突

大学生迫切需要友谊，渴望理解，寻求归属和爱。他们有强烈的交往需要，希望能向知心朋友倾吐对人生和生活的看法，盼望能有人分担痛苦、分享欢乐。但同时他们又存在着自我闭锁的倾向，许多人往往不愿主动敞开自己的心扉，而把自己的心灵深藏起来，在公开场合很少发表个人的真实意见。他们在与他人交往时存有较强的戒备心理，总是有意无意地保持一定距离，正是这种交往需要与自我闭锁的矛盾冲突，使得不少大学生倍受“孤独”的煎熬。

4. 自信心与自卑感的冲突

大学生刚刚考上大学时，受到老师、家长、亲朋好友的赞赏、同辈人的羡慕，故而优越感和自尊心都很强，对自己的能力、才华和未来都充满了自信。然而进入大学后，群英荟萃，许多大学生发现“山外有山”，尤其是当学习、文体、社交等方面显露出某些不足时，有些大学生就会陷入怀疑自己、否定自己的不良情绪中，于是产生自卑心理。在这些大学生的内心深处，自信心和自卑感常常处于冲突状态。

5. 追求上进与自我消沉的冲突

许多大学生都有较强的上进心，希望通过努力来实现自身的价值。但在追求上进时，困难、挫折在所难免，不少大学生常常出现情绪波动。在困难面前望而生畏，消极退缩，虽然退缩但又不甘放弃，心中依然想追求、想奋进，内心极为矛盾、困惑、烦躁，不安、焦虑也由此而生。

每天早上的选择

有一个快乐的人每天早上起床后都会告诉自己，“我今天有两种选择，我可以选择好心情，或者我可以选择坏心情，我总是选择好心情，即使有不好的事发生，我可以选择做个受害者，或是选择从中学习，我总是选择从中学习。每当有人跑来跟我抱怨，我可以选择接受抱怨或者指出生命的光明面，我总是选择生命的光明面。”基于这种选择，即便是遇到了极大的困难和危险时，他仍能保持一种从容的心境，并因此而常常化险为夷。

（三）自我意识的统一

由自我意识的分化带来的种种矛盾冲突是大学生自我意识发展中的正常现象，也是大学生迅速走向成熟的集中表现。自我意识矛盾冲突一方面会使学生感到焦虑苦恼、痛苦不安，可能影响到他们的心理发展和健康；另一方面也会促使他们设法解决矛盾，来实现“理想我”与“现实我”的统一。但是由于个人的社会背景、生活经验、智力水平、追求目标等方面的差异，自我意识的统一途径也有所不同，但总的来说其统一途径有三个方面：一是努力改善现实自我，使之逐渐接近理想自我；二是修正理想自我中某些不切实际的过高标准，并改善现实自我，使两者互相趋近；三是放弃理想自我而迁就现实自我。按照心理学健康标准，无论哪种途径达到自我意识的统一，只要统一后的自我意识是完整的、协调的、充实的、有力的，就是积极和健康的统一，这种统一就有利于个体的心理健康和发展，有利于社会的文明与进步。

由于个人的社会背景、生活经验、智力水平、追求目标等方面的差异，大学生自我意识的分化、冲突、统一的途径不同，其结果也不同，统一的类型也不同。一般来说，我们把理想自我和现实自我的矛盾统一归纳为五种类型：

第一种是积极型。不断完善现实自我，使之与符合社会发展要求的理想自我达到统一。这是有抱负、有志气的大学生所采取的一种统一类型，它最典型地反映了大学生积极向上、努力进取的精神，是值得鼓励和提倡的。

第二种是现实型。一方面不断完善现实自我，另一方面又根据现实自我的实际状况，修正理想自我，达到两者统一。在这里虽然理想自我也有朝着现实自我“靠拢”的修正，但出于较现实的考虑，仍不失为一种积极的统一。

第三种是庸碌型。放弃理想自我，以迁就现实自我，达到统一。这是不思进取、安于现状、庸庸碌碌、得过且过的一种统一。例如，有的人原来有良好的理想自我，但在改善现实自我的过程中遇到挫折，便消极处世，作茧自缚，放弃理想自我，听凭自然发展。这是需要教育者促其前进的一类。

第四种是虚假型。通过对现实自我的过高评价或虚妄的判断,获得与理想自我的统一。这类人往往狂妄自大,自命不凡,以主观臆想代替客观现实,沉浸于自我陶醉之中。这是需要教育者击其猛醒的一类。

第五种是消极型。理想自我和现实自我在不符合社会发展要求的方向上的统一。这多为自甘堕落、执迷不悟的人所采取的一种统一类型。例如,有的人形成了与社会进步相悖的理想自我,只是由于种种主客观条件的束缚(如主观上的自尊心、客观上的道德舆论),现实自我才滞后于理想自我,一旦束缚被挣脱(如自尊心已挫伤,已无视道德舆论),便破罐破摔,使现实自我一下子滑向消极的理想自我,获得统一。这是有极大危害性的统一,应引起教育者高度警惕。虚假型和消极型的学生实际上都有不同程度的心理障碍,属于自我意识的变异状态。这类学生人数极少,但表现出来的心理与行为问题波及面较大,是高校学生思想政治教育和心理卫生咨询引导的重点对象之一。

总之,青年中期是理想自我与现实自我矛盾突出的时期,也是使其趋向统一和转化的关键时期。过了青年中期,自我意识就逐渐趋于稳定,再变化发展就没有原来那样急剧了。一般来说,一年级大学生具有一定的依赖性和盲目性,二年级的大学生理想成分较多,容易想入非非,三年级以后就显得沉着稳定了。这表明,大学生的自我意识正处在矛盾、统一、转化并日趋稳定的阶段。教师应把握大学生的自我意识发展的各个重要环节,认识大学生自我意识发展的规律性,促使大学生的自我意识沿着正确健康的方向发展。

二、大学生自我意识发展的特点

在校大学生正处于自我意识发展的关键时期,其自我意识的发展出现了许多新的特点。确定大学生自我意识发展的水平,应以其自我意识结构之间是否协调发展为重要指标。如果要素协调发展一致,自我意识的发展水平就高;反之,如果要素协调发展不一致、不统一,自我意识的发展水平就低,就会出现障碍。下面,将从自我认识、自我体验和自我调节三个方面来看大学生自我意识发展的特点。

(一)大学生自我认识的特点

1. 大学生更加注重对自己内在素质的认识

调查表明,在中学尤其是高年级,学生对自我的认识比较看重一些外在的东西,如身体、容貌、仪表等。到了大学阶段,学生对自己的认识发生了很大的变化,这种变化不是说学生不看重外在的东西了,而是与外在的东西相比,他们更加注重内在的素质。在一所大学的问卷调查中,在回答"你认为你是一个什么样的人"时,多数学生回答的是自己的一些心理品质,如善良、热情、诚实、乐观、自信、自尊等。

2. 大学生更加注重自己在社会中的地位和作用

随着年级的升高,大学生对自我的社会属性(社会地位、社会角色、社会责任、社会义务等)越来越关注。经常在校园里听到大学生们说:"宇宙是无限的,人生只是昙花一现,但也要在这一瞬间把斑斓的色彩留给人类","社会的进步不是靠哪个救世主,而是靠社会成员的努力，靠我们自己掌握自己的命运”，也经常有许多高年级的学生以未报答父母的辛苦劳动而感到内疚。

3. 大学生的自我认识以肯定性评价为主

从总体上看，现代的大学生看到更多的是自己的优势、优点。从一定意义上说，这一状况显示了当代大学生的自信、积极向上的心理状态。但同时，过分得看重自己的优势，而看不到自己的缺陷，这也可能走向另一个极端，即盲目自大、目中无人的心理状态，而这对学生的发展是极为不利的。

4. 大学生的自我评价从高估到走向平衡

以往西方心理学家的研究认为，青年大学生对自己的评价有过高评估的倾向。从我国大学生的实际来看，低年级的学生自我评估的倾向比较明显，这是因为他们刚从中学毕业，能升入大学的毕竟是少数人，因此，他们自认为是“天之骄子”。但是，经过四年的大学学习、观察和体验，自我的评价趋于平衡，对自己的评价更为客观、现实。

（二）大学生自我体验的特点

1. 大学生自我体验的发展水平渐趋稳定

大学生各年级与高中三年级学生处于同一级水平。大学生由于自我认识与评价能力的增高，自我体验仍在发展变化，但大学二年级和三年级自我体验的测验得分有所下降。情感体验受到社会需要和主体的意识与客体的相互关系的影响，尤其是在大学期间，学生的理想和现实往往发生矛盾冲突，这种矛盾一直持续到四年级才得到解决，因而自我体验经过三年级这个转折点，到四年级又回升到较高水平。

2. 大学生的自我体验较为强烈

大学生在自我评价和提高的基础上，认识到自我的价值、地位和作用，责任和义务感增强，在学习和各项活动中争强好胜，自尊心有突出的表现，一旦受挫和失败就会产生内疚和压抑的情绪，成功与失败都会引起大学生强烈的情绪反应。

3. 大学生的自我体验敏感性大

在青年期的学生对涉及自我的一切事物都非常敏感，特别是在与异性的接触中更常常引起情绪的波动，在行为与自我形象的塑造上往往触景生情，通过想像抒发自己的灵感和生活的体验，因而在思维中经常流露出一些感触和遐想等。

从性别差异来看，在自我体验强度方面，男生大于女生；在体验的持续性上，女生比男生持久。

（三）大学生自我控制的特点

1. 大学生自我控制的能力与自我监督能力的提高

自我监督与调控有两种类型，一种是不随意的，在知觉结构中进行，使计划中动作的程序重复反馈，符合预期的模式；另一种是使外部的规范标准与自己的动作标准一致。通常我们的行为与规范的关系有三类：第一类是一致性信息，个人的行为表现与规范标准一致；第二类是连续性信息,个人的行为表现与规范标准在任何场合都符合;第三类是区别性信息,对不同的目标,行为的表现也不同。不随意的自我监督是被动使自己的行为与规范要求一致,也可以重复表现出来。但当更换目标后会发生什么行为仅靠外在压力是不够的,这是一个从外向内的转化过程。大学生的自我控制已经发展到由自觉提出的动机、目的来调节与支持,防止活动的任意改变,坚持实行预定的行动计划,因而能应用逻辑分析提高执行过程的知觉水平。例如,运动员运用逻辑分析控制跑速。大学生自我监督的自觉性来源于社会责任感、成就目标、生活的价值定向、意志的努力和锻炼,而外部直接诱因的作用则相对地减少了。

2. 大学生自我控制的社会性增加,更多的用社会标准要求自我

根据一项对 11 所院校、15 个系、395 名大学生的调查发现,大多数学生希望做一个为社会做贡献、适应时代发展特点、德才兼备、富有开拓精神、肩负重任的人,而认为自己只能做一个普普通通、没有远大理想的大学生,只占少数。

3. 从高估和低估自我向平衡发展

大学生由于自我评价与自我体验发展的不平衡,有时表现出高估自己的倾向,所谓高估就是自我评价高于他人评价。根据上述调查发现,在自我认识方面,45 项测试题中有 31 项属于高估,有些学生的自信心和优越感强,他们用自己之长比他人之短;有的学生出现了盲目的抗拒心理,认为别的同学都不如自己,甚至采用各种方式表现自己的能力,思想偏激、武断,因而出现错误的行为。这种自我扩张型的人行为上缺乏理智,情绪容易冲动,妄自夸大自我形象,幻想高于现实,当现实条件不如意时,就埋怨客观环境不佳,学业与品德向不良方向发展。另一种类型是低估自己,在大学生活和学习中积累了更多的挫折和困难,自卑感严重,出现了焦虑和紧张,倾向于自我否定。这两种表现都说明大学生在自我控制方面更需要注意三种自我结构因素由不平衡向平衡发展。

第三节 大学生自我意识发展存在的问题

个体的自我意识是在外部环境的影响作用下,通过自我的主观努力形成的。自我发展的历程是一个主观与客观、内在与外在双向互动的过程,自我意识的发展水平就是个体主客观力量共同作用的结果。大学生正处于心理迅速成熟又尚未完全成熟的时期,自我意识还在不断发展中,传统观念作用下的大学生,在当前多元化的人生观和价值观的冲击下,在复杂多变的社会环境的影响下,如果缺乏正确的引导和自省,容易出现各种发展的偏差,导致以下几个方面的缺陷。

一、虚　荣

虚荣,是一种追求虚假荣誉,以期获得尊重的心理行为。社会生活中,人人都有被尊重的需要,都希望得到社会的承认。但好虚荣者不是通过实实在在的努力,而是利用吹牛、撒谎、做假、投机等非正常手段去沽名钓誉。“空袋不能直立”,追求虚假的荣誉,只是自欺欺人,不仅会使个体失去他人的尊重和友谊,失去诚实,而且会使之失去实在的追求,留下空虚苍白的人生。

二、自　卑

典型案例

我是重点大学的大学一年级学生。其实我知道自己很早就有心理问题。小学时我是个全面发展的好学生，性格活泼开朗，在家里也很勤快。可是上了中学后，我的成绩不如以前，创造力下降。上课极度恐惧，发言到了发抖的程度，常常前言不搭后语，形成了我的自卑心理。

上了大学后，情况似乎未变，由于生活自理能力差，遭到同室一个刁钻女孩的排挤，所以常常自己跑回家，仍然恐怖在公众面前发言。注意力不集中，头脑整天昏昏沉沉，想睡觉，丢三落四，连写文章也要找点东西抄一下。丁点小事，我都会担心做不好，让别人笑话。我很容易看低自己，抬高别人。举个例子吧，班里有个活泼、能说会唱、人缘好的女孩儿，我一直很羡慕，甚至嫉妒她的招人爱的劲儿，觉得自己很笨，不如她。可是有一次，当我们聊起老师常把我们的名字搞混时，有人却说，怎么会呢？她能和你比吗？我简直愕然。我就是无法控制自卑，不论别人说什么我漂亮之类的话，我都是自信不起来。就要考试了，我却仍然未将自己调整到一个最佳状态，消沉懈怠。

自卑是个体由于自我认知偏差等原因所形成的自我轻视和自我否定的情绪体验。不少大学生身上不同程度地存在着自卑心理，或认为自己其貌不扬，担心被人歧视；或认为自己天资愚钝，将来不能成器，对未来缺乏自信；或认为自己出身贫寒，担心被人看不起等等。对那些稍加努力就可以完成的任务，也往往因自叹无能而轻易放弃。在他们身上常常伴随着一些特殊的情绪体验，如害羞、不安、内疚、忧伤、失望等，并出现自鄙、自怨、自馁、自弃等心理现象。

个体自卑感形成的原因比较复杂，主要有以下几种影响因素：

1. 来自自我认知的偏差

(1) 消极的自我暗示。凡事好从消极悲观的方面考虑，喜欢拿自己的短处与他人的长处相比，总觉得“我可能不行”、“我天生不是那块儿料”等等，使自己的自信心逐渐丧失。

(2) 过低的自我期望。不相信自己的能力，对自己缺乏激励，造成失败的结果反过来又验证了自我的认识和期望，进一步强化了自卑。

(3) 过强的自尊。个体过强的自尊心，会导致自尊的需要经常得不到满足，产生心理失望，并逐渐丧失自信。另外，挫折的经历和不恰当的归因也会导致自卑心理的形成。尤其是多次受到别人的嘲笑、讽刺和打击时，有可能对自己的能力产生怀疑，出现过低自我评价，从而一蹶不振。

2. 来自个性的差异

瑞士心理学家荣格把人的性格类型分成两类：外倾型和内倾型。外倾型的人活跃而开朗，对周围的一切都很感兴趣，易受感情支配，不拘泥于小事，反应快；内倾型的人优柔寡断，孤僻，常有某种提防戒备心理，不愿抛头露面。心理研究表明，几乎所有的自卑者，都是性格内倾的人，他们情感脆弱、体验深刻、比较敏感、常常自惭形秽，总感到别人瞧不起自己，所以事事退缩、处处回避。结果，其增长经验才干的机会无形中大大减少。

3. 生理缺陷

主要表现在一些身材矮小、身患残疾的学生身上。他们常常体验着常人不能与之相比的失落和痛苦，易产生自轻自贱的情绪，并由此陷入孤独、沉默、敏感的自卑境地。

4. 幼年的生活信息的影响

心理学家认为，自卑感起源于人的幼年时期。心理科学的研究证实，不少心理问题都可在早期生活中找到症结，自卑作为一种消极心态也不例外。

三、从 众

从众，是一种普遍存在的心理现象，它是在群体舆论的压力下，放弃个人意见而采取与大多数人一致的自我保护行为。从众心理人皆有之，但有过强从众心理的学生，没有独立思考，缺乏主见，丧失自我，有碍于心理发展。造成从众心理过强的原因是多方面的：①害怕孤立，为了求得小团体的认同，避免孤立而放弃了主见，随大流，凑热闹，以求并无实际意义的“合群”；②缺乏自信，有些学生对自己的能力缺乏自信，不敢自己下判断，做决定，只好随大流；③当今不少家庭和学校那种一味要求“听话”、“服从”的教育，使学生形成了一种极富惰性的人格特质，窒息了他们的独立思考精神。

四、逆 反

青年大学生在成人眼里是孩子，在孩子眼里是成人，大学生渴望在思想上、行为上乃致经济上尽快独立。这个时期，大学生的智力发展虽已达到高峰，但阅历有限，感性经验不足，且情绪表现富于两极性，易于感情用事、主观片面、脱离实际，以致形成偏见。当这种偏见在现实生活中碰壁时，在青年期特有的强烈独立意识和批判精神的驱使下，就很容易出现逆反心理。例如：对师长的教育或班干部的工作抵触，以“顶牛”、“对着干”来显示自己的“高明”、“非凡”。对正面教育和宣传表现出一种怀疑、不认同的态度，对社会、人生和个人前途显出玩世不恭的态度，导致其个性倾向也会因此发生偏移，越是禁止的东西，越是感兴趣，越是不让做的事，越要做，常常表现出有意违拗的行为和放荡不羁的倾向。

应该看到，逆反心理的出现是青年学生批判精神、独立意识增强的标志，这是值得肯定的。但是，如不加以正确引导，消极作用很大，如有助长个人自由主义倾向，使人际关系僵化，不利于个人的社会化，使不健康的思维模式和行为方式及情感反应固执等负面作用。

五、自 负

自负是个体自以为是、自命不凡的一种情感体验和情绪表现。随着改革开放的深入，人们的思想观念发生了巨变。在谦虚淡出的同时，自信成为这一代大学生较为普遍的优秀品质，他们有独立思考的精神，不惟书、不惟上、不惟师，更不惟一些陈规陋习，对自己的才学信心十足，对自己的未来踌躇满志。但有些同学自信过了度，自我感觉太好就变成了自负，他们听不进师长的教诲，听不进同龄人的意见，一意孤行。

六、任　　性

这一代大学生，绝大多数是家中的独生子女，加上"大学生"这个头衔的光环，使得他们往往集家长的溺爱、老师的宠爱和社会的关爱于一身，在顺境中成长，缺乏挫折的磨炼。相当一部分同学有任性孤傲的毛病，例如在人际交往中，不顾及他人的想法，而一味要求别人依着自己行事；没想过自我克制，而一味要求他人对自己忍让；在待人接物时，单从个人好恶出发，只凭一时意气用事，容易被本能的欲望和偶然的动机以及不良的情绪所左右。社会上"跟着感觉走"、片面主张个性自由张扬的思潮，也使大学生对自己的弱点不以为然，进而发展到以我为中心、惟我独尊的境地。

第四节　培养大学生正确的自我意识

一、影响大学生自我意识发展的因素

根据我国学者对大学生自我意识所做的调查，我国大学生自我意识的发展基本上是积极的、健康的，但发展的过程并非直线向上，而是有起伏的矛盾斗争过程。有人认为大学二年级是自我意识矛盾最尖锐的时期，也有人认为大学三年级是自我意识发展的关键时期。总的说来，直到大学四年级，大学生的自我观念才基本趋于统一，自我意识的发展才趋于稳定。那在大学四年的学习过程中，到底有哪些因素制约着大学生自我意识的发展和变化呢？我们认为，自我意识的发展变化离不开整个社会环境与教育的影响，离不开学生自身的思维和实践体验。

（一）社会楷模的影响

自我成为一个什么样的人，总是离不开社会生活中各种楷模的影响。"孟母三迁"就是为了给儿子寻找一个适合效仿的楷模。中国古代十分重视树立良好的社会楷模，使受教育者同正人君子生活在一起，使他每天"目见正事，闻正言，行正道，左视右视，前后皆正人"(《大戴记》)。四面八方都是"正人"，自然不能不正了。

但是，大学生受社会楷模的影响并不是像少年那样，对所喜爱或崇拜的人直接模仿，而是从众多社会楷模身上吸取有意义的、令人敬佩的内容，作为创造理想自我的素材。例如，保尔·柯察金、吴运铎、雷锋、张华等英雄楷模的形象曾经是我国大学生创造"理想的我"的重要榜样，不同的时代有不同的楷模，他们对不同时代大学生自我意识中"理想的我"的形成起着重要的作用。

在对大学生进行的问卷调查中，当问到被调查的大学生希望成为一个什么样的人时，有个学生回答希望成为一个惩治贪污腐败的纪检干部；在问到最崇敬的人是谁时，他回答是海

瑞、彭德怀;在回答最喜欢的文艺作品是什么时,他说是《七品芝麻官》。可见,大学生的思想已经围绕一些基本的观点形成了一个互相贯通的体系,他的理想同他的兴趣、爱好以及崇敬的人物的理想都是相通的。由此也可看出,大学生建构的自我形象,并非来自对某一个人物楷模的直接模仿,而是从众多的楷模中吸取素材来创造的。

因此,为了帮助大学生塑造"理想的我"的形象,引导大学生学习古今中外历史上为人类社会的进步和发展做出贡献的科学家、思想家、教育家和革命家的光辉形象,有利于大学生从中吸取建构"理想的我"的养料,尤其是引导大学生学习那些和他们年龄与角色相近的同代青年英雄和杰出大学生的光辉事迹,对于他们建构"理想的我"的形象具有重要的作用。

(二)他人评价的影响

俗话说,"旁观者清,当局者迷。"他人的评价是客观认识自己的一面镜子,可以帮助自己了解"现实的我"的形象,认识自己的长处和短处,知道自己在别人心目中是一个什么样的人,这既是作为建构"理想的我"的依据,也是提高"现实的我"的重要参照。

大学生可以通过某些会议、竞赛评比、表扬与批评、学习成绩报告单等各种途径获得别人非正式的评价,这些评价都可能对大学生的自我意识产生影响。

然而别人的评价与大学生的自我评价总是会有一定的矛盾与距离,如何使别人的评价与大学生的自我评价趋于一致而为大学生所采纳,决定于许多因素:首先,评价要从肯定优点入手,对大学生的优点与缺点进行全面的评价。即使是指出缺点,也应从肯定成绩和优点入手,在一般的情况下,教育工作都应从正面对大学生进行肯定和鼓励,以激发其信心和斗志,不要一提优点就轻轻带过,一讲缺点和错误就大做文章,这种消极的批评难以收到积极的效果。其次,评价要从关心和爱护出发。出于爱护和关心的善意批评,即使是指出缺点和错误,也可能使人心悦诚服;而恶意的指责、指桑骂槐、冷嘲热讽就难以为人所接受。从关心和爱护出发的正面评价,常常能对大学生的自我实现产生强有力的激励作用。有位大学生牢记一位长者对他的评价:"你心地善良,待人宽厚,将来一定会有远大的前途。"他认为这个评价不仅使他对自我的个性品质产生了积极的体验,而且使他增加了对未来社会的信心。因此,亲人、爱人、受敬重的人所作的评价往往具有强大的激励作用,有时,一个有威望的教师或长者的肯定评价甚至可以成为大学生刻骨铭心的座右铭,鼓舞他终身不懈地奋斗。第三,评价要尊重大学生的心理特点和人格。大学生是趋于成熟的青年,有强烈的自尊心和独立自主的精神,因此,对大学生的评价必须尊重他们的自尊心和人格。通过谈心或民主探讨的方式,使他人的评价与大学生自我的评价形成共识,较有利于促进大学生自我意识的发展;而采取专制性的批评指责,并强加于人,就容易伤害大学生的自尊心,不仅会造成学生心情压抑和不满,甚至会产生逆反心理。在对大学生进行评价前,还应该了解大学生自我评价的特点,才能进行有效地沟通,使别人的评价与大学生的自我评价趋于一致,从而达到提高自我认识的目的。

(三)个人实践的体验

大学生的自我意识是随着学习活动、课外活动和各种社会交往活动而不断发展的,通过实践活动增进对自我的认识,获得自我体验,并进一步修正自我观念,调整对自我的要求和自我实现的行动。

当大学生在学习中获得显著的进步时，就体验到成功的愉快，提高了对自我学习能力的评价，增强了信心；而当学习成绩下降时，大学生不但体验到失望和痛苦，而且会对自己的学习能力产生怀疑，降低对自我的信心。当大学生参加某些竞赛活动（如唱歌、舞蹈、运动、绘画和演讲比赛等）而获奖时，大学生会为自己过去未曾发现的才能而感到欣喜，并相应地提高对自己的评价；如果比赛受挫，有些人不但会感到失望和难过，可能还会认为自己"本来不是从事那项活动的料"而灰心丧气。有位大学生说："我原来认为自己很聪明，可是第一学期几科成绩都考不好，我开始对自己的智力产生怀疑，后来我的成绩又上去了，我又恢复了对自己学习能力的信心"。可见，实践的结果不断影响着大学生的自我认识和自我评价。

实践中角色地位的变化也会影响到自我评价。一个学生当选为班长，会提高他对自我的积极评价，由此增加对自我的满意感和自信度；如果落选，则会降低对自我的评价和信心。

大学生对自我的评价和认识，通常并不是一次实践活动的直接结果，而是经过实践—认识—再实践—再认识反复实现的。大学一年级的时候，许多学生对自我尚缺乏全面的、统一的、稳定的认识，对自我的评估一般偏高。经过几年学习生活实践的反复认识后，大学生才形成了比较统一的、稳定的认识，形成了比较确定的自我观念。

（四）网络信息交流的影响

目前，我国加入计算机互联网络的青少年日益增多，用户80%以上是青少年，其中，大学生占了很大比例。现在，这些加入计算机互联网络的大学生不仅受到教师和家庭的影响，受到电视、电影等单向传播的影响，而且受到计算机互联网络交流信息的影响。当大学生坐在计算机前同国内外其他人进行交流的时候，那种"老师讲、学生听"的传统教学方法顿显逊色，而"自我"的主体地位日益明显。当大学生操作计算机，接受信息、处理信息和发布信息时，犹如"运筹帷幄"，发挥着自己的主动性、探索性和创造性，培养了自己独立分析问题、解决问题和创新的能力，以一种前所未有的方式促进自我意识的发展。

二、大学生自我意识的完善

（一）正确地认识自我

正确认识自我，就是要全面地了解自我，其中特别重要的是要了解自己的长处和短处，把握自己与群体的关系，自己在社会生活中所处的位置，对自我做出恰如其分的评价。正确认识自我是建立健全自我意识的基础，有利于调适现在的我和构建未来的我。德国著名作家约翰·保罗曾说："一个人真正伟大之处，就在于他能够认识自己。"如果一个人能对自己有一个全面、正确的认识和评价，就能够扬长避短，取长补短，根据自己的实际情况，选择相应的目标为之努力奋斗。要做到正确认识自我，有以下几种方法：

1. 在经常的自省中认识自我

孔子曰："吾日三省吾身"。大学生要学会自省，经常检查自己行为和动机正确与否、行为过程中有什么不足、结果如何、有哪些收获和缺陷，从中发现长短得失，以便有的放矢地进行自我调整。

2. 通过他人的认识来认识自我

个体与社会和他人有着密切的联系，个体要超出自身来认识自我，必须通过认识他人、认识外界来进行。所以，大学生应该积极地投身于认识世界、改造世界的社会实践，在其中不断丰富自己对自然、社会、他人的认识，并在此基础上进一步认识自我。深刻的自我认识是以深刻地认识和理解他人、社会为前提的。

3. 在他人的评价中认识自我

心理学家认为，当一个人的自我评价与别人对他的客观评价有较大程度的一致性时，表明他的自我意识较为成熟。了解他人对自己的看法，常有助于发现自己忽视的问题。唐太宗有句名言："以镜为鉴，可以整衣冠；以人为鉴，可以知得失。"个体可以通过他人对自己的态度、期望、评价来进一步认识自己。当然，大学生不能简单地接受他人的评价，评价者的特点(是否学有专长、是否值得信任、是集体评价还是个人评价)，评价的特点(例行公事还是私人性质、与自我评价的差距大小、他人评价的一致性、评价是肯定还是否定)都会影响到大学生对他人评价的接受。因此，值得注意的是，对别人的评价应有一个正确的态度，不因过高的评价而飘飘然，也不为过低的评价而失去信心。

4. 在与人的比较中认识自我

有比较才有鉴别，人们在缺乏客观评价标准的情况下，可以通过与他人的比较来评价自己。与周围的普通人比较，能认识自己的实际水平及在群体中的地位；而与杰出人物比较，则能找出自己的差距和努力方向。与他人比较，最重要的是要选定恰当的而不是盲目的参照系。同时还要学会用发展的眼光、辩证的方法去看待自己和他人，比较的视野越广阔、方法越科学，自我的位置就定得越恰当。恰当地与他人比较而正确地评估自己的人，就能做到既不妄自尊大，也不妄自菲薄，从而能合乎实际地确定自己的奋斗目标和行动计划。

5. 通过自我比较来认识自我

人们不仅可以通过与他人比较来认识自我，还可以通过把目前的"自我"与过去或将来的"自我"相比较来进一步认识自我。心理学家曾提出"自尊＝成就/抱负"，这说明个体的自我评价不仅取决于他的成就，而且取决于他的抱负水平，取决于两者之间的比较。过去的成就水平越高，个体越容易积极地评价自己；而指向未来的抱负水平越高，个体越不容易满足，越难以对自己做出肯定的评价。所以，教育者在培养大学生正确的自我意识的过程中，一方面要鼓励学生超越自我，不满足现有的成绩；另一方面也应该引导学生能达到的目标，不一味跟自己过不去。

6. 以活动的成果来认识自我

活动成果的价值有时直接标志着自身的价值。社会衡量一个人的价值主要是通过活动成果认定的，理想的活动成果可以使个体进一步认识自我的能力、发现自我的价值，从而进一步开发潜能、激发自信。

（二）积极地悦纳自我

心理研究表明，心理健康者更多地表现出对自我的接受和认可，而心理障碍者则明显表现出对自我的不满和排斥。有些大学生对自己的容貌、性格、才能、家庭等某一方面或几方面不满，而又无力改变，便产生自我排斥的心理，这是心理幼稚的一种表现。人总要对自己有所肯定又有所否定，并且在自我意识的发展中建立起两者的动态平衡，否则，对自己不满过于强烈，就会加剧心理矛盾，产生持续紧张的心理，这样不仅会使个体感到活得很累，还可能引发心理问题，严重的可能出现悲剧。某校有位中文系男生，学习成绩中上，容貌俊秀，深受父母和姐姐的宠爱，但他总是责怪自己太平庸，厌恶自己，最后跳楼自杀身亡。悦纳自我是增进健康的自我意识的关键和核心。

学生要积极地悦纳自我。首先要积极地评价自己，这是促使大学生产生自尊感、克服自卑感的关键。其次是在教育的过程中要处处保护学生的自尊心，即使在批评学生时，也要尊重学生的人格。

此外，就学生自身而言，需要强化四个理念：一是坚信“只要真正付出努力，同等条件下，别人行，我也一定能行”，以此来增强自信。而强烈的自信和理智的努力则能激发个体的潜能，促进成功。成功后的愉悦又可以使个体进一步增添自信，形成良性循环。二是不忘“尺有所短，寸有所长”，恰当地认识自己，而不是苛求自己。三是懂得“失之东隅，收之桑榆”，正视自己的短处，既努力扬长也注意补短。一个人在某些方面自觉不足，如果通过积极的努力来补偿，以最大的决心和最顽强的毅力去克服这些缺陷，往往最终能取得成功。华罗庚以“勤能补拙”为良训成为数学家就是例证。四是记住“失败是成功之母”，正确地对待成功和失败，成功和失败是相辅相成的，成功的果实，只能在艰辛的努力中逐渐成熟。

（三）科学地塑造自我

大学生情感丰富，社会磨炼不足，加上人生观和价值观没有完全确立，很容易受到各种社会思潮与其他外部环境的影响，对待问题容易偏激和情绪化，对自己的长处和短处往往估计不足。顺境时，容易自视过高；遇到挫折时，又容易走到另一个极端——自暴自弃。有时充满希望，有时又极度烦恼。尤其是毕业生，要做出一生中重大的社会选择：进什么单位？从事什么工作？常面临“理想的我”和“现实的我”、“自我肯定”与“自我否定”等矛盾，常常表现出心理的不平衡，情绪体验较强烈，易振奋，也易波动。大学阶段不仅是人才的准备阶段，也是人生的转折时期。这个时期的大学生尤其需要注意塑造自我，为在日后的社会竞争中取得成功打下良好的基础。科学地塑造自我，需要做到以下几点：

1. 确立明确的行动目标

人的行为特点是有目的的，个体的行为是否有目的性，结果是不一样的。一般地说，有目标指向的行为较无目标指向的行为成就大得多。因为正确的目标能够诱发人的动机，强化人的行为，并促使其指向预定的方向。例如有的同学能够抵御种种诱惑，刻苦攻读，学业优秀，是因为他把学习成绩与自己未来的发展联系起来了。确立正确的自我目标，关键是要按照社会的需要和个人的特点来进行设计，做一个“自如的我，独特的我，最好的我，社会欢迎的我”。所谓“做一个自如的我”，是指不要给自己提出力所不能及的过高要求，使自己总是陷入自责、自怨、自恨的境地，而是给自己设计只要付出相当的努力就能达到的目标，从而能够在坦然面对自己的客观存在的前提下，不忘积极地生活；所谓“做一个独特的我”，指不要一味地追求时尚，在刻意模仿中失去自我，而是在接受自我的过程中，扬长避短，得以自在地生活；所谓“做一个最好的我”，指立足于现实，选择适合自己的人生道路，尽最大努力，达到最佳水平，充分实现自己的人生价值，能够满意地生活；所谓“做一个社会欢迎的我”，是指要有正确的价值取向，把自我实现的蓝图与祖国的富强、人类的文明结合起来，努力为社会做出自己最大的贡献，真正充实地生活。

2. 培养坚强的自控能力

在实现人生目标的旅途上，既有各种本能欲望的干扰，又有各种外界诱惑的侵袭。本能的欲望常令人失去理智，如贪图安逸、追求物欲等。名利和物质的诱惑，容易使人偏离正确的前进轨道，丧失奋进的斗志，放弃对远大目标的追求，甚至把青年学生引向堕落。一个人要想成就一番事业，就必须能够抵制诱惑，主宰自己的行动，这就需要有较强的自我控制能力，以保证理智地约束自己的情感，把握自己的行为。自我控制的动力来源，在于从根本利益和长远利益上去看问题。有些诱惑之所以对个体很有吸引力，就是因为它充分地显示了表面的、暂时的利益。比如，在学习紧张的时候，看一场精彩的球赛可能比枯燥的学习更有吸引力，因为它能使人度过一个更愉快的夜晚。类似的种种诱惑，每天都可能存在，如果不能抵御，作为学生，最终可能在考场上难以过关，在就业竞争中处于不利地位。如果能想到自己的根本利益和长远目标，就会有控制自己的动力，得以抵御表面的、暂时的利益诱惑。

个体在决定做某一件事的时候，常会产生各种对立动机的内部斗争，主要是高尚的动机（义务感、责任感、道德感等）跟低级的动机（满足个人的某种欲望）之间的斗争。这种斗争的结局，可以看出他自制力的高低。要检验一个人自制能力的强弱，可以看他的行为主要是源于本能的欲望或偶然的冲动、情感的驱使，选择“只要做”的事情，还是受理智的制约，大多选择“应该做”的事情。在自我意识未能达到高度统一时，个体觉得“应该做”的事情与感到“我要做”的事情往往是不一致或者是有差别的。如果要有较强的自制力，那么就要注意“应当做”的事情，善于强迫自己去做应当做的事情，克服妨碍“我要做”做的愿望和动机（如恐惧、懒惰、过分的自爱、不良的习癖等），从而自主地塑造自己。

3. 塑造健全的人格

人格，也称个性，“是一个人在与其环境相互作用过程中所表现出来的独特的思维模式、行为方式和情感反应的特征”，“它组织着人的经验并形成人的行为和对环境的反应”。因而，人格不仅是人的心理面貌的集中反映，而且是人心理行为的基础。它在很大程度上决定了人对外界的刺激做出怎样的反应，包括反应的方向、形式和程度等，因而会直接影响人的身心健康、活动效果、潜能开发以及社会适应情况，进而也将影响一个人包括生理、心理和社会文化素质在内的综合素质的发展。医学研究认为，许多心理和生理疾病都有相应的人格特征模式，这种人格特征在疾病的发生、发展中起到了生成、促进、催化的作用。健康的自我意识的形成，除了要有对自我的正确认知外，还要有健全人格的支持。大学生要培养积极、和谐、健全的人格，这对健康的自我意识的发展，将起到良好的生成和促进作用。

思考与讨论

一个贫困的小刺猬

——一位大学一年级女生的独白

又到周末了。在大学里我最害怕过周末，每到这时，寝室里就只剩下我一个人。同学们有的约会去了，有的逛街看电影去了，只有我，一个人窝在寝室里看书、发呆。她们以前出门也叫上我，但被我拒绝了多次后也就作罢了。她们应该明白，我没钱。

我是孤儿，从小被奶奶带大，用她的退休金读大学，还要做家教赚生活费，这就注定我不能过和同学们一样的生活。高中的时候还好些，因为成绩突出，在同学面前有维护自尊的资本，并且由于我勤奋、纯朴，还真结交了几个好朋友。但是在面前五彩斑斓的高校生活中，我惟一的资本似乎也黯然失色。

每次聚餐，刘星总是慷慨地拍着胸脯说你那份我掏。学校举办晚会，王铃也总是大方地搬出她的花裙子让我挑。她们是善意的，我清楚，但她们那若有若无的优越感仍然让我觉得不舒服，我常常在心里怨她们多管闲事，又怪自己不识好歹。我知道其实她们都是很好的人，要不是我们之间的差距，也许可以成为朋友。

因为穷，我不能总和她们一起玩，再加上要做家教，很少有时间和同学们交流，在捉襟见肘的、为生计奔忙的日子中，我一个人孤傲而又矜持地活着，与同学间的隔膜越来越大。没有深刻体会的人很难了解，物质上的差异就是会对人与人之间的感情造成巨大影响。

更大的错位是来自于心理上的，同学们越是小心翼翼地想要维护我的自尊，我就越敏感。前天穿了一件奶奶缝制的小袄，王铃啧啧叹道，好有民族风情呀！我立刻反驳，你是想说有乡土气息吧！张炎总是羡慕我长得瘦，我自我解嘲说："没办法，吃不起好东西，营养不良。"到最后，同学们简直不敢和我说话，惟恐有什么语言上的闪失，又遭我一顿莫名的抢白。

这种错位使我渐渐处于一种被孤立的境地。一个知心好友都没有。我也很痛恨自己这样，总是一副"天下人皆负我"的表情。我也急切地渴望加入到同学们的欢闹与嬉戏中去，但每次加入都害怕受伤。我非常清楚，人与人的相处必须建立在"平衡"的基础上，不仅是经济上的，更是心态上的平衡，而找不到平衡点，就交不到好朋友。

读了这段文字，你有什么感想，你有什么方法帮助她吗？

练习与实践

（一）自测题：你了解你自己吗

对下列题目做出"是"或"否"的回答。

(1) 你每天要照三次以上的镜子吗？

(2) 你一点也不在乎别人对你的看法吗？

(3) 你是否感到你其实并不了解自己？

(4) 你很留意自己的心情变化吗？

(5) 你常把自己与其他人进行比较吗？

(6) 你常在晚上反思自己一天的行为吗？

(7) 做错一件事后,你常弄不明白当时自己为什么要那样做吗?
(8) 你比较注意自己的外表吗?
(9) 你做事情的随意性很大吗?
(10) 在做出一个决定时,你通常清楚这样做的理由吗?
(11) 你总是努力揣摩别人的想法,并按别人的要求与暗示行事吗?
(12) 你是否总是穿着比较得体的衣服?
(13) 你弄不清自己是属于脾气好的人还是脾气坏的人吗?
(14) 你弄不清自己的能力是比其他同学强或弱吗?
(15) 你对自己将成为怎样一个人,没一点把握吗?
(16) 你总担心自己能否给其他同学留下好印象吗?
(17) 你对自己的外貌有自知之明吗?
(18) 在遭受一次挫折后,你总是要对自己的行为进行反思吗?
(19) 你常控制不住自己而发火吗?
(20) 有时,你自己也不知道自己为什么没有情绪吗?
(21) 考试前,通常你不知自己能否顺利过关吗?
(22) 不少事情,在开了头以后,才发现你是没能力完成吗?
(23) 当你遇到不快时,你是否总是设法把自己从低沉的情绪中摆脱出来?
(24) 考试完毕,在老师批改完前,你常弄不清自己是否考得好吗?
(25) 大多数情况下,你知道自己行为的动机吗?
(26) 你觉得别人应该对你留下好印象吗?
(27) 你常感到莫名的烦躁吗?
(28) 你不知道自己与班上哪些同学较谈得来吗?
(29) 你清楚自己的长处和短处吗?
(30) 一般而言,你很清楚自己吗?

评分规则:

(4)、(5)、(6)、(8)、(10)、(12)、(17)、(18)、(23)、(25)、(26)、(29)、(30)题答"是"记0分,答"否"记1分。其余各题答"是"记1分,答"否"记0分。各题得分相加,统计总分。

你的总分______。

0~9分:你很有自知之明,你对自己的长处和弱点有着较清楚的认识。

10~20分:你对自己的了解不够全面。你已经较多地注意到了自己的体验,但为了更好地了解自我,还需要掌握一些客观认识自我的方法。

21~30分:你不了解自我。尽管自我与你朝夕相处,但你看来仍是"当局者迷"。

(二) 我庆幸我不是……
我庆幸我是……
我希望我是……

程序:

请每个同学先在纸上写出10个"我庆幸我不是……";

然后再写出10个“我庆幸我是……”；

最后写出10个“我希望我是……”；

写完后请同学们谈谈写这三类句子时内心的感受。

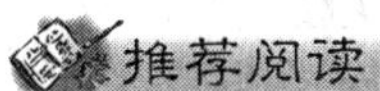
推荐阅读

生命的价值

有一个生长在孤儿院中的小男孩，常常悲观地问院长：“像我这样没人要的孩子，活着究竟有什么意思呢?”院长总笑而不答。有一天，院长交给男孩一块石头，说：“明天早上，你拿着这块石头到市场上去卖，但不是真卖，记住，无论别人出多少钱，绝对不能卖。”

第二天，男孩拿着石头蹲在市场的角落，意外地发现有不少人好奇地对他的石头感兴趣，而且价钱愈出愈高。回到院内，男孩兴奋地向院长报告，院长笑笑，要他明天拿到黄金市场上去卖。在黄金市场上，有人出比昨天高10倍的价钱来买这块石头。

最后，院长叫孩子把石头拿到宝石市场上去展示，结果，石头的身价又涨了10倍，更由于男孩怎么都不卖，竟被传扬为“稀世珍宝”。

男孩兴冲冲的捧着石头回到孤儿院，把这一切告诉给院长，并问为什么会这样。

院长没有笑，望着孩子慢慢说道：“生命的价值就像这块石头一样，在不同的环境下就会有不同的意义。一块不起眼的石头，由于你的珍惜、惜售而提升了他的价值，竟被传为稀世珍宝。你不就像这块石头一样？只要自己看重自己，自我珍惜，生命就有意义有价值。”

第三章 大学生活的适应与心理卫生

导言

对于每一位初入大学校园的新同学来讲，所面临的都是与中学时代相比，十分全新的世界。他(她)面对的生活环境、交往对象、学习内容、学习方式较之以往都发生了巨大变化。从相对单纯、熟悉的环境一下子进入到更加复杂、要求更高而又陌生的环境里，个体必须在各方面做出相应的改变才能与新环境保持协调，反之，个体自身与周围环境变化相脱节，就必然出现适应上的问题，就会影响个体正常的学习和生活。本章主要介绍在大学生活中，大学生常见的适应问题，分析其原因并提出应对策略。

引导案例

“妈妈，我骑车不小心摔了一跤，你到上海来看看我好吗?”，“胡老师，我想到学校外面走走，门卫会不会不让我出去?”，“老师，我睡的床铺会摇，你一定要给我换间舒服的单人寝室!”……上海市东北片区某高校的辅导员郭老师最近每天都会接到学生们不下30次的短信和来电，有些新生每天还会冲到办公室来找她四五次，提出的问题让她哭笑不得:“郭老师，我没选上课，会不会不能毕业啊?”好几个学生因为没选到课急得哭了，还有个学生一天发了10次短信给我，慌得不知所措。某大学最近也出了件“趣”事。由于学校非常大，大多数学生都选择以自行车代步。开学初，学校再三提醒刚入学的新生要注意骑车安全，不要做危险动作或在骑车时嬉笑打闹。可一女生前些天因下雨路滑不小心摔了一跤，脑袋上撞了个包。本来只是点儿小伤，可这学生硬是在地上哭了半天。同学们围上去问她:“没怎么样吧? 如果受伤了就去校医院看看呀。”她说:“我不知道医院在哪里，以前看病都是妈妈陪我的。”去医院检查后，结果显示并无大恙，可这女生仍旧哭鼻子，非要妈妈来看她。结果她母亲真的从外地坐火车赶来了，来了以后也紧张得不得了，非要陪女儿住到放寒假。还有许多新生人际交往能力欠缺，不敢和老师、同学多接触，一些外地学生更是因为思乡心切，常常一个人躲到学校周围的网吧里上网、玩游戏，和家人或家乡朋友聊天成了他们回避新生活的主要方式。一些高校密集地区，许多网吧开学时生意兴隆，来上网的大都是刚进大学但尚未在寝室购置计算机的学生，每天晚上还会排起长队。一位正在QQ上和高中同学聊天的外地学生小霞说，她很不习惯住宿生活，很想一个人住个单间，到现在快两周了，可她连寝室里其他三个同学的名字还常搞错。郁闷的小霞只好每天傍晚来网吧与在本地上大学的高中同学诉苦，有时两个人说到伤心处，都会在电脑前偷偷落泪。

(引自:新闻晚报)

第一节　大学生常见的适应问题

“适应”是日常生活中常用的词，通常表示个人处理问题得当且心中愉快自在。心理学上，适应是指个人与环境交互作用的过程中，能自由地选择其所从事的活动，追求自己的目标，以顺从环境、调控环境或改变环境。

通常，心理适应的好与坏是以个体与环境是否能取得和谐的关系而定，其标准可以分为以下两点：第一，个人心理环境与实际环境相一致。所谓心理环境是指个人因实际环境所产生的看法、想法和意念。个人的心理环境若能与实际环境相一致、相吻合，就会产生适当的行为，以应对其所处的环境。第二，能够依据实际环境调节自己的反应。心理适应良好者，对事务的处理，不会受一时一地的影响，能考虑到广大的时空因素，并随时调节自己的反应。个人在某种情境下，必须改变其行为，以顺从环境的需要；有时必须改变环境，以符合个人的需求。

每个人，当面对或进入一个陌生环境时，都会有一个适应的过程，大学生亦然。

随着学习生活环境的变迁，环境改变了，新同学往往用过去自己习惯的思想观念来应对新的环境，这种用“老办法”来应对“新事物”往往行不通。因此，伴随着客观环境的变化，大学生的主观环境也发生了改变，特别是对自己认识的变化与以往相比可谓天壤之别。这种主观环境的变化，有积极的变化，即通常所说的“与时俱进”；当然，也有消极的变化、消极的体验。这种消极的变化和体验就是大学新生不适应大学生生活的具体表现。

喇叭虫的适应模式

一只被系在其管身下端泥土中的喇叭虫，在管身顶端有一组细毛或根毛，这些细毛或根毛都吸收了包含食物微粒的水分，然后使这些水分向下流入管中，于是就会被这动物所摄取。若以同样的方式把几滴红墨水注入到靠近这只动物嘴部的水中时，它就会产生一系列的反应。

首先，这只喇叭虫就要向一边弯曲，以便回避红墨水接近它。

其次，如果避免这种刺激的行动未能取得成功的话，对细毛所做的这种运动就要完全改变，这时它就要把这些红墨水排开，而不把它吸入体内。

再次，若有进一步适应需要，它就做出第三种反应来，即把自己收缩到管身里边去。

第四，假如这一系列的反应都不能避免红色素的影响，喇叭虫的第四种反应就会出现，也就是把自己从它的那些维系物中解脱出来，然后漂离到别处去，以此方式来避免这种刺激的影响，这一系列的反应活动直至重新适应了其周围的环境才罢休。

（引自：辛治华. 1990. 心理卫生——日常生活和工作中的适应心理学. 太原：山西教育出版社）

一、重要关系的分离与挫折感

大学生活与高中生活相比，最大的特点是要求新生必须自主、独立，不论衣食住行还是学习、交友乃至认识社会和人生，都需要更多地依靠自己的知识、能力去思考、判断、选择和行动。

远离较为单纯、熟悉的高中生活，大学新生从很大程度上与自己高中时代的重要关系产生分离，独立性逐渐凸显，依赖性逐步减弱。所谓的"重要关系"是指个体所看中、所依靠的人、事、物和关系，主要是家庭亲人、学校教师和知心朋友等。大学新生遭遇重要关系的分离，其影响是不可低估的。

（一）与家庭依赖的分离

典型案例

某女大学生在考入理想的大学后，从小城市到大城市，从温暖、充满母爱的小家庭到校园中的大家庭，完全不能适应。她说："洗澡要排队，衣服要自己洗，食堂的饭菜难以下咽……"为此，她天天给家里打长途电话诉苦。电话里的哭声让在家的母亲揪心，于是母亲只好请假租房陪女儿读书……

（引自：杨钋，林小英．2001．聆听与倾诉——质的研究方法应用论文集．北京：教育科学出版社）

高中生活中，学生绝大部分的时间和精力都用在学习上，生活上的事绝大多数由父母亲包办代替了，有的家长甚至每天给孩子收拾床被、打洗脸水等。正如上面提到的那位女同学一样，所有的一切都得由自己来打理，没有父母、长辈每天悉心的照料，这与以前"衣来伸手，饭来张口"的生活形成强烈的对比，以过去养成的习惯和生活方式应对现在全新的生活环境，适应不良在所难免。这正如一个已经习惯拄着拐杖走路的跛子一下子丢失了其赖以生存的拐杖而面对漫长的行程一样，生活变化转折太大，旧有惯性太强，一时难以适应。

（二）对教师依赖的减少

高中阶段的学习更多的是教师起主导作用。从某种程度上说，教师的指挥棒指向哪里，学生就涌向哪里，教师的这根指挥棒就是高考。学生的学习目标、学习计划以及学习进程表都要由教师制定并监督执行；班级的班主任更是起早贪黑一直守候在学生身旁，其角色相当于"保姆"所扮演的角色。

到了大学，非常强调学生的能动作用，没有人给你说哪些书要读，要学些什么，辅导员有可能一个月才能见一次面，甚至见面的机会更少；任课教师与学生相处的时间更少，上课到教室，下课便销声匿迹、无影无踪。所以，生活、学习等一切都得由自己做主。

心理学家把从依赖走向独立的这个阶段称之为继生理断乳后的第二次断乳，即"心理断乳"。

(三)朋友的分离

典型案例

高中的和大学的

在大学同学中我没有朋友,但这并不代表我没有朋友。我身边要好的朋友都是高中同学。高中的时候,我们是“四人帮”,后来看了《流星花园》就改名为F4。上大学后仍在一个城市,所以基本上我的人际交往范围还是她们几个人。也许这是我交不到新朋友的一个原因。

不知道算不算怀旧,我很看重高中的友情,那是我生活中最快乐的时光。我们四个人爱学也爱玩,最喜欢凑在一起做白日梦,幻想今后租一套房子,一起“花天酒地”。或许是“青葱”岁月中结下的友谊最稳固,也许仅仅是习惯了她们陪伴,每次只要有空,我宁愿和旧友煲几个小时的电话粥,也不和室友们分享闲暇。

当然,也会和现在的同学有交情,但离“朋友”的距离相差太远了!平时,和室友接触最多,但不知道是自己别扭还是她们有问题,总是觉得和她们格格不入。每天回到寝室,她们就知道看书、学习,熄灯后上了床,窝在床帘后一言不发,拒绝卧谈。她们不知道贝克汉姆,也不知道娇兰和兰蔻哪个牌子的眼霜好,有人开学后竟然连校门都没出过一次。用谁的肥皂洗个手,她们会和你怄上好几天的气。除了学习以外,任何事情都一问三不知,我简直不知道该如何与她们沟通。

其实,我知道自己的性格也不好,任性、自以为是、不拘小节,但这些个性通过与高中旧友的磨合,彼此已经可以接受和容忍。最让我感到可贵的是我们之间的相互信任、理解。即使有些矛盾,也不会真的介怀。而和现在的同学就不同了,我们是在各自特有的成长环境中长大,天南海北差异极大,而每个人的性格都已经形成了,还有磨合的余地吗?就像我挑了她们一堆毛病,保不准她们也会说我整天就知道玩,除了名牌什么都不懂。

总的来说,我认为大学同学感情再好也赶不上中学同学。复杂的社会、成长的压力让人变得世故功利起来,没有无忧无虑的岁月做依托,到哪里去寻得淡如水的君子之交呢?我是幸运的,有高中老友陪在身边,只是偶尔我也会问问自己,如果我们不在一个城市上学,那又会是怎样的情形呢?

(引自:人民网)

高中三年,上大学,上好大学几乎是所有高中学生最迫切的目标,在这个单纯而统一的目标下,许多同学都结交了非常要好的朋友。“酒逢知己千杯少,话不投机半句多”,有许多问题、话题和秘密不能讲给家长和老师听,但可以与朋友倾诉。

升学、上大学使多数好朋友各分东西、身处异地;大学生中各人的目标和志向发生巨大变化,要找到一个在某一方面有共同追求的朋友实属不易。一旦遇到困难,遭受挫折,“远水救不了近渴”,孤独感和失落感油然而生。正如有的新同学写道:“刚上大学时远离了父母,远离了昔日的朋友,我的心底非常迷茫、非常伤感。新同学的陌生更增加我心底那份化不开的孤独。每天背着书包奔波在校园中,独自品味着生活的白开水……”

二、中心地位的失落与自卑感

典型案例

我为什么总是留恋中学时代

王某,男,17岁,大学一年级新生。入学不久,听说学校有心理咨询室,便前来诉说自己的苦恼。他谈到自己总是留恋刚刚过去的中学时代,想家、怀念中学的同学。

“老师,我是刚刚入大学不久的一年级新生。进大学前,幻想着大学生生活浪漫、幸福,可是来到大学后却觉得人地两生。特别是到了周末、假日,看到当地同学陆续回家或与老同学团聚,我的思乡之情油然而生。我是多么留恋过去的中学时代,过去的同学、朋友,过去熟悉的生活环境,甚至后悔不该报考外地大学,其实我们那里也有不少像样的大学,我们班的好几个与我要好的同学都在家乡的大学上学。我觉得大学还不如过去的中学时代好,人长大了,上了大学,但生活却没什么意思,还不如少年时代好玩。老师,您说我这种心理是不是不正常?”

从某种意义上说,能进大学的学生在高中阶段大部分都是学习上的佼佼者,往往呈“鹤立鸡群”状态,平时深得家长、老师和同学们的关注,通常都是生活中的中心人物。然而,在大学里,几乎每个人都有着辉煌的过去,人人都是学习尖子生,个个都是高手奇才,如果重新排定座次,就只能有少数人保持原来的中心地位和重要角色。大多数学生将从中心角色向普通角色转变、中心地位向边缘位置转移,自我评价和原来的自我优越感将遭受强烈的冲击。就像一名运动员,可能在省队里是第一名,后来进入国家队可能变成第三、第四甚至不能排在前列,若走出国门、走向世界,其排名就不言而喻了。

正如有的同学所说:“刚开始的时候真的不习惯,因为上高中的时候都是非常中心的人物,来这里以后大家都是中心人物,你经常被忽略,这种感觉很不好。”

(一)从父母的“重点保护动物”到“没有人理”

许多学生在高中阶段是家里的重点保护对象,用“衣来伸手,饭来张口”形容他们也许不过分,他们几乎不做家务,全部精力放在学习上,家长包揽一切“后勤工作”,几乎成为名副其实的家庭“后勤部长”。

有的学生说:“那时候住在家里,感觉就很好,什么都不用管,吃饭的时候我妈妈一定要把饭盛好,然后冷到一定程度,不然我如果觉得烫的话就会发火。”“妈妈陪我聊天儿,爸爸陪我运动,反正我是重点保护动物。”

(二)从学习上的“核心人物”到学习“不再是最好的”

能上大学的在高中时一定是学习上的胜利者,他们的学习成绩总是名列前茅,学习起来比较轻松,是老师划定的冲击高考的重点对象,也是同学努力的目标。

有的同学到了大学后道出那时的优越感:“那时分班以后第一次考试我排第50名,第二次考试我就排第一名，以后总是保持第一名，而且总是落下第二名 50 分左右。”

全国高考选拔出来的“中心人物”汇集大学，这其中必然会产生新的“中心人物”，但“中心人物”毕竟是少数，“边缘人物”才是大多数。广大的大学新生从中心走向边缘，一时难以适应面对的现实。正如有的同学说的：“最不高兴的事情就是不是最好的，以前老师一提什么难的问题就会找我回答，我答得非常完美，现在感觉，首先难的问题老师不一定找你回答，二是找你回答你也不一定答得上来，觉得很难受。”

“现在遇到了学不懂、听不懂的问题，以前从来没有遇到过，以前上课哪怕和同学说话、走神也没有问题，因为那时候课程简单。现在感觉老师讲了两节课，你觉得好快好快，说的什么不知道，回来以后又没有时间看，你觉得那一段是空白，你特别怕，比如 A 课已经学到第七章了，马上就要考试了，就觉得完了，我的死期到了，这种感觉就像注定自己考试要考不及格，一定会被退学回家。”

（三）从人际关系的“孩子王”到“没有什么朋友”

能进入大学学习的学生在高中生活学习中，人际关系往往处于优势地位，甚至是人际关系中的“孩子王”，总是被别人围着转，而被围着转的主要原因在于他们是“学习方面的核心人物”。

在我国，特别是在初高中，学习成绩是最被看中的，成绩好的学生首先受到老师的格外青睐。有的学生称在高中阶段与自己的老师“称兄道弟”；成绩好的“中心人物”也是同学羡慕、学习的榜样。要学习“中心人物”就要和他们交往。因此，只要“中心人物”的性格不是太不合群，仍有很多人愿意和他们交往。

例如，有的学生讲：“我家管得很严，不准我和同学交往，我妈甚至不许我和玩得最好的女生回家，她认为耽误时间，不准接受朋友的礼物，各种事情，总之管得太严了，又没有零花钱，所以是一个怪人，居然还有很多人愿意和我在一起，我都觉得很神气。”

进入大学后反差特别大。“我觉得我们这些人把自己看得特别重，你说了一句话，没有人搭理你就觉得好像受了伤似的。”

究其原因：“可能是以前自己把自己放得太高了，好像周围的人都围着我转。以前是如此，现在好像是别人有一点不重视你，就受不了。”

三、“动力真空地带”与无聊感

1. 目标失落与无聊

中学生虽富于理想，喜欢憧憬未来，但其理想目标往往变幻不定、朦胧不清。中学生活动力的来源，更多的在于高考，是为了考上大学、考上名牌大学，其目标和动机都具有单一性。可以这样讲，中学生活的一切均围绕“高考”这根指挥棒转。

进入大学，高中时期的奋斗目标已基本变成现实，新目标又未确定，不少大学生深感迷惘、空虚，进入“动力真空地带”，出现松劲情绪，产生“大学生无聊现象”。

2. “自由”与无聊

高中阶段，学生在老师、家长的“夹缝”中生存，基本没有自己自由支配的闲暇时间。高中阶段的学习生活是一种强制、高压状态下的学习和生活。

到了大学，一下子进入学习生活的“四大自由区”，即时间安排的自由、学习方法选择的自由、信息获取的自由和金钱使用的自由。面对自由，很多同学对如何处理自由、如何安排自由显得无所适从、束手无策，因此而陷入无聊。另一方面，厌恶了高中强制高压的生活，许多大学生一进学校便抱着“university”就是“由你玩四年”的念头，到大学里来“歇一歇”，进入“理想间歇期”，从而陷入无聊。

3.“闲”与无聊

高中生活是匆忙的，也是充实的，一天有做不完的题，有听不完的老师辅导课，也有老师没完没了的叮嘱和提醒，更有父母无微不至的关怀与唠叨，学生基本上没有喘息的机会和空闲时间。

进入大学，一切显得如此安逸，时间等各方面的安排也不那么紧张，也少了老师的啰唆，更是远离了父母亲的监控。面对大学的“四大自由”，不少同学深感无事可做。这种无所事事的状态，我们称之为“闲”。“闲”是无聊的原因，也是无聊的主要表现。

4. 单调与无聊

高中生活简单、单一，但面临单纯和单一的学习生活，广大的学生学习很起劲，感觉生活有方向，学习也有目标，内心充满希望。总之，学习生活很有“奔头”。

一进大学，有一段时间沉浸在大学的新鲜感中。新鲜感一过，每天都是“教室寝室图书馆，一人一包一个碗”的重复，正如嚼口香糖，时间久了就变得索然无味了，单调感油然而生，并挥之不去。因此，单调也是大学生陷入无聊的一个重要原因。

5. 恐惧与无聊

对于刚进校的同学，大学生活的开头较之以前显得陌生。老师是陌生的，环境是陌生的，同学也是陌生的。要打开陌生的局面，使陌生变得比较熟悉，需要同学积极主动，主动和同学说话，积极与老师交流，主动去了解校园及周边环境。

然而，相当一部分学生，往往因阅历不足、经验不丰而羞于表达，羞于主动社交，总是迈不开主动与同学、老师交往交流的实质性的一步。如果没有“第一次”就不会有第二次。在这种情况下，有的同学特别是性格较为内向的同学就会退缩，退缩的结果往往是自我封闭，切断与外界的联系是自我封闭的典型表现。久而久之，产生社交恐惧等不良的心理和行为。因此，恐惧也是无聊的一种表现，也是导致无聊的一项因素。

四、理想现实落差与失落感

高中阶段，大部分学生的精力倾注于高考备考，对现实社会及大学生活了解甚少，对大学是什么地方、大学生是什么样的人等问题的认知程度较低，甚至没有。他们把大学生及大学生活描述得过于理想化，抱有不切实际的幻想和过高的期望。

进入大学后，感受到方方面面的不如意，大学生活和现实中有相当多不完善、不如人意的地方，现实所见所闻与自己的已有思维“惯性”、知识、观念不一致，体验到压力和焦虑。这源于大学生过高角色期望导致认知失调所致。将大学期望得过于理想、完美，个体注定在现实生活中感受失落和不满。

例如，有的新生这样谈到自己进大学前与进大学后的心理落差："理想中的大学是非常辉煌的，然而现实中远不是如此。""我觉得环境不大一样，很嘈杂……，很脏，脏了人心情就不好，这是外观上的，内在的，在昌平园时觉得一切都不错，就觉得这边应该更加好，文化氛围什么的应该更浓，可过来以后不觉得就一定好……很失望。"

五、收费和就业制度改革与危机感

高校收费制度改革后，一名普通高校的学生每年需交纳 5 000 元左右的学费，加上生活费和其他费用，每年需支出 10 000 元左右。这对一般工薪阶层家庭来说已是个不小的数额，而对于来自贫困地区农民家庭的学生来讲，可谓是天文数字。许多学生尤其是家庭条件较差的学生，时常感到囊中羞涩。另外，由于高校毕业生就业制度实行双向选择，自主择业，大学生的就业竞争加剧，并随高校扩招而越显激烈，使不少学生在经济和就业的双重压力下普遍存在一种危机心理。其中大多数学生认识到只有具备真才实学，才能在未来社会中立于不败之地，由压力变为动力。因此，刻苦学习，提高竞争能力的思想逐渐占据主流。但也有不少学生难以摆脱危机心理的支配，常感心理压抑，甚至自暴自弃。

第二节　大学生适应不良分析

典型案例

回首大一，千般滋味在心头

谈起初到大学时的感受，同学们感慨万千。北京科技大学研究生一年级的刘同学告诉记者："刚上大一的时候，我常常有一种莫名的忧伤，是因为想家，还是因为环境的陌生，自己也说不清楚。上课时，我常常不知道该听些什么，下课后也不知道该复习什么，更想像不出考试时会出什么类型的考题。从前，以为上大学后会感到一种如释重负般的轻松，而事实上同学们每天都奔走于教室、图书馆、夜读楼之间。直到大二，我才真正习惯并适应这种与高中截然不同的学习生活。"

在中国人民大学读大四的陈同学这样回忆她的大一生活：那时每天除了忙碌之外，处理好和宿舍伙伴的关系是最令她心力交瘁的事情。她说："和我同住一间宿舍的另外 7 名同学，来自天南海北，每个人的性格、生活方式都截然不同，从未体验过集体生活的我处处都十分小心谨慎，几乎时刻都要考虑别人的感受。转眼四年过去了，我反而怀念起了那种既新鲜又陌生的滋味，因为正是在那个时候，我学会了包容别人，也学会了照顾自己。"

北京理工大学四年级的赵同学说："大一时最头疼的不是学习也不是和同学的关系，而是不知如何管好自己的财政。"到大学报到时，父母把她从辽宁送到北京，临走时给她在银行办了一个 4 000 元的活期存折作为一个学期生活费，还给她留下 1 000 元现金当作零花钱，可才过四个月，这 5 000 元钱便花得分文不剩，只得打电话向家中求援。她说，当时主要的花销并不是吃饭、穿衣，而是那些"奢侈的消费"，例如，购买进口品牌化妆品、高档杂志，和同学到校外请客吃饭等等。随着对大学生活的适应才渐渐学会控制"财政支出"，认清哪些钱该花哪些钱不该花。后来,同宿舍的好友开始实行“资源共享”,大家共同出钱买“公用自行车”、“公用录音机”,以及各种学习资料。

北京科技大学研究生胡同学告诉记者,没上大学时他总听说很多大学生到校外勤工俭学,于是他刚上大一,就四处兼职,家教做过,推销也做过,结果钱没挣到多少,学习成绩明显下降,还弄得又忙又累……

(引自:新晨网)

一、客观方面

(一)生活环境的变化

1. 生活方式的改变

从高中时代的独居到大学的群居生活是大学生进入大学后生活方式改变的主要表现。

从总体上来讲,中学生大多走读,不少人拥有属于自己的独立生活空间,除学习外,起居都由父母亲操办,凡事不用过多操心。作家柏杨先生在《丑陋的中国人》里形象地写到:“……我们台湾的孩子,到学校去念书,戴上近视眼镜,为了应付功课的压力,六亲不认。他母亲昏倒在地,他去扶她,母亲悲怆的喊:‘我死了算了,管我干什么?你用功罢!你用功罢!’我太太在教书的时候,偶尔谈到题外做人的话,学生马上抗议:‘我们不要学做人,我们要学应付考试。’……”

大学生活是集体群居生活,衣食住行都需要靠自己处理。因此,从中学到大学的生活过渡是每位同学都必然面临的从依赖父母向独立自理的变迁。

2. 生活习惯的改变

饮食的区域显著差异、气候与语言环境跨地区变化、作息制度与卫生习惯的不同,财务支配自由化等方面都需要每一位大学生个体独自面对。这几方面的任何一方出现问题,都可能使大学新同学产生适应困难。

3. 生活范围的改变

从家门到校门的“两点一线”是中学生活的主要路线,学习是中学生活的惟一内容。总体而言,中学生活特别是高中阶段的校园生活单一且业余时间较少。广大的中学生基本上是在父母或老师的眼皮底下生活、学习。

(二)学习的变迁

从中学到大学,学习的变迁主要体现在学习任务、学习内容、学习方式等方面。

1. 学习任务的变化

中学阶段的学习任务主要在于各门课程,特别是高考科目的基本理论与基础知识,学习科目相对较少,大多数学校都只关心高考科目,把体育、美术、音乐等课程隔离在教学之外,也把这些课程完全从学生的学习领域“驱逐”出去,使高中的教育成为片面的教育、残缺的教育、畸形的教育。

与高中阶段的学习任务相比,大学学习任务既要求学生学习基本理论、基础知识,又要掌握基本技能，同时需要在掌握知识与技能的过程中体验、感悟，逐步形成积极高尚的情感、人生态度和价值观。

2. 学习内容的变化

高中阶段的学习内容基本上是对高考内容的“翻来覆去”，更多的是“考什么”就学什么，不考的、不在考试大纲要求范围内的就不学。

“吾生有涯而学无涯”。大学学习，既“博”又“精”，既“通”又“专”，学习内容需要从经典、基础、前沿和渊源四个视角去把握，只要与人有关的知识、理论都需要有所涉猎。总体而言，大学的学习内容多、任务重、范围广、要求高。

就像有的同学说的那样：“老师讲得真快，突然间让人接受那么多，自己有点跟不上，不太适应，不到两个月的时间，一本书快讲完了，这在高中是不可思议的事情。”

3. 学习方式的变化

高中学习的主要方式是教师和学生的“授”与“受”，以课堂讲授、老师灌输为主，“题海战术”成为学生学习的主要方式，学生的学习对教师的依赖可谓“亦步亦趋”，离开教师“寸步难行”。

大学阶段的学习方式是“师傅领进门，修行靠自身”。大学生的学习方式以自学为主，教师的角色是学生学习的引导者、帮助者、合作者。学生对教师的依赖性大大减弱。

4. 学习态度的变化

中学时代的学习更多的是“打工仔”式学习。所谓的“打工仔”式学习是指在学习中缺乏自主性、主动性、积极性，维持学习进程的动力不在于知识本身，也不在于自我的兴趣爱好，而是外在于自我的外部因素，如家长的期望、老师的要求等的学习方式与学习态度。“打工仔”式学习所呈现的状态更多的是“要我学”，态度是被动的、消极的。

大学的学习更多的是自我主宰式的学习，其学习观念、学习态度需要从“要我学”到“我要学”的转变，学习成为一种内在于自我的重要需要，学习不再是为父母而学、为老师而学、为别人而学，而是真正地为自己而学。

（三）人际关系的变迁

刚进大学校园的大学新生适应不良的一个重要原因是人际关系不和谐。从中学到大学人际关系的变迁主要体现人际交往的范围、对象和要求等方面。

1. 人际交往范围的变化

中学时代学生交往的范围基本限于“熟人”圈子，交往范围较为狭窄，相对封闭。大学的人际交往不再局限于与亲人、同学、老师圈子，更多的是与“陌生人”的联系，而初入学校与同学的交往，仍然属于“陌生人”的圈子，交往面较广，交际场合更多，交往较为开放。

2. 人际交往对象的变化

与人际交往范围的变化相应的是人际交往对象的改变。从总体上来讲，与中学时代交往对象局限在亲人、同学和自己的老师不同，大学的人际交往突破了家庭、突破了寝室、突破了班级、突破了院系。

3、人际交往要求的变化

中学阶段的人际交往较为单纯、简单，基本上围绕日常的学习而展开。大学对人际交往的方式方法、人际沟通的技巧等方面均有较高的要求。

（四）经济的压力

随着改革的进一步深化，大学招生实行并轨，这给每个大学生的家庭带来一定的经济负担。而我国目前，经济发展不平衡，地区存在差异，每个具体的家庭存在差异。同时由于经济发展，人们的收入也普遍提高，消费观念发生了变化。大学校园里也出现了丰富多彩的校园消费，吃喝讲究，穿着入时，用物现代化。进入大学的新生，面对学费、生活费、书费等各种各样的大学校园消费，感受到的压力较大，尤其是一些来自农村或边远山区的学生，或者是家庭经济状况不好的学生更是如此，在生活、学习用品的需求等方面与条件好的同学存在的差异很大，有的学生甚至为基本生活费的欠缺而担忧。在我们对大学生的需要调查中，有一定比例的学生第一位需要是维持生存的需要。因此，经济的因素成了一些新生的精神负担与压力。如一位来自农村山区的学生，父母年迈体弱，家庭没什么经济来源，仅靠父母干农活的一点收入供他上学，每当他拿着父母寄来的血汗钱消费时，他眼前就浮现出父母面朝黄土背朝天的劳动情景，心理常不是滋味，有一种负罪感、内疚感，他甚至想到退学。

二、主观方面

（一）适应能力差，心理素质脆弱

适应能力是指人随外界环境的改变而改变自己的心理状态、行为方式、交往方式、生活方式、思维方式的能力。人的适应能力既受到主体个性特征的影响，更重要的是受到后天环境的影响。一年级的大学生，在进入大学之前的中学阶段，由于受片面追求升学率和应试教育的影响，从家庭到学校，重智轻德，忽视对学生良好个性的培养，忽视对学生适应生活能力的培养。因此，由中学毕业进入大学，适应能力较差，相当一部分学生心理素质脆弱。以往生活中的顺利与受宠形成了他们心理的定势，他们可以成功但不能接受失败，甚至一旦环境变得与以前不同时，就承受不了。在心理上保留着对家庭、长辈的依赖性留恋，继而产生苦闷、忧虑、痛苦、厌烦的消极情绪。

（二）对自我缺乏客观的认识

大学生处于青年中期，处于自我意识急剧发展又趋向稳定的时期，由于自我意识的发展，他们的自尊心、荣誉感随之发展起来，且表现强烈。尤其是大学一年级新生，他们大多是同龄人中的佼佼者，有较强的自尊心和自信心。但同时大学生思维发展尚有水平不高的一面，他们的逻辑思维虽已基本确立，其中辩证思维也有相当发展，但仍存在着片面性和肤浅性，往往导致在认识问题时带有一定的偏激，不善于准确地对各方面的信息进行分析，做出判断。表现在自我评价上，大学生能自觉地进行自我评价，并具有一定的稳定性，同时也存在着两极性，对自我的评价过高或过低，不能做正确的自我评价，对自己缺乏客观的认识。

他们的自我评价有很多并不是来自于自己的经验，而是来自于环境的因素、外界期望的影响。自我评价更多地建立在别人对自己的反应基础之上，过分关注别人的评价。在我们的调查问卷中，“你对周围人对你的评价特别敏感吗?”所调查的学生中，新生回答“是”的占到被调查人数的61.7%，二年级回答“是”的占60.3%，三年级占到52%，四年级占到57.6%。这说明，在大学生的自我评价发展过程中，有相当多的大学生都看重别人对自己的评价，在这种状态下，他们压抑自己，丧失自信。

一年级的大学生还存在着自我评价的矛盾性。大多数的自我评价至少受到两方面因素的影响，即学习成绩和各方面特长的影响。学习成绩的改变成为大学新生自我评价的一个重要因素，中学成绩突出的学生上大学后成绩可能不突出，从而影响自我评价。而各方面专长的特点，如知识面和社会经验、音乐、舞蹈、美术、体育等方面的才能，当这些方面与别人存在差距时，也成为影响大学新生自我评价的重要因素。这些方面的差别往往是由于大学生原来的学习条件和环境所造成的，是正常的现象。但对刚入学的新生来说，他们对待这些差距的态度是不同的。有的人在中学更关注的是自己的成绩，而不关心其他方面，对自己的评价建立在对自己学习成绩的自信上。进入大学后，不仅学习成绩有可能不如以前突出，且会发现自己在很多方面都与别的同学有差距，原来建立在学习成绩基础上的自信就受到双重的打击，对自我的评价陷入了矛盾的状态。一方面仍保持着自信，认为别人能做到的事自己也一定能做到；另一方面又害怕别的同学瞧不起自己，害怕暴露自己的弱点，陷入一种自信又自卑的复杂组合之中。这在我们对新生的问卷调查中已充分体现出来，相当多的新生是既自信又自卑。这种自我评价的矛盾状态，不仅会使他们产生压抑和孤独感，且在人际交往中产生紧张感，严重时还会造成神经症反应。

（三）奋斗目标还未适度调整

所谓目标是指在一定的时间内，所要达到的具有一定规模的期望标准，即人所期望达到的成就和结果。目标是一种刺激，合适的目标能够诱发人的动机，规定行为的方向，无论什么事，失去了目标，也就失去了前进的动力和方向。学习也同样如此，学习中如果没有目标、没有志向，就不知道自己该做什么，不仅影响自己的学习结果，同时会产生空虚、无聊之感。

雪盲症的真正原因

雪地行军是桩危险的事，它极易使人患上雪盲症以致迷失行进的方向。但人们感到奇怪的是，若仅仅是因为雪的反光太刺眼，那么为什么戴上了墨镜之后，雪盲症仍不可避免呢?

最后，美国陆军的研究部门得出结论：导致雪盲症的并非雪地的刺眼反光，而是在于它的空无一物。科学家研究发现：人的眼睛其实总在不知疲倦地探索世界，从一个落点转移到另一个落点。要是连续搜索而找不到任何一个落点，那么它就会因紧张而失明。

美国陆军对付雪盲症的办法是，派先驱部队摇落常青灌木上的雪。这样，一望无垠的白雪中便出现了一丛丛、一簇簇的绿色景物，搜索的目光便有了落点。

现实中，大多数的大学新生都有这样的体会：中学阶段奋斗目标非常明确，学习的动力非常大，干劲十足，为自己的大学梦而刻苦努力，进了大学，学习反而不像中学那样有劲了；于是感到大学生活空虚无聊，产生苦闷、压抑的情绪。出现此现象的原因是多方面的，有内在原因和外部原因。如有的人认为，高考吃了苦，大学补一补，高中用了功，大学松一松，一旦进了大学，一块石头落了地，满足于60分；有的则认为，自己所学专业不符合自己的理想，对所学专业缺乏兴趣，无学习动力；还有大学教学方法与教育内容的陈旧，满足不了学生的需要，尤其是文科，平时上课记笔记，考试时背笔记，就可以过考试关，造成平时无事可做的现象。对学习无动力的更深层原因则是奋斗目标的缺乏。目标是激发人的积极性，产生自觉行动的必要前提。没有目标就没有方向，没有方向就没有力量。许多新生进了大学，感觉到自己的奋斗目标已实现，又不能及时确立新的目标，于是不知自己该做些什么，学习没劲，在无所事事中度日。相反，有些同学入学后及时树立了新的学习目标，有自己的人生价值取向，感到竞争的压力和时代的责任，有紧迫感、义务感、危机感，方向明确，精力集中，学习的动力很大，生活感到充实。我们所提的奋斗目标包括具体的学习目标和专业学习所要达到的目标以及远大的目标，如远大的理想和抱负。在实施的过程中，应有长期的目标和近期的目标。长期目标，如确定自己的发展方向，逐步实现自己的理想和抱负，近期目标则是制定具体的计划、步骤、措施等。只有将具体目标与远大目标、长期目标与近期目标结合，并且目标要适度，才能保持学习动力的稳定、持久与提高；只有这样才不会产生由“学习没劲”所引发的一系列消极情绪体验。

（四）期望值过高

大学新生在适应新环境的过程中所出现的各种各样的问题，不仅反映了他们独立生活能力和必要的生活技巧的缺乏，更是由于他们自信心过强、自我期望值过高，及对大学现实生活过于理想化的期望。大学生在同龄的社会青年中，一般说来，智力水平较高，知识更丰富，好学上进，有理想、有追求。他们精力充沛，思维敏捷，他们被视为“时代宠儿”、“天之骄子”。他们自我感觉良好，具有强烈的优越感，对自己充满信心和希望。尤其是一年级大学生，入大学以前受到老师、家长、周围人过多的赞誉，对自我进行设计，过高估计自己，对自己的期望值过高。进入大学，一旦当这种自我地位与自我期望遭到影响或挫折时，又不能进行调整与改变，产生心理失衡。另一方面，他们对大学缺乏正确的认识，为了激励他们考上大学，周围成人对他们进行理想化描述大学生活，因此他们幻想中的大学一切都是美好的，大学就是天堂，而他们对大学的现实生活却了解甚少。当他们真正踏入大学的现实生活，面对每天要自己处理各种各样的生活琐事，面对多层次的复杂人际关系，面对新的学习与竞争，往往会与过去富于理想色彩的对大学生活的期望形成强烈的反差。这种反差使他们产生失望、失落感。很多大学新生都产生了这样的体会，大学生活并不像他们想像的那样好。这与他们对自己的高期望和对大学生活不切实际的高期望有关。这种期望越高，心理上的挫折感、失落感则越强烈。

（五）缺乏人际关系的技巧

对于刚刚离开家庭，步入大学的新生来说，获得一种良好的人际关系，对于适应大学生活具有特殊的意义。良好的人际关系有助于大学生的知识学习、个性完善和身心健康，它能满足大学生交往、友谊、归属、安全的需要，提高大学生的自信和自尊，增强自我价值感，降低挫折感，减少孤独、寂寞、空虚、恐惧等。大学新生在适应过程中，有很多的问题是由于人际交往的困惑所造成的。产生人际交往困惑的原因，一方面是人际环境的改变（如前所述），另一方面则主要是缺乏人际交往的技巧。中学时代，很多同学只是注重学习，关心的是自己的学习成绩，而很少参加社交活动，对社会交往活动采取回避的态度。缺少社交活动的锻炼，也就无从培养自己的交际能力，因而导致人际交往技巧的缺乏。由于缺乏技巧，在人际交往的场合被动、拘谨、畏缩，对人际交往失去兴趣，转而害怕与人接触，封闭自己，陷入焦虑、痛苦、自卑、孤独之中。

把伤害刻在沙滩上

一位智者曾经说过一段话："原谅曾经伤害过你的人，也要做一个不轻易被伤害的人。"这位智者曾和一个朋友结伴外出旅行。在行经一个山谷时，智者一不留神滑跌了，他的朋友拼尽全力拉住他，不让他葬身谷底。智者得救后，执意要在石头上镌刻下这件事情。他的朋友问："真的有必要这样做吗"？智者说："当然"。于是，他在石头上刻下了：某年某月某日，在经过某山谷时，朋友某某救我一命。

刻完后，他们继续自己的旅程，有一天，在海边，两个人因为一件事情争吵起来，朋友一怒之下，给了智者一耳光。智者捂着发烧的脸说：我一定要记下这件事情！智者找来一根棍子，在退潮后的沙滩上写下了：某年某月某日，在某某海滩上，朋友某某打了我一耳光。朋友看过之后不解地问他：你为什么不刻在石头上呢？智者笑了，说：我告诉石头的，都是我惟恐忘了的事情，我要让石头替我记住；而我告诉沙滩的事情都是我惟恐忘不了的事情，我要让沙滩替我忘了。

第三节　大学生适应不良的应对策略

瑞士心理学家皮亚杰（Jean Piaget）认为，生物的发展是个体组织环境和适应环境这两种活动的相互作用过程，也就是生物的内部活动和外部活动的相互作用过程。他认为，适应包括同化和调节两种作用和机能，同化是个体把刺激纳入原有的格局（scheme）之内，就好像消化系统将营养物吸收一样；调节是指个体受到刺激或环境的作用而引起和促进原有格局的变化和创新以适应外界环境的过程，以达到平衡。

大学新生适应大学生活亦然。面对全新的大学生活，一方面，大学生需要改变或创新自己原有的思维模式、观念、态度和生活方式、习惯，以适应环境，这是自我调节；另一方面，将新环境中的某些元素纳入原有的认知模式中，充实、完善、补充认知模式。即认清客观环境，改变主观环境，适应客观环境。

一、正确认识大学,克服不切实际的幻想

“大学”这个美好的字眼,令无数在高考中失利的青年向往不已;大学生们,这些时代的骄子、社会的宠儿,令无数大学门外的青年羡慕不已。然而大学生活是现实生活,是理想与现实的结合体。从中学跨进来的时代骄子们,大学生活的开始,既标志着梦想的实现,又意味着未来希望与奋斗的开始。要使自己在大学这个伊甸园里成才,发展自我,完善自我,首先必须对大学有一个正确的认识,克服不切实际的幻想。

(一)学习是大学校园生活的基本内容

大学校园是大学生成长和成才的沃土与摇篮。大学的校园生活是丰富多彩的,有独立的生活环境、深广的学习内容、浓厚的学术氛围、纷繁的校园文化、自由的课余时间、丰富的闲暇活动,等等,但学习仍是大学校园生活的基本内容。与中学相比,大学的学习更具广阔性、深刻性、探索性,学生成为学习的主体,这就需要我们认识和适应大学的学习特点。

首先,提高学习的独立性。在大学,教学内容大幅度地增加,教师的讲解起引路作用,提供学习与思考的方法,更多的内容需要通过自学来掌握。因此,在大学里学习强调独立地自学,要进行课前预习和课后复习,阅读一定数量的相关参考资料,根据一定的知识结构,自己缺什么就重点攻什么。

其次,提高学习的自主性。必须合理地安排和利用时间,科学地掌握时间,不能平时无所事事,考试来临时突击、开夜车,那是不能真正有效地提高自己的。应科学地制订学习计划,合理投入精力,根据难易程度调配时间和精力,同时通过必修课和选修课来建构自己的知识与能力大厦。

再次,提高学习的探索性。通过学习,在获取知识的同时,更要注重发展自己的创新意识和创造能力,要掌握科学知识的形成过程、科学的研究方法,了解各学科存在的问题及其解决的可能性。总之,大学生活的主要任务仍然是学习,通过学习获取知识,获得其他环境不能提供和满足的知识;通过学习,发展自己,完善自己,提高自己的能力与水平。

(二)大学生活中仍然充满着竞争

每一位大学新生,都是从高考的千军万马中挤过了独木桥,体会到中学竞争的激烈。但进了大学,并不意味着竞争的结束,大学生活仍然充满着竞争,在某种意义上比中学更激烈。随着社会主义市场经济体制的建立,改革的进一步深化,高等教育并轨制的实行,打破了传统高等教育的“统招统分”,推行“双向选择”,每个人从跨进大学的那一天起,就要面对新的竞争对手,要在竞争中去选择自己未来的理想单位和发展方向。因此,进了大学并不等于进了保险箱,并不就是拿了铁饭碗,仍需要做好思想准备迎接竞争。值得注意的是,要正确对待竞争的结果,将竞争的结果看成是一种激励自己的动力,而不是障碍或负担,避免产生嫉妒、骄傲、自卑心理。所以,个体需要警惕走进“理想间歇期”和“动力真空地带”,每一位刚进大学的同学需要重新树立危机意识,居安思危,思危则有备,有备才无患。

（三）集体化是大学生活的显著特点

典型案例

我是集体中无人问津的人

我性格十分内向，从很小的时候，我的父母就给我订了许多规矩，我谨小慎微地生活在一个人的世界中，没有朋友，没有爱好，陪伴我的只有书本。好在上天不负我，我以较高的分数考上了我们省里最好的大学。在新的环境中我很自卑，同学们能够将学习和发展个人爱好相结合，他们的爱好那么多，知识面又宽，说话我根本就插不进去，我感到自己像傻子一样。同时我的成绩也不再突出，我没有一点可引以为自豪的事，同学们凑在一起高谈阔论的时候，我总是躲在一边。我不属于这个集体，我该怎么办呢？

对于大多数的大学新生来说，进入大学意味着依赖性生活的结束，标志着集体生活、独立生活的开始。在大学这个新的集体环境中，每个人需要培养自己的集体观念，树立集体的意识，思考在集体中如何与不同个性的人相处，怎样在集体中锻炼自己，培养自己集体生活的习惯。每个人都应清楚地知道，进入大学集体生活，并不能完全按自己原有的特点与习惯生活，自己想怎么样就怎么样，而必须考虑别人的特点、集体的特点，大学集体最基本的形式是班集体和宿舍集体。班集体是大学生群体的一种正式的组织形式。宿舍集体是具体反映一个人生活习惯和个人特点的小集体，这就需要宿舍集体的每个成员共同努力营造融洽的生活氛围，必须遵守作息时间，别人休息时不大声喧哗，注意个人清洁卫生及宿舍的清洁卫生，不开过分的玩笑，尊重他人，养成良好的生活习惯。如果不能遵守和维护集体生活的利益与特点，那么就会感到难以适应，精神不愉快。从现实来看，大学新生对宿舍集体的适应比班集体好，对宿舍人际关系比班级人际关系评价好。在我们对新生的调查中，被调查的新生对“所在班级的人际关系”，有29.5%的人认为很融洽，有66.1%的人认为一般；对“所在宿舍的人际关系”，有50.4%的人认为很融洽，有44.3%的人认为一般。当然，从总体来说还是好的。

（四）注重全面发展，提高素质，发展创造动力

与中学相比，大学里学习成绩已不是衡量优势的惟一标准。大学生活中，学习固然是生活的主旋律，但在完成自己专业学习任务的同时，需要大学生注重自身知识的积累，努力提高和发展能力，形成辩证唯物主义世界观，促进自身素质的提高，包括身体素质、心理素质、思想文化素质等。追求个性的全面发展，这不仅是大学教育提出的要求，也是适应快速多变的社会发展的需要。大学里，除上课时间外，有很多属于自己自由支配的时间，大学生可以利用自由支配的时间进行学习、娱乐、社交、社会实践、勤工助学等活动，满足自身发展的需要。利用自由支配的闲暇时间进行活动，可以丰富生活、愉悦身心，减少空虚无聊感，还可以消除疲劳、提高学习效率；利用自由支配的时间进行交往，可以结交朋友，增进友谊；利用自由支配的时间进行社会实践活动，可以发挥才干、开发潜能，增进对社会的了解。因此，步入大学的新生，除了完成学习任务之外，还要通过各种活动来锻炼自己，在思想、情操、意志、体

魄等方面进行锻炼，做到全面发展、全面进步，为将来的事业成功打下基础。如果仅以学习成绩作为自己发展的标准，那么面对需要自己安排的大量时间，会不知所措，产生不适应感。

（五）非理想化是大学校园的现实

大学，作为人才成长的舞台，一般情况下，培养人才的条件诸如教学科研实力、基本建设投资、教学实验设备、图书资料信息、文化建设与氛围等方面都有着中学与之无法相比的优势。但从我国目前的现状看，教育投资有限，大学条件不完善是客观存在的，尤其是在物质设施方面，与我们同学心目中的大学是有差距的。如宿舍的拥挤，食堂就餐有待改善，阅览室、教室满足不了需求，等等。理想与现实的差距，这就是事实。更为严重的还面临着精神生活的困惑、业余生活贫乏、文化生活开展得不够、缺乏应有的文化生活场所。人际关系的复杂、师生关系的疏离等，这也是事实。我们每位大学新生必须认识与接受“大学”的这些现实，克服幻想，以求适应。

二、正确认识自己，找准自己的位置，确立新的奋斗目标

由于学习和生活环境的变化，一年级大学生需要调整自己，完成角色的转变，对自我进行重新评价。如果不能正确地认识自己，重新自我评价，会极大地影响到大学生对学习、生活和各个方面的适应。因此，对新入学的大学生来说，客观、公正、有效地认识自己，重新自我评价，进行正确的自我设计，建立新的奋斗目标，对维护适应期的心理健康是非常重要的。

（一）客观地认识自我

自知、自鉴是自励、自勉、自控的基础，它对人的各种活动和行为起着调节的作用，是建立理想自我的基础。实践证明：一个人自我认识、自我评价的水平越高，越能促进自身的健康发展；只有全面而客观地评价自己，才能使自己有效地健康发展。大学新生对自己要有一个明确的认识和正确的了解，客观地评价自我，对自己的身材和外貌、品德和才能、优点和不足、过去和现在，甚至将来都应有一个正确的认识，做到全面而客观地评价自己，则有助于适应新的环境。很多大学新生总是看到自己的某一面，而看不到其他方面，一旦碰到不称心、不如意的事，就开始怀疑自己，产生失落与自卑的情绪。如有一位来自农村的新生，由于在中学，英语课缺乏听力和口语的训练，到大学后每当上英语听力课时，面对老师的问题而不知所措，偏偏老师又记住了她的名字，总提问她，这时她就认为自己不行，变得非常自卑，又怕同学讥笑她，以致一上听力课就紧张，害怕上听力课。像这位同学就不能正确地认识自己，这时应找到合适的尺度来衡量自己，努力使主观评价和客观评价相一致。应采用类比法，将自己与自己的条件相类似的同学进行比较，看别人是否存在同样的问题，如果与自己条件差不多的同学也如此，那么就是基础差的原因，并不是自身固有的能力差，应针对自己的不足，朝着目标努力，改变目前的现状。

还有一位新生，从一所省重点中学考入了一重点大学的热门专业，在中学时他是班干部、班里的学习尖子，常受到老师、同学、家长的赞誉，又考进了重点大学的热门专业，从他接到入学通知书的那一时起，他就思考如何在大学里显示自己的才能。然而进大学第一学期

的期中考试，他的成绩不理想，只是中等水平。这使他从中学的尖子生，一个自尊心极强，一直受到老师、同学关注的人物，上了大学后变得极为普通平常，他一下子接受不了，情绪非常低落，心理负担很重，从自傲变得自卑。其实这位同学就存在着不能调整心理落差、正确认识自己、重新自我评价的问题。这位同学尽管在中学各方面很突出，但入了大学，环境变了、同学变了，大家可能与他都有同样的经历，这时他应摆正自己的位置，认识到自己与同学们是在同一起跑线上进步，这时出现成绩一般的现象也是正常的。因此，他此时最重要的是端正自己的态度，正确认识自己，逐渐适应大学的学习内容与方法，提高成绩。

（二）反省自我，正视自己的优势与劣势

反省自我即是运用自我观察、自我分析、自我报告的方法进行自我评价。大学新生可以通过对自己的言行举止、心理活动等进行耐心观察，在观察中加强对实际现象的分析，在合理的自我分析中形成自我报告。通过对自我报告的反省，严于解剖自己，达到使自我评价更客观、更加独立与稳定。对自己有了客观的评价，还应接受自己，面对自己的优势与劣势。一年级大学生应有勇气承认自己的缺点与不足，不要过分追求完美。俗话说："金无足赤，人无完人。"世界上没有十全十美的人，现实中的每个人都有优点和缺点、长处和短处，一个人的能力再强，或者是再优秀，也不可能在每件事上都超越别人。如果不能正确面对自己的优势与劣势，或者只看到自己的优势，而不愿看到劣势，或者只看到自己的劣势而看不到优势，都会影响到自己的情绪，带来适应的障碍。如一位来自农村的女生，自幼刻苦勤奋，成绩优秀，考入大学后，由于城乡环境的差异她觉得自己在服饰、语言、动作以致风度上都不能与城市来的同学相比，内心产生了"先天不如人"的自卑感：上体育课时觉得自己的动作不如别人优美，上课发言时觉得讲话不如别人流畅，与别人交往时觉得没有别人有风度，等等。因此害怕在别人面前表现自己，发展到害怕与别人交往。这位同学的问题就在于只看到自己的不足，而忽视自己的优势。由于生活环境的不同，来自城市里的同学与来自农村的同学相比，有一些他们的优势，如知识面、语言、外语、文体等，但来自农村的同学也有自己的长处，如勤奋刻苦、吃苦耐劳、生活自理能力强等。这位同学应客观地分析自己的优势和不足，自己与别人的差距是可以通过学习来缩小的，而不是采用回避的做法，更重要的是通过分析自己的学习能力来提高自信心。

白板与黑点

有位老师进了教室，在白板上点了一个黑点。

他问班上的学生说："这是什么？"

大家都异口同声说："一个黑点。"

老师故作惊讶地说："只有一个黑点吗？这么大的白板大家都没有看见？"

你看到的是什么？每个人身上都有一些缺点，但是你看到的是哪些呢？是否只有看到别人身上的黑点，却忽略了他拥有了一大片的白板（优点）？其实每个人必定有很多的优点，换一个角度去看吧！你会有更多新的发现。

(三)将“理想我”建立在“现实我”的基础上

“理想我”,是指个体理想中的个人自我,它包括自己所希望达到的理想标准,以及希望他人对自己所能产生的看法。“现实我”,即个体实际表现的自我,个体现实存在的水平。如果“理想我”与“现实我”存在一定程度的差异,可以促进个体的发展,但如果对“理想我”要求太高,反而易丧失信心,出现各种问题。美国人本主义心理学家罗杰斯的很多研究结果都表明,“理想我”与“现实我”的过分失调往往是产生神经症等心理障碍的主要原因。北京大学心理系学者的研究表明,在大学生中“理想我”与“现实我”的差距越大,其抑郁方面的得分越高。大学新生应将“理想我”建立在“现实我”的基础上,建立合乎自身实际情况的“理想我”,即不要将“理想我”的标准定得太高;否则,“现实我”与“理想我”之间存在太大差距,别人的评价亦达不到自我的期望,易产生失望、抑郁等消极情绪,带来适应问题。

(四)结合自身的优势,确立新的奋斗目标

大学新生还需要在对自我全面、正确地认识与评价的基础上,从自己的实际出发,结合自己的优势,确立新的奋斗目标。有了目标,才能形成前进的动力;才不致无所事事、无所适从,产生空虚无聊等体验。在确立目标的过程中,必须遵循由近到远、由低到高、循序渐进的原则,一个一个逐步实现。每个目标还应适当、合理,经过努力可以达到。心理学研究表明,一个人从事某种活动的动力,取决于他们行动的全部结果的期望值和达到目标的可能性。因此,确立适合自身实际情况的奋斗目标,对于实现理想、发挥潜力、适应大学生活都是有益的。

三、面对现实,接受现实

大学新生在适应环境的过程中出现的种种问题,严重地影响了他们的学习、生活,甚至身心的健康发展。大学生适应环境的关键,就是逐渐改变在过去环境中的各种期望,以及生活和行为方式等。既然环境和角色都发生了变化,自己处在一个新的现实环境里,那么就不要用过去的、旧的标准来要求自己和对待新的现实,而应客观地认识现实、面对现实、接受现实,使自己逐渐适应新的环境。

(一)加强生活能力和自理能力的培养

很多大学新生在适应环境中出现的问题都与自己生活能力、自理能力等方面存在的问题有关。跨进大学校门,对大多数学生来说,他们所面对的是一个既新鲜又陌生的学习生活环境,在这种环境中学习生活,必须具有一定的生活能力和自理能力。然而随着大学生入学年龄的降低,独生子女比例的提高,加上中学教育的现实,很多新生都存在着不同程度的一般生活能力较差的现象,而这种生活自理能力直接影响着大学生对环境的适应及学习、生活,甚至成才。因此,大学新生必须改变生活自理能力差的现实。生活自理能力并不是人生来就有的,而是经过后天的学习和实践得来的,生活自理能力及生活能力的培养,关键不是技术问题,而是思想认识和行为习惯问题。例如生活要有规律、按时作息、今天的事不要推

到明天、保持一个良好的卫生环境、勤俭节约、遵守各项规章制度，等等。要从心理上和行为上摆脱依赖，从小事做起，从点滴做起，逐渐提高自己的生活能力和自理能力。学校可以通过辅导员、党团组织、高年级同学等给大学新生以指导和帮助，帮助他们尽快熟悉学校的学习和生活环境。

（二）增强适应环境的能力

大学新生适应环境中的问题，其实也反映了他们自身的适应能力。面对改变了的环境，大学新生必须增强自己的适应能力以适应变化了的环境。适应不是一个被动的过程，而是积极主动的过程，它既包括改变自己的生活、行为习惯，顺应新的学习、生活、工作、人际关系以及物质的环境，还包含着对一些不良环境的改造。这就要求刚进入大学的新生要有充分的心理准备，具备吃苦耐劳的精神、克服困难的毅力，积极主动地锻炼自己。将逆境看作是生活的挑战，将障碍看做是前进的动力，通过参加多种实践活动，向他人学习、向生活本身学习，从挫折和困难中吸取经验，培养自己良好的心理品质，乐观、自信、坚强、进取，从而提高自己适应环境的能力。

四、摆脱以自我为中心的倾向，处理好人际关系

我国已故的著名医学心理学家丁瓒教授曾经指出："人类的心理适应，最主要的就是对人际关系的适应，所以人类的心理病态，主要是由于人际关系的失调而来。"一年级大学生适应环境中的诸多问题，不仅是由于学习和生活上的不适应而引起，更是由于对人际关系的不适应、人际关系的困惑所引起。因此，大学新生如何建立和谐、友好的人际关系是非常重要的。

（一）克服"自我中心"倾向

自我中心是指只从自己的经验和角度去认识人和事，而不能意识到别人对同一事物的看法和观点，对人或事的看法带有强烈的主观性。自我中心强烈者，在待人、接物、处事当中只关心自己的需要和兴趣，而忽视别人的处境和利益。随着独生子女的增多，新一代大学生各自的生活风格和行为习惯等方面的差异也在增大，自我中心问题也越突出。以自我为中心的人是很难与别人建立起良好的关系的。如有一位来自城市的女生，她的学习成绩尤其是英语的听说能力非常优秀，可以与外国人交流，能力也很强，但她感到特别孤独。原来这位同学自我中心倾向严重，她从不考虑别人的存在，与别人在一起毫无合作意识。因此，适应期的大学生应克服"自我中心"的弱点，在强调自己的个性特点的同时，切勿把自己的意向强加于别人，对自己和别人要平等对待，尊重他人的观点与做法，这样才能与别人保持良好的关系，有助于心理健康与心理适应。

（二）建立和谐、融洽的人际关系

生活中假如一个人不会与人相处，那么他就会感到孤独、苦闷，感到生活暗淡无光；而一个

与周围的同学、同志和谐相处的人，会感到生活充满了乐趣。对于刚入大学的新生，如何与周围人处理好关系则尤为重要。良好的人际关系有助于提高学习效率，开发人的潜能，促进身心的健康发展。这就要求大学新生要善于与人相处，乐于与人交往，做到与同学、师长关系的和谐融洽。在与别人相处时，应当是肯定的态度多于否定的态度；在与别人交往中，做到以诚相待，能够尊重、信任、宽恕、帮助他人。对超越自己的同学要虚心向他们学习求教，对落后于自己的同学要乐于帮助他们。切不可对超过自己的同学产生嫉妒、憎恨、怀疑的心理，而对落后于自己的同学进行嘲笑、挖苦，产生看不起的思想。对每个同学都应当是平等相处，友好交往。不论自己是学生干部，或是一般同学，都应把自己置于普通一员的角色。既不能把别人排斥在友谊之外，也不能使自己过着孤独的生活。在与人交往的活动中，努力提高心理素质，使自己始终保持着愉快的心境，生活于宽松的环境中，这样有助于心理的适应。

钉子与脾气

有一个男孩有着很坏的脾气，于是他的父亲就给了他一袋钉子，并且告诉他，每当他发脾气的时候就钉一根钉子在后院的围篱上。

第一天，这个男孩钉下了37根钉子。慢慢地，每天钉下的数量减少了。他发现控制自己的脾气要比钉下那些钉子来得容易些。

终于有一天这个男孩再也不会失去耐性乱发脾气，他告诉他的父亲这件事，父亲告诉他，现在开始每当他能控制自己的脾气的时候，就拔出一根钉子。

一天天地过去了，最后男孩告诉他的父亲，他终于把所有钉子都拔出来了。

父亲握着他的手来到后院说：你做得很好，我的好孩子，但是看看那些围篱上的洞，这些围篱将永远不能回复成从前。你生气的时候说的话将像这些钉子一样留下疤痕。如果你拿刀子捅别人一刀，不管你说了多少次对不起，那个伤口将永远存在。话语的伤痛就像真实的伤痛一样令人无法承受。人与人之间常常因为一些彼此无法释怀的坚持，而造成永远的伤害。

如果我们都能从自己做起，开始宽容地看待他人，相信你一定能收到许多意想不到的结果……帮别人开启一扇窗，也就是让自己看到更完整的天空……

思考与讨论

(一) 叙叙自己中学时代的生活

请你谈谈你中学时代的生活，你可以举例子，比如说，最典型的一天，越具体越好。

1. 作息时间？
2. 教师的教学方法？
3. 你是怎样学习的？
4. 班上的师生关系、同学关系如何？

5. 有没有好朋友？什么是好朋友？你们在一起都干些什么（学习、聊天、玩）？

6. 你在家的情况是怎样的（做不做家务、父母对你管到什么程度、你的感觉如何）？

（二）谈谈想像中的大学生活

接到大学录取通知书后，想像中的大学和在大学的生活是什么样子的？

1. 大学教师是什么样子？

2. 大学的同学是什么样子？

3. 住进大学生集体宿舍是一种什么样的生活？

4. 是否想过入学后会遇到什么困难？如果有，是什么？你准备采取什么手段去克服？

（三）说说入学后的感受

1. 请你描述一下刚来报到时的情景（父母是否送你？帮你做了什么？什么时候离开的？新生报到你都做了哪些工作？是否遇到什么困难？怎么解决的？你有什么感受）。

2. 入学近几个月来的生活，有哪些感受？

（1）大学的教师、教学方法、师生关系？

（2）大学里的同学、同宿舍的同学、同学关系、宿舍人际关系？

（3）你现在的学习方法？

（4）你目前的学习情况？

（5）在这里是否已经有新朋友，有与没有的原因是什么？

（6）入学以后是否遇到什么困难，怎样解决的？

（7）入学以后最高兴的事和最不高兴的事？

（8）除学习以外的生活情况是怎样的？

练习与实践

"我应该……，因为……"

程序：每人准备一张白纸，请同学们在上面写出至少三句"我应该……因为……"。例如："我应该考第一名，因为这样大家才会看得起我"。写完后，请大家把写好的纸放在桌上，同学可以离开座位，相互观看。老师可以随机抽取几张，请被抽中的同学说明，为什么会有这样的想法？对自己的影响如何？大家互相核查并挑战这些"我应该……因为……"的合理性及对自己的正面或负面影响，自我调整为较切实际、较合理的自我期待或想法。

推荐阅读

成为湖泊

一位年老的印度大师身边有一个总是抱怨的弟子。有一天，他派这个弟子去买盐。弟子回来后，大师吩咐这个不快活的年轻人抓一把盐放在一杯水中，然后喝了它。大师问："味道如何？"弟子呲牙咧嘴地吐了口唾沫："苦！"。大师又吩咐年轻人把剩下的盐都倒进附近的湖里。弟子于是把盐倒进湖里，大师让这个弟子再尝尝湖水。年轻人捧了一口湖水尝了尝。

大师问道:“什么味道?”弟子答道:“很新鲜。”大师问:“你尝到咸味了吗?”

年青人答道:“没有。”这时大师对弟子说道:“生命中的痛苦就像是盐;不多,也不少。我们在生活中遇到的痛苦就这么多。但是,我们体验到的痛苦却取决于我们将它盛放在多大的容器中。”所以当你处于痛苦时,你只要开阔你的胸怀。

不要做一只杯子,而要做一个湖泊。

第四章　大学生的学习与心理卫生

导言

人既是知识的创造主体，又是知识创造的目的，更是知识运行的载体。知识社会是以人为中心的社会，知识社会是以人为本的社会，当代大学生就是生活在这样的知识社会中，学习自然成为首要任务和主要的活动方式。通过学习，大学生能获得广博的知识，明确社会规范，从而健康地成长，并在将来能适应知识社会对自己的要求。学习是一种十分复杂的心理过程，它需要智力因素和各种非智力因素的积极参与，因此大学生的心理健康状况和心理发展水平，对大学生的学习过程和学习效果将产生直接的影响。本章着重介绍学习与心理卫生的关系、大学生在学习中常见的心理问题并提出相应的解决办法。

引导案例

睡眠不好的男生

——某大学二年级男生自述

我是一位大学二年级学生，学习压力比较大。在上学期期末考试那阵，我的压力特别大，精神几近崩溃。因为前一年由于我付出的努力，得到了一等奖学金。但我老是患得患失，顾虑太多，会觉得爬得越高摔得越痛。到了大学二年级，似乎同学们都更用功了，这是对我的挑战。于是，我更加发奋学习，想尽力保住我的成绩，使自己处于不败之地。不幸的是，前不久的考试中有我的一个弱项，我在担心中渡过了这艰难的期末。也就在此时，我患有一个毛病，就是每当午睡时，老担心自己会睡不着，从而影响下午和晚上的学习，结果越担心就越睡不好。好不容易入睡了，又很容易惊醒，而且梦特别多，往往一个接着一个，并且每当做完一个梦的时候就会惊醒，醒后心跳得特别快，此后就更难入睡了。虽然最近我暂无考试之虑，但我担心下次考试的时候还会有这样的症状。晚上，如果同寝室的同学都安静入睡了的话，我也很容易入睡，但只要有一个人还在努力看书的话，我就连他的翻书声都介意，他每翻一页书，我的心就会猛跳一下，很难入睡。

第一节　学习与心理卫生

一、学习的概念

心理学认为学习是人和动物共有的活动，从这个意义上来说，最广义的学习应该指人和动物在生活过程中，凭借经验而产生的行为或行为潜能相对持久的变化。

狭义的学习概念是指学生在学校里的学习。学生的学习是人类学习的一种特殊形式，它是在教师的指导下，有目的、有计划、有组织地进行的过程，其目的是在比较短的时间内系统掌握科学知识和技能，开发智能，培养个性，形成一定的世界观与道德品质。

二、大学生学习的基本特点

1. 专业化程度高，职业定向性强

大多数大学生在报考高等学校的时候，就选择了自己的专业，进入高等学校以后也是在相应的院系学习某个专业，这与中学生不分专业的学习有明显的不同。大学生在高等学校里，不仅要学习政治理论课程、品德与修养课程、外语与计算机技能以及公共基础课程，还要学习相应专业的学科基础课程和专业课程。另外，还要在自己专业范围内选修一定学分的任意选修课程。这样才能在对本专业知识有较深入了解与掌握的同时，广泛涉猎各学科领域，扩大自己的知识面，实现“一专多能”，更好地适应社会对人才的需求。大学生在高校里学到的知识与将来的职业生涯有着密切的联系，是为自己未来的职业做准备的。

2. 学习内容具有高层次性和争议性

大学生学习内容起点高、视野宽，很多内容已经处于学科领域的前沿。有些内容在学术界还是众说纷纭，没有标准答案，将这些有争议的内容和各家之说介绍给大学生，有利于启发大学生的思维，激发大学生学习的积极性和创造性。这与中小学时代向学生传输的已成定论的知识不同，要求大学生的学习方式和思维方式逐渐从中学时代的死记硬背、正确再现教学内容，向集众家之长、确立个人见解的方向转变。

3. 学习的独立性、自主性不断提高

大学生的很多学习活动是由学生凭借自己的力量独立完成的，体现出学习的独立性。大学生的课程安排较中学阶段松，业余时间较中学阶段多。在课堂上高校教师往往受讲课时间的限制，常提供大量的参考书，要求学生课外阅读。学年论文、毕业论文或者毕业设计等，需要学生自己查阅有关书籍，自己设计研究方案，独立撰写研究报告。这就需要大学生具有高度的学习自觉性，否则大量的时间就会白白浪费。

4. 学习途径的多样性

大学生的学习途径是多种多样的，课堂教学虽然仍是主要的学习途径，但已不像中学时那样几乎是惟一的途径。大学生的学习活动还需要在课堂之外和学校围墙之外进行。例如，去听学校举办的各种学术报告会、参加教师的各种科研课题、参加学生科技社团和科技小组等，这些都是很好的课外学习途径。大学生还可以参观工厂企业，深入街道社区进行社会调查和开展咨询服务，这些都是很好的校外学习途径，大学生可以从中学到很多在学校里学不到的知识。

三、学习与心理健康的关系

学习是人得以生存和发展的必要条件，大学生的学习促进了大学生身心的全面发展，是大学生心理健康的保证。而学习又是一个非常复杂的心理现象，大学生的心理健康状况、心理发展水平也会对大学生的学习产生直接的影响。可见，大学生的学习与其心理健康的关系是相互影响、相互制约的。

（一）大学生学习对心理健康的影响

1. 大学生学习对心理健康的积极影响

(1) 学习能够开发大学生的智力和潜能。人们常说“刀越磨越快，脑子越用越活”，这话有一定的道理。每个人都有与生俱来的智力和潜能，这些智能只有通过学习，才能得到开发和利用。同样，大学生的观察力、注意力、记忆力、思维力以及想像力也只有在实际学习过程中，才能得到开发、利用和提高。如果不学习，先天素质再好的大学生，其智能也得不到开发和利用。

(2) 学习能够提高大学生的各种能力。能力是人顺利地完成某种活动所必须具备的心理特征，它总是在一定的活动中表现出来，并且在活动中获得和加强。随着社会的发展，社会对大学生的能力要求将越来越高，总体来说这些能力包括自学能力、操作能力、创造能力、表达能力、管理能力等，而这些能力都是通过学习活动习得而提高的。因此，大学生要具备社会需要的各种能力，就必须加强学习。只有通过学习，能力才能不断提高。

(3) 学习能够促进正向情绪情感的产生。一个善于学习、乐于工作的人，常把学习和工作当作自己的所爱，能从中找到幸福和愉快。大学生通过努力学习，完成一项学习任务或取得一定的成绩后，就会感到成功的喜悦和快乐。同时自己会发现，一分耕耘会有一分收获，真正体会到自己的价值和自尊。当遇到不如意的事情时，大学生若能专注于学习，也会冲淡或忘掉烦恼。以学习为乐，可以调节大学生的情绪情感，促进正向积极情绪情感的产生。

(4) 学习能够促进自我意识的发展。古人说“学然后知不足，知不足然后能反也”。只有多学习，才能提高自身的理论水平，从而提高认识问题、分析问题的能力，掌握科学的认知方法，这样才能更好地发现自身的不足，才能正确认识和评价自己和他人，才能不断根据社会需要进行自我调节，以便更好地适应社会。

(5) 学习能使心理健康水平不断提高。心理健康是一个循序渐进的过程，它需要不断地学习和实践。而在这一过程中，掌握必要的心理学知识和理论，无疑对提高大学生的身心发展水平有一定的帮助。

2. 大学生学习对心理健康的消极影响

任何事物都有正反两面，学习同样也不例外。大学生的学习是一项艰苦的脑力劳动，需要消耗大量的心理、生理能量，必然会带来一些消极、不良的影响。

(1) 从学习的强度来说，学习负担如果过重，会给学生带来一定的心理压力，造成精神高度紧张，出现学习焦虑现象。此时，学生如不能很好地调节，采取适当的劳逸结合的方法，过度地疲劳，容易对身体健康造成危害，进而影响心理健康。

(2) 从学习的内容来说，由于大学生在学习内容和学习时间的支配上具有高度的自主性，因此在完成学校的指定课程外，他们有足够的时间去学习其他的知识。如果大学生选择的学习内容不健康，就易造成心理污染，使一些辨别能力差、抵抗力弱的大学生受到伤害。另外如学习内容难度过大，也容易使大学生产生畏难情绪，甚至失去学习的信心。

(3) 从学习方式方法来说，大学生如果采用的学习方法不当，就易造成所下功夫与所得成绩不成正比的现象，即出现很努力地学习却总也不见成效的现象，学习成绩长期得不到提高。长此以往，学生会产生自卑心理，甚至自暴自弃，导致恶性循环，影响其心理健康。

（二）心理健康对大学生学习的影响

学生学习的好坏受很多条件与因素支配。从个体的发展来看，影响个人学习的条件既有遗传因素、个体生理健康的因素，又有环境的因素和个体心理的因素等。就大学生学习而言，由于我国现行的高考选拔制度，按照常规入学的大学生，其学习成绩应该相差不大，他们又在相同的环境（同一学校、班级，同一教师授课）中读书，成绩却有明显的好坏之分，这又是为什么呢？究其原因，造成这种差距的因素主要在于个体心理因素。

从个体心理因素来看，影响学习好坏的主要因素又可以分为智力因素和非智力因素。智力，是指个人凭借感觉、知觉、注意、记忆、想像和思维的活动来分析问题和解决问题的能力，而个人分析问题与解决问题所赖以进行的观察力、注意力、记忆力、想像力和思维力构成了智力的因素。智力因素固然能够影响学习的好坏，但它不是影响学习好坏的惟一因素，按正规途径入学的大学生，在智力因素方面的差距也应该不是很大，对于他们来说，对学习好坏影响更大的是非智力因素。

影响学习的非智力因素，是指包括除智力以外的全部个体心理特征，如学生的学习动机、态度、情绪情感、意志、个性等因素。这些因素是影响大学生学习优劣的关键所在。试想一个智商很高，却有厌学情绪，学习上不肯努力的大学生，是很难取得好成绩的。因此，为了提高学生的学习效率和质量，在充分发挥学生的潜能、调动和组织学生智力因素的基础上，还要充分激发学生学习的动机等非智力因素。而在这一过程中，大学生的心理健康与否，与他们学习动机等其他非智力因素的正相发挥有着很大的关系。心理健康状况良好，可以激发积极学习动机的产生，形成良好的情绪情感，坚定意志，促进积极个性的形成，进而对学生产生促进作用；反之，若心理健康状况不良，甚至有心理疾病，则会不同程度地影响非智力因素，妨碍大学生学习，阻碍大学生潜能的发挥，严重者甚至无法学习。

第二节　大学生学习心理问题及其调适

一、学习动机问题

动机是直接推动一个人进行行为活动的内部动力。学习动机就是激发个体进行学习活动，维持已引起的学习活动，并使行为朝向一定学习目标的一种内在的心理过程或内部心理状态。它具有三种功能：一是激活功能，即学习动机会促使人产生某种学习活动，激发个体产生某种学习行为，如大学生在学习动机的激发下到学校来求学；二是指向功能，即在学习动机的作用下，使个体的学习行为指向某一目标，如在学习动机的支配下，大学生上课会认真听讲，下课会到图书馆看书等；三是强化功能，即当学习活动产生以后，动机可以维持和调整学习活动，使学习行为维持一定的时间，并调节其强度、时间和方向。当个体活动指向既定目标时，个体相应的学习动机便得到强化，因而学习活动就会持续下去；相反，当活动背离既定目标时，个体相应的学习动机得不到强化，个体继续活动的积极性就会降低，甚至会导致活动的完全停止。

综上所述，学习动机在大学生学习过程中具有重要的作用，它一方面唤起了大学生对学习的准备状态，促进一些非智力因素如集中注意、坚持不懈以及挫折的忍受性等意志和情感方面的品质形成和提高，间接地促进了学习；另一方面，学习动机又可以作为一种学习结果，强化学习行为本身，促进“学习—动机—学习”的良性循环。需要注意的是，学习动机与学习效果的关系并不是一个正比关系，心理学界有名的耶尔克斯——道德森定律告诉我们：动机强度与学习效果之间的关系可以用一条倒U形曲线来描述，即中等程度的动机激起水平最有利于学习效果的提高。同时，该定律还指出最佳的动机激起水平与任务难度密切相关，任务较容易，最佳激起水平较高；任务难度中等，最佳动机激起水平也适中；任务越困难，最佳激起水平越低。因此，动机缺乏和动机过强，都会影响学习效果，带来一系列的心理问题。

典型案例

学习“没劲”，根源何在

李某，男，19岁，某工科大学二年级学生，优秀班集体班长。学习能力强、学习不吃力，但因所学专业与自己的志向不同，认为学了没用，所以学习“没劲”。

学生(李某)：老师，你说学习有用吗？

老师：现在学生中流行的说法是红路、黄路、黑路，请你分析一下哪条路不需要知识？

……

学生：确实都需要，没有哪条路不需要知识，可我学习就是没劲。为什么学？学什么？现在所学的每门课我不用上课，只需两三天就可考出较好成绩，剩下的时间没事可干，我就找朋友、同学聊天，有时一天要花10元钱，每月要花300元钱，现在就是聊天我也不感兴趣了。

老师：你最感兴趣的是什么？

学生：当警察，做侦探工作。我考大学时所有志愿都报公安学校，没想到录取工科院校学锅炉设计，真是一点办法也没有。(所学专业与自己的志向不同，是这个学生学习没劲的症结所在，咨询必须从此处着手)

老师：不是没办法。我这里就有两个办法。一个是退学重考，不是公安学校不去。你看怎么样？

学生：我也曾这样想过，可左思右想不行，还得在这儿继续学。

老师：另一个办法就是面对现实，所谓“既来之，则安之”。通过跟你交谈，我感到你这个人精力充沛，头脑聪明，有很强的社会交往能力，只要你努力，今后肯定会成就一番大事业。但你现在在学习、班级工作和社会交往上只是凭着一种自然的能力，或说是靠着自己的聪明实现的，并没有坚实的基础。比如你每门课用两三天时间考的成绩比学了一学期的人还好，可你考完两天就什么也不记得了，是不是？

学生：是。

老师：你要一直这样下去我看也很难成就大事，这是你不希望的，也是来咨询的主要原因吧。

学生:就是这样,老师你说我怎么办呢?

老师:你说今后不论从事什么工作都需要的知识是什么?

学生:外语和计算机。

老师:我很同意你的观点,咱们就以外语为突破口,制订一个学习计划好不好。

学生:好!

老师:咱们来定一个目标,近期目标是通过四级考试,远期目标是毕业前通过六级考试,并能听、说。你每天背五个单词,并练习听、说,你看行吗?

学生:行,我回去马上就开始。

老师:好,半个月以后请你再谈。

(引自:心理咨询培训网)

(一)学习动机缺乏

1. 学习动机缺乏的表现

(1)无明确的学习目标。这类学生在学习上既无长期目标,也无近期目标。没有前进的动力,认为在大学里只要每门功课能拿到60分,最后能拿到文凭就行了。表现在平时不愿意看书、不愿动脑筋、贪玩;学习上得过且过、拖拉、散漫、怕苦怕累,并常为自己学习上的懒惰行为找借口。

(2)无成就感。这类学生在学习上缺乏自尊心、自信心,没有求知的需要和激情。总认为自己就是学不好,认为自己天生就不行,对学习提不起兴趣,因而学习成绩搞不好也不觉得丢面子,成绩不及格也不在乎。在学习上不求进取,从不与别人比学习,也不羡慕学习好的同学。没有远大抱负和期望,认为人生苦短,要及时享受生活,何必苦苦学习。

(3)学习上注意力分散。这类学生注意力差,表现在平时不能专心看书,不能集中精力思考,兴趣容易转移;上课时不专心,不能集中思考问题,思路不能跟着教师走,人在课堂心在外;学习肤浅,常满足于一知半解;行动忽冷忽热,情绪忽高忽低。

(4)缺乏适宜的学习方法。这类学生由于学习方法不当,学习上一直处于被动、消极的状态。常把学习看成是奉命的、被迫的苦差事,不愿积极寻求适合自己的学习方法,只满足于死记硬背、应付考试。由于缺乏正确而灵活的学习方法,因而往往不能适应紧张、繁忙的学习生活。

(5)有厌学情绪。这类学生的学习态度不端正,对学习生活感到无聊,在学习中无精打采,很少能享受到学习成功带来的快乐。表现在平时不愿看书、不愿意上课、上课时也提不起精神、不愿意动脑筋、课后不做作业、不复习、对学习敷衍了事。

2. 学习动机不明确的原因

(1)社会原因。社会生活是影响学习动机的重要因素,其中对大学生学习动机影响最大的是社会价值观。如果整个社会崇尚知识和人才的价值,则对大学生的学习动机有积极的影响,反之,就不利于大学生良好学习动机的形成。伴随着经济形态的转型,在社会价值观念领域中也出现了一系列新观念、新思想,其中虽有促进大学生学习的新观念,但也有很多不利于大学生学习的观念,如拜金主义、分配不公、读书无用、知识贬值等。大学生如果对这些观念缺乏正确的认识,将影响大学生对知识的看法,导致学习动机不明确。

（2）学校原因。学校是育人的场所，也是大学生生活的最直接环境。学校的软硬件条件如校园环境、师资力量、教学设施、学风、校风、校规、校纪等，都会影响学生的学习动机。学校的环境不良、设备陈旧也将通过影响大学生的情绪而影响其学习动机；学风、校风不良，校规、校纪不严，容易形成不好的学习氛围而影响大学生的学习动机；师资水平不高，教学方式陈旧，教学内容落后，将不能激起大学生的学习兴趣，最终影响大学生学习动机。

（3）家庭原因。现在的大学生，大都是独生子女，虽然离开家庭来到学校，但家庭环境对学生学习动机仍然有直接的影响。大学生家庭的经济条件、父母亲的文化程度和对待子女的期望程度及教养方式等情况对大学生的学习动机都会产生不同程度的影响。

（4）个体原因。上大学是大学生独立人生的开始。学生本人的情绪、意志、态度、兴趣、经历、价值观及健康状态等都会对学习动机产生影响。一个对待学习有消极情绪，且学习意志薄弱的大学生，很难想像他会有强烈的学习动机。同样，一个对所学专业不感兴趣，抱有负面态度的大学生，也不会有强烈的学习动机。个人以往的学习经历中如果遭遇到太多次的失败与挫折，对待学习就会有痛苦和沮丧的情绪，挫伤学习自信心，导致学习动机减弱以至消退。个人的价值观和健康状态等因素对学习动机也有重要的影响，正确的价值观和健康的身心状态就会促进大学生产生积极的学习动机，反之，则不利于学习动机的形成。

3. 学习动机缺乏的调适

学习动机是推动学生进行学习活动的内在力量，学习动机发生问题，要根据其原因进行有针对性的调适。为此，可考虑从以下几方面入手：

（1）明确学习的目的和意义，确立合适的学习目标。很多情况下，大学生缺乏学习的积极性和主动性，是因为不知道学什么、为什么学和怎样学，即没有明确的学习目标。有研究表明，一个不知道学习的具体目的和意义的学生，是很难充分发挥其学习的积极主动性的。而当他明确了学习的具体目的和意义之后，就会产生一种强烈的学习愿望，推动他去积极主动地进行学习。对于没有明确学习目的和意义、没有学习目标的大学生，可考虑先确立一个切实可行的近景学习目标，目标的难度不应过高也不宜过低，以经过适当努力即可达到为宜，以后再逐步地提高目标的难度。这样做可以避免因目标难度过大、不能实现而产生的挫败情绪，有利于学习动机的激发。

（2）激发求知欲。孔子早在两千多年前就说过："知之者不如好知者。"爱因斯坦也说："热爱是最好的老师。"如果大学生喜欢自己的专业，就会产生一种内在的学习驱动力，因此培养对本专业稳定的学习兴趣，对学习动机的激发和心理健康都将十分有利。大学生对专业兴趣的培养可以通过听讲座、看相关专业书籍、参加本专业的讨论等形式去了解自己的专业在科技发展中的重要作用及其在当今世界上的发展水平，我国目前还需要做哪些努力才能达到世界水平等。另外，大学生还可以通过参观专业对口的工厂、企业、研究所、医院、学校等，真切体会专业学习的重要性，有助于大学生提高学习兴趣，热爱专业，产生学习动力，认真学习。

（3）进行正确归因。归因是对他人或自己的学习结果的原因做出解释或推测的过程。有相当一部分学习动机缺乏的大学生是由于学习上遭到失败和挫折后，进行了不正确的归因所造成的。因此，鼓励并帮助学生建立一种正确的成败归因模式，将能促进学习动机的端正和学习成绩的提高。大学生良好的归因训练模式可采用如下两种方法：第一，团体发展法。大学生可以自己组织 3～5 人在一起分析讨论学习成败的原因，每个人填写归因量表，即从一些常见的原因(能力、努力程度、任务难易、同伴帮助等)中选出与自己的学习成绩关系最大的因素，并且评价这些因素所起的作用。同学间可相互指出自我评定中存在的归因误差，并且相互鼓励，选出比较符合实际的积极归因。第二，观察学习法。从其他同学成功和失败的现身说法中，深刻体会到成功和失败的原因归之于自身努力。树立"只有努力才有可能成功，不努力注定要失败"的信念。另外，要避免产生"成功只取决于努力"这种不现实的认识，既要正确评价自身能力，同时又要认识到努力对成功的巨大作用。

(4) 激发学习的成功感。在大学生动机形成过程中，重要的是对自己能力的信念，认为自己有能力获得成功，这种能力的信念将直接影响他们的学习行为。因此，培养大学生的学习成功感，对于学习动机的激发有重要的意义。要培养学习成功感，从学生来说，可以在学习过程中创设成功的机会，在自身的进步中体验成功的喜悦，并从自身的变化中认识自己的能力。另外，还可以通过观察与自己能力相近者获得成功的行为，来激发自信心，增强成功感。从教师来说，虽然众所周知学习效果是客观的，对它的评定要遵循一定的客观标准，但是大学生对它的感觉却有一定的主观性。因此，教师应掌握评分的艺术，使学生保持学习上的成功感。具体来说要做到：第一，评价学生学业成绩时要依据个人的个体差异进行评分，使每个学生都体验到成功。第二，作业任务要难度适当，经过努力是可以完成的。否则总不能完成，学生就会失去信心，产生失败感。第三，作业任务应由易到难出现，使学生不断获得成功感。第四，加强对学习的指导，使学生掌握扎实的基础知识和基本技能，使学生在解决问题中获得真正的成功感。

(5) 掌握良好的学习方法。学习方法不当会使学习效果不佳，长期学习效果不佳，会使学习动机减弱以致动机消退。要始终维持学习动机在较高的水平，就必须掌握一套良好的、适合于自己的学习方法(详见本章第三节)。

(6) 积极创设有利于学习的氛围。良好的学习氛围和学习环境是激发学习动机、促进学习的外部条件。外部环境主要包括家庭环境、学校环境和社会环境。首先，要致力于创造一个良好的大环境，发挥知识和人才在现代化建设中的重要作用，提高知识分子和科技工作者的社会地位和生活待遇，使整个社会尊重知识、尊重人才，这当然需要社会的努力才能实现。其次，要有一个好的学校环境，包括学校的硬环境和软环境。学校的教学设备条件、教师的水平、教改的成效以及校风、学风和优良的校园文化环境，对大学生的学习都有很大影响。一个具有良好校风的学校环境和一个好学上进、温暖融洽的班集体，都能对发展学生的学习动机起直接或间接的影响作用。

(二) 学习动机过强

1. 学习动机过强的表现

(1) 自我期望值过高。这类学生由于缺乏对自身各方面素质的全面认识和外界客观条件的认识，为自己所确立的抱负与期望远远超过了自己的实际水平，目标过高，成就欲望过于强烈，形成了只能胜利，不能失败的单项定势心理。可是自己的水平和能力又达不到目标的要求，从而造成失败。失败的体验又挫伤了自尊心、自信心，严重的会产生自卑、压抑等心理问题，影响了学习效果。

（2）学习过于勤奋。学习动机过强的学生往往把学习看成是至高无上的，把时间全部用在学习上，从不或很少将时间花在娱乐或文体活动中，认为时间不用在学习上就是一种浪费。他们在学习上不怕苦、不怕累，对待学习到了废寝忘食的地步，把全部的心思都用在了学习上。如此长久下去，将会影响一个人正常人格的发展，影响身心健康，不利于个人发展。

（3）有强烈的争强好胜心理。学习动机过强的学生常把分数和名次放在很重要的位置上，争强好胜，在每次考试或竞赛中总想取得第一名，害怕失败。他们很想得到老师、长辈或亲朋好友的肯定与表扬，惟恐失败而被人看不起。看到别人超过自己就不高兴，嫉妒心强。

（4）精神紧张。学习动机过强的学生由于长时间超负荷学习，压力巨大而导致心理脆弱，情绪上难以松弛，常伴随着学习焦虑和考试焦虑现象。精神紧张易引起学习过程中注意力不能集中、记忆力下降、思维迟钝等问题，从而造成学习效率低下。久而久之还容易产生头痛、头昏、耳鸣、心悸、胃肠不好、失眠多梦等许多心身疾病。可见，对于学习动机过强的学生来说，学习同样是一件苦差事，而不是一种乐趣。学习动机过强并不一定就能学好。

（5）对自己要求过严，容易产生自责。学习动机过强的学生追求的是学习上的高目标，对自己的要求是只能胜利，不能失败，这样就容易产生挫折感。他们往往容不下自己的失败与挫折，一旦没有达到自己设置的目标，就会责备自己，并给自己施加更大的压力，期望下次获得成功。他们通常不满意自己的现状，总觉得自己应该做得更好，即使成功也并不能带来多少喜悦。

2. 学习动机过强的原因

（1）学习目标设置过高。学习目标是激发学习动机不可缺少的因素之一，不可否认一个没有学习目标的学生，很难有高涨的学习热情。然而，如果学习目标定得太高，超越了自身的条件和现实状况，使得目标实现的概率在可能的范围之外，就可能造成学习动机过强，导致对自己过于严格、过于苛刻。

（2）不恰当的认知模式。努力学习是取得成功的必要条件之一，这是毋庸置疑的。但是，有的大学生把努力学习看成是取得成功的惟一条件，错误地认为“只要我努力，我就能获得成功”。这种认知模式就是大学生产生动机过强的基础，容易使他们在现实学习生活中，不顾自身及现实的客观条件，为了一个不太可能实现的目标盲目努力，却始终尝不到成功的喜悦，对身心造成一定的伤害。任何成功都与自身能力和环境因素有关，努力是成功的必要条件，但不是惟一条件。正确的认知模式应该是：“只有努力才有可能成功”，或者“努力＋能力＋环境＝成功”。

（3）他人不适当的强化。我国的社会文化倾向于赞扬那些发奋者，几千年来的封建意识都强调苦读终能成大器，大多数人会更支持那些动机过强者，称赞他们学习劲头足、刻苦、有志向，并期望他们做得更好。这样就让学习动机过强的大学生很容易受到来自家庭、学校、社会的肯定和支持，对他们进行了不适当的强化，使他们看不到动机过强的危害，反而使他们对自己要求更严，过于苛刻，等到造成心身障碍时，已陷得过深，难以自拔。

（4）个体原因。学习动机过强，还与一个人的性格特征有密切的关系，如具有做事过于认真、追求完美、好强固执等性格特征的大学生就极易形成过强的学习动机。个人性格的形成一方面与个体的遗传因素有关，另一方面也与个体的成长经历、成长环境有关。在儿童性格形成的初期，如果家庭教养过于严厉，父母对孩子的期望值过高，往往易使子女形成争强好胜的性格特征，导致日后学习动机过强。

3. 学习动机过强的调适

（1）加强自我认识。学习动机过强，往往来自于对自己的过高估计，并由此造成在学习行动中对自己过分苛求，带来身心的伤害。因此要解决动机过强的问题，首先对自己的能力和水平要有一个客观的评价，正确认识自我，制定理想、抱负时要在自己能力所及的范围内，既不要好高骛远，又不要盲目攀比、操之过急。

（2）科学地制定目标。制定目标时要与自己所具备的条件及实际环境结合起来，目标要分阶段、分步骤、循序渐进，不能只有远景的大目标，而没有近景的阶段目标。做任何事情都应脚踏实地，一步一个脚印，学习也不例外。还需注意的是目标的制定一定要在自己能力所及范围之内，目标要清晰、具体，具有可操作性，是经过努力能够实现的，切勿把目标定得过高、过于模糊，难以操作，否则易造成学习动机过强，影响学习效果和身心健康。

（3）将关注点聚焦在学习活动之中。学习动机过强的学生往往过分注重长辈、老师及周围的同学对自己的看法，使得学习中压力过大，患得患失。因此对于这样的学生要注意教育他们把关注点聚焦在如何学会学习，学会了多少知识，而决不能以成绩来评定胜负，要淡化名利得失，不要总在设想成败的后果，增强他们的抗挫折能力。

（4）营造一个宽松的学习氛围。学习动机过强，不是一朝一夕形成的，它伴随着学生的成长有一个形成过程。在这个过程中，环境的影响起着很大的作用，因此父母、教师、社会应尽量为学生营造一个宽松的学习氛围，细心观察学生的言行，以窥测学生的心理，及时依据各人的不同情况给予正确的引导，让他们从小以正确的态度对待学习，对待学习评价。

典型案例

一次只做一件事情

有一位钢铁公司的老板一直苦恼于工作效率不高，便找到了管理学家艾比·李。李为他做了如下建议："首先，在纸上写出你明天所要做的六件事，依顺序编号，放入口袋。第二天，将第一号工作做好。然后，依次进行第二、第三……项工作，直到下班。此间，不要计较每件事是否做得完美，因为你目前做的是最为重要的工作，先不要想其他的事情。"在他看来，如果这种方法都不能将工作全部完成，其他方法大概也没有多大效用。后来，他的这个"一次只做一件事情"的建议成为家喻户晓的管理学原理。

二、学习焦虑

学习焦虑是人的一种情绪状态，是个体由于不能达到预期的学习目标或不能克服学习上的困难而使自信心受到挫伤，或者使失败感和内疚感增加而形成的一种紧张不安、带有恐惧的情绪状态。人的焦虑情绪有高、中、低程度的不同，焦虑程度过高或过低都对学习有不利的影响，只有适中的焦虑程度，才有利于提高学习效率。

对于大学生来讲无论是学习环境，还是学习内容、学习方法、学习目标等方面都发生了较大的变化。部分大学生难以适应这一变化，因此学习焦虑的问题是比较常见的，尤其是个性较敏感，性情急躁的大学生更容易陷入这种焦虑状态。而大学生长期处于较高的焦虑水平，对于学习效率和效果将有很大的负面影响，严重的还将影响他们的身心健康。

（一）学习焦虑的表现

处于严重学习焦虑状态下的大学生，由于精神过于紧张，顾虑的问题较多，常表现为在学习上注意力涣散、记忆力减退、思维混乱、烦躁、易怒等。严重的还常伴有头晕、头痛、忧虑等现象，影响了身心健康。

处于严重焦虑状态下的大学生在多次努力学习无果的情况下，往往采用回避和退缩的方式消极对待学习，过早地放弃努力。但这样做反而不能取得应有的成绩，学习每况愈下，自责感不断增加，心理压力更大，进一步增加焦虑，形成恶性循环，引起行为上的进一步混乱、盲动，以致发生心理疾病。

学习焦虑的突出表现是考试焦虑，即在临考前或临考时产生紧张与恐惧的情绪状态。考试焦虑表现在临考前神情紧张、忧虑，在临考时肌肉紧张、心跳加快、血压上升、手足发凉、注意力不集中、思维僵化、记忆力下降，原本熟悉的材料这时也因过度紧张而回忆不起来，严重时还会出现“晕场”的现象。有研究表明，我国大学生中，考试焦虑水平较高的人数达20%之多。

典型案例

为什么会惧怕考试

在我们学校的咨询室里曾经收到了这样一篇求助的信件：

您好！我是一名大学一年级的学生，不知道为什么我总是在临考试前感到莫名的恐惧，尽管此前我已经努力的学习了！而且这种恐惧感经常伴随着我，每每一到考试周我就会陷入苦闷的境地。而在每次考试中这种心理都会使我的成绩大打折扣，甚至使我考得很糟糕！真令我伤神啊！有时候我都有些怀疑我是不是智商有问题！

心理医生回复如下：你不是智商有问题，而是心理素质差。为什么心理素质差？就是特放不开，惧怕失败。

美国有个心理学博士，他治疗考试焦虑方法是让考生听一种磁带，磁带的内容是讲述因为考试题做不出来而痛苦万分的考生们的各种动作、表情，或者收录了一些父母斥责考试失败的怒骂声。有趣的是听磁带时这些考生都很不安，但随后不久他们反而轻松多了。这说明很多人的严重焦虑情绪，都是把失败的后果和情景在想像中无意夸大了。如果事先体验一下，心里先垫垫底儿，就可获得一种“不过如此”的心理镇定。

在一次高考应试的心理咨询上，一位考生问我：“我老为这次考试可能失败而特别紧张怎么办?”我马上反问她：“你为什么不多问问自己，怎样才能使这次考试取得成功?”听后她若有所悟地笑了。

在现实生活中，我们常常为某一人生的难题所困扰，以致苦思冥想也不得其解。殊不知，这往往是因为我们自己一开始便替问题定下了一个狭窄的乃至错误的解决方向，这样好比钻进了死胡同，所费力气越多，迷惘困惑也就越大。

人在其动机体系中存在着两种不同的倾向，一种是追求成功的需要，它驱使我们去追求成就；另一种是避免失败的需要，它迫使我们躲避那些与竞争和成败有关的情境和任务。前者好胜心和表现欲强，着力追求成功并为自己不断制造机会；而后者却尽力回避一切与成败输赢有关的情境与任务，总处于一种对失败的忧虑之中。人格心理学家称之为“求败性格”。

世界优秀的高尔夫球运动员尼格拉斯说过这么一段耐人寻味的话：“人的精神世界可以看成只有一升的容量，胜者时常留心的是里面装着积极的思考。他们每天思考的是如何正确而出色地打出那些球。若说平常人之所以成为平常人，那是因为他们在只有一升的容器里，至少装入了一半的怀疑。他们不是想怎样打好那个球，而是想怎样打才能不失败。”

（引自：中国心理咨询网）

（二）学习焦虑的原因

1. 外部因素

（1）学业压力。大学的学习科目较中学有了很大的增加，学习的难度加大，速度加快，学习方式方法也有所改变。这要求大学生及时跟上变化，调整自己的学习方法，合理科学安排学习时间，紧跟教师的教学步伐。否则由于没掌握的知识不断累积，学习压力会很大。

（2）考试压力。考试压力主要来自部分大学生对考试的意义估价过高，认为考试成绩不好，影响个人在班级的威信，脸上无光；甚至有的认为考试成绩不好会影响教师对自己的看法与信任，影响毕业时择业的条件等。另外，对考试结果期望值过高，提心吊胆，害怕失败，也是造成考试压力的一个重要因素。

（3）来自周围环境的压力。大学生生活在人类社会中，就必然要受到来自社会大环境与小环境的学习压力。这些压力包括来自同学间的竞争压力；来自家长的“望子成龙，望女成凤”的压力；来自教师的压力，如教师对学生提出过高要求，对没达到要求的学生批评严厉，使学生产生一种对任课教师的恐惧感；来自学校的压力，如学校对学生提出一些要求，要求其在毕业前拿到某些等级证书，对拿不到证书的同学采取不发毕业证书等相应的处罚，使学生对相应考试产生恐惧；来自社会的压力，如就业压力，迫使大学生要取得好成绩，以增强日后的择业竞争实力。

2. 内部因素

（1）自信心不足，总认为自己的智力、能力、基础不如别人。

（2）成就动机过强，迫切希望取得好成绩并且超过他人。

（3）对以前考试失败和挫折的体验太深刻，以致遇到考试就产生害怕、恐惧心理。

（4）兴趣爱好过于单一。

（5）不擅长交往，自我封闭。

（三）学习焦虑的调适

（1）任何事物的产生都有其起因，大学生应学会冷静分析造成焦虑的主观和客观原因，针对原因找出缓解焦虑的方法，绝不能采取回避现实的态度，放任焦虑的发展。对于自己无法找出原因的同学可到心理咨询机构去寻求专业的帮助。

(2) 正确认识和评价自己的能力，确立切合自身实际的学习目标，不能把学习名次看得过重。要知道，能不断超越自我，不断地进步，也是一种成功。

(3) 调整适应大学学习的学习方式，尽快摸索总结一套适合自己的学习方法，注意劳逸结合，提高学习效率，掌握学习的主动权，尽快适应大学的学习生活。

(4) 培养广泛的兴趣，正确处理学习活动与其他活动的关系，适当转移注意力，降低焦虑水平。

(5) 保持适度的自尊心，降低对胜败的敏感度，同时，也要增强自信和毅力，不怕困难和失败，保持情绪的稳定。

如何应对考试焦虑

考试焦虑是一种“高度唤起”和“过度担心”的心理状态，让人感到浑身不自在、紧张、出汗、心怦怦跳。这种担心和唤起的混合作用容易让人心烦意乱，思绪纷杂而分散了考试的注意力。以下是心理学家在研究中提出的应对考试焦虑的一些成功方法，可供我们参考。

(1) 充分准备。很多考试焦虑的学生是因为没有很好复习功课，着手太晚。因此，应对考试焦虑直接的方法，就是在考试前努力搞好复习。另一个方法是在考期到来之前进行适当的过度学习，把知识掌握牢固。准备充分的学生一般考分高，焦虑少，不过度紧张。一些学生在学习中缺乏技巧，对他们来说，提高学习技巧将是克服考试焦虑的一个有效方法。

(2) 学会放松。放松是降低考试焦虑的一个方法。如果能从别人那里得到情感上的支持，那么参加考试时的焦虑程度也会降低。因此，你不妨在考试之前和你的老师谈一谈有关问题，与朋友或同宿舍的室友一起准备考试，这些都会对你有所帮助。

(3) 考前演练。如果你在考前认真演练一下，做一次模拟，将是降低考试焦虑的一种好方法。在演练前，先想像你自己一头雾水，考试超时，或者感到恐慌，然后平静地计划自己如何应付每一种场面，如何把注意力集中在任务上，如何一次只集中解决一个问题等等。

(4) 改变认识。考试焦虑的主要原因是担心自己考不好，所以改变那种自我破坏的思考方式可能是最好的解决办法。如果你把考试焦虑中困扰自己的想法或烦恼列一个清单，然后就可以针对清单中的每一个问题，学习运用冷静和理智的回答来战胜自己的担忧。例如考生可能会想：“如果我在这次考试中考砸了，所有的同学都认为我是个笨蛋。”通过对认识的重新建构，这位学生可以这样想：“如果我准备充分，并能控制我的情绪，我一定会通过这次考试。即使我不能通过考试，这也不是世界末日，我的朋友仍然会喜欢我；而且我在下次考试中还有机会。”不论考试有多难，那些善于应付考试的人，总是采取一种现实的态度，自己尽力而为，同时也不抱幻想。

通过运用以上方法，大部分学生都能够有效地降低考试中的焦虑水平。

三、学习畏难

畏，是害怕、恐惧的意思，它是个体企图摆脱、逃避某种情境时产生的情绪体验；难，是困难，挫折的意思，它是个体从事有目的的活动受到阻碍或干扰，以致其动机不能得到满足时产生的情绪波动和心理防御的过程。大学生学习畏难是在学习活动中遇到了某些阻碍和干扰，使得学习的需要难以满足，于是产生了害怕学习的现象，进而产生某些逃避学习的行为。

（一）大学生学习畏难的表现

1. 逃避学习环境

有些大学生在学习上遇到困难或挫折后，片面地认为自己再怎么努力也是没有用的。于是变得对学习漫不经心，得过且过，转而把大量的精力用在了与学习无关的活动中去，如娱乐活动、谈朋友等方面。大学生这种逃离学习环境的行为，在一段时期内，对畏难情绪的缓解可能会起到一定的效果，但是学习毕竟是大学生的主要任务，学习的重要性在大学生生活的现实及在大学生的潜意识中会不断地以各种形式显现出来，提醒大学生要好好学习。这样大学生就很容易陷入逃避学习与需要学习的矛盾之中，造成学习畏难情绪的进一步加深。

2. 好幻想

有些大学生学习不好或遇到考试失败等挫折后，常以幻想的方式来排解当前消极的情绪。他们往往跳过努力学习的过程，幻想有一天学习成功了，他们将得到家长和教师等长辈的赞许，周围同学的认同，将来有可能走上好的工作岗位的愉快景象。这种幻想可能会使他们鼓起勇气，努力学习，但是如果总是沉浸于幻想之中，不去面对现实，会使他们难以接受学习过程的艰辛，以致最终不能适应学习生活。

3. 找借口

有些大学生每到考试时就会生病，他们中的一部分人是由于对学习有畏难情绪，害怕失败，精神紧张过度，不自觉地将心理上的困难转换成为身体方面的症状，为自己日后考试的失败找借口。另一部分人可能并没有生病，但同样由于害怕考试的失败，推说自己生了病，借以逃脱他人对自己学习不好的责备，而维护自我的尊严。

4. 封闭学习

一些对学习有畏难心理的同学还经常表现出对一切有关学习的事情自我封闭。他们往往不愿意与人谈起自己的学习情况，降低自己的学习要求，出现逃课，见到教师就“头痛”的现象。

（二）大学生学习畏难的原因

1. 学习任务较重

大学的学习任务与中学的学习任务相比，加重了许多。表现在：

（1）学习的课程增多。不仅有基础课，还有专业课，另外还有相当一部分的选修课。

（2）难度加大。大学的学习不再像中学学习那样，学习的都是一些已公认的基础知识。大学的学习内容有很大一部分是专业的前沿知识，有很强的不确定性，要学生自己去辨别、去分析，有一定的难度。

（3）要求高。大学是面向社会培养有用的人才，因此对大学生的要求要明显高于中学生。要求他们不仅要掌握知识，还要很好地运用知识，更要求他们有一定的创新能力，这样的学习任务不是轻松就能完成的。

2. 对自己的认识不足

一些大学生对自己的能力与各方面素质进行了过高的估价，于是盲目地给自己订立了过高的目标，其结果当然是实现不了。而一次次的挫折、失败，自然给他们带来了不小的打击，使他们在学习上产生了畏难心理。

3. 学习方法不当

一些大学生在进入大学后，没能很好地调整自己的学习方法，仍沿用中学时的学习方法，这与大学的学习要求是不相匹配的。正是由于学习方法不当，使得这些大学生虽然平时很努力，但最终仍会遭遇失败。

（三）学习畏难的调适

1. 正确对待学习上存在的困难

学习上存在困难并不可怕，可怕的是对困难不能正确地认识，进而不能很好地对待，使困难得不到解决。正确认识学习上存在的困难是解决学习问题的关键所在，而正确地对待困难，及时有效地解决问题可以防止学习畏难心理的产生。大学生学习上的困难大多是由于不适应大学的学习节奏，未能找到合适的学习方法而造成的。因而了解大学学习的性质、特点，探索一套新的、适合自己的学习方法是克服畏难心理的有效途径。

2. 改变不良认知方式

畏难心理的产生在很大程度上是由于大学生对学习困难的认知引起的，或者说是由大学生认知方面的偏差引起的。如有的学生一次考试失败，就认为自己能力不行，学不好；有的大学生在中学阶段学习一直很好，可是进入大学后，由于一时的不适应，造成学习上的滑坡，因而对自己的学习能力产生怀疑，开始害怕学习；还有的同学把学习中的一些小失败、小挫折想像得非常可怕，认为自己能力不行，学不下去，毕不了业，找不到工作，人生没前途，生命没价值等。可见，改变学生的不良认知方式，纠正错误的观念，实事求是地评价学习中出现的各种困难，从困难中看到希望，有利于克服学习畏难心理。

3. 勇于面对困难

最大的恐惧就是恐惧本身。当对某事物感到恐惧时反而去接近它，有利于克服恐惧心理。为了克服学习上的畏难心理，应主动地投入到学习活动中去，但是投入学习的过程要有一定的策略，应从简单的学习活动开始，有计划、有步骤地展开学习活动，由易到难，在不断尝到成功喜悦的同时，消除学习畏难情绪，最终把握学习活动。

4. 优化自身的人格品质

学习上出现畏难心理与人格特征有一定的关系。性情急躁、心胸狭窄、意志薄弱、缺乏自知之明的人更容易在学习上产生畏难心理。因此大学生应主动对自己的人格特征进行反思,有意识地培养自己良好的人格品质。学习的路途是坎坷的,只有乐观自信、自强不息、顽强拼搏的人,才能达到光辉的顶点。

四、学习疲劳

学习疲劳是因学习强度过大,学习时间过长,让人在生理和心理上产生劳累感,使学习效率下降,并渴望终止学习活动的生理和心理现象。学习疲劳是一种保护性抑制,一般来说,经过适当的休息即可得到恢复,对大学生的身心发展不会造成什么影响。但如果长期处于疲劳状态,就会导致大脑兴奋和抑制过程的失调,严重的还会引起神经衰弱等疾病,并可能引发身体器官的病变,严重影响大学生的学习。

(一)大学生学习疲劳的表现

1. 生理疲劳的表现

大学生在学习时间、强度等方面的过度造成的生理疲劳主要表现为肌肉痉挛、麻木、眼球发酸、头脑发胀、腰酸背疼、动作不准确、僵硬,打瞌睡等反应。

2. 心理疲劳的表现

大学生学习用脑过度,造成的学习心理疲劳主要表现为注意力分散,思维迟钝,情绪易躁动、忧郁、易怒,学习效率下降,学习错误增多,对学习易产生厌烦情绪。

(二)大学生学习疲劳的原因

1. 生理疲劳的原因

大学生生理疲劳主要是在学习活动中,由于学习压力过大,学习时间过长,不注意劳逸结合,睡眠时间不足,不注意用脑卫生和用眼卫生等原因,造成生理疲劳现象。长时间的生理疲劳对大学生的学习易造成不良影响,最终有可能出现学习上的心理疲劳,影响其身心健康。

2. 心理疲劳的原因

大学生心理疲劳的原因是多方面的,除了因长期学习生理疲劳而造成的心理疲劳外,还有因学习内容单调、难度过大、学习过于紧张而造成脑神经持续处于高度紧张状态,对学习缺乏兴趣;或是受到其他因素的干扰,如家庭经济问题、思想问题等原因造成心理疲劳。

(三)大学生学习疲劳的调适

1. 科学用脑

大脑是人体一切活动的中心,自然也是学习活动的中心。学习活动持续时间过长,就会影响大脑活动的正常运转,引起疲劳。因此科学用脑,保证大脑的清醒状态,是缓解学习疲劳的有效方法之一。科学用脑,首先从生理上要做到饮食合理,给大脑以充分的营养,保证其功能的正常发挥。其次,在学习时要根据不同的学习内容,合理安排用脑时间。大脑有左右两半球，左半球主要与抽象的思维活动有关，右半球主要与形象思维活动有关，而大脑的各个半球又可以分成若干区域，不同的区域分别司管着不同的人体功能。因此我们应使大脑皮质兴奋与抑制区域不断轮换，轮流休息，动静结合，这样有利于大脑皮质保持较长时间的学习工作能力，防止学习疲劳。最后，要注意不能用脑过度，不要等到“脑袋麻木”了才停止学习和工作，否则极易引起大脑损伤，进而诱发各种身心疾病。

2. 劳逸结合

不会休息的人就不会工作，同样，休息好是为了更好地学习，因此大学生要学会劳逸结合，才能更有效地预防学习疲劳的发生。要做到劳逸结合，首先要做到按时睡觉，保证睡眠的充足。其次要养成良好的生活习惯，安排好学习和休息的时间。做到学习时专心致志，提高效率；休息时大脑放松，安心休养。学习与休息时间的安排应顺应人体生物钟的节律变化，而这一变化规律又会因地因人而有所不同，因此大学生应研究自己身体机能工作的规律，合理安排学习与休息的时间。最后，在平时要注意加强体育锻炼，使脑力劳动和体力劳动交替进行，它可以改善血液循环，有利于消除大脑和肌体的疲劳。

3. 创设良好的学习情境

学习情境对人的心境有很大的影响，有研究表明，良好的学习环境可使大学生在学习活动中身心舒畅，提高学习效率；而在嘈杂、脏乱的学习环境中，可能引起心烦意乱，焦躁不安。因此，大学生在学习时应尽可能地为自己创造一个良好的学习情境，避免身心疲劳的发生。

4. 培养学习兴趣

对学习感兴趣，可以使大学生在学习时心情愉快，长时间学习而不知疲倦。反之，对学习不感兴趣，就会感到学习的内容枯燥、学不进去，很快就会进入疲劳状态。可见，大学生有意识地培养自己学习的兴趣，有利于避免学习疲劳的产生。

五、注意力不集中

注意力是心理活动对一定对象的选择和集中。注意是人的各种心理过程正常进行的保证，可以说没有注意，人的各种心理活动将很难进行。同样，大学生的学习活动也离不开注意，注意力差的学生易出现学习效率低下，学习成绩不良的现象。

（一）注意力不集中的表现

1. 容易走神

学习时注意力不集中的大学生，常在学习时不能有效控制自己的心理活动，想一些与学习毫无关系的事情，思维远离当前的学习活动，且不易收回。

2. 易受干扰

注意力不集中的大学生，在学习时很容易被外界无关刺激所吸引，有时甚至是很微弱的刺激，也能引起他们注意力的分散，偏离当前的学习活动。

3. 无关动作增多

注意力不集中的大学生，在学习时往往伴随着一些与学习无关的动作，如说话、东张西望、玩弄手指、摆弄笔杆、摸东翻西等，始终不能把注意力维持在学习上。

4. 效率低下

注意力不集中的大学生学习效率是很低的，他们通常给人的印象是花在学习上的时间很多，却见不到成效。如有的同学一个晚上都在看书，可是可能一页书都没有看完。

（二）注意力不集中的原因

1. 学习目的和任务不明确

人是有目的的动物，没有目的，劲就不知往何处使，更谈不上注意力的集中。同样，当大学生对学习目的不明确时，他们也很难长久地将注意力集中在学习内容上，从而出现分心现象。但是如果只有目的，而没有具体的学习任务，那么，学生在每一次具体学习时，可能会因缺乏必要的紧张度而容易走神。

2. 对所学专业不感兴趣

兴趣是引起注意的重要原因。有的大学生对自己所学的专业并不感兴趣，学习总是处于一种被动状态，形成过得去就行的心态，自然学习的注意力难以集中。

3. 不适应大学的学习方法

由于大学教育、教学方法的改变，大学生的学习方法与中学生的学习方法有了明显的不同。一些不适应大学教育方法的同学下课之后不知如何组织复习，并在没有督促、没有压力的情况下，管不住自己，光想玩，自然学习的注意力难以集中。

4. 学习环境不良

不良的学习环境对注意力也有一定的影响，如学习时周围噪音过强，学习环境杂乱、污浊，环境过于空旷冷清等，都易使注意力分散，影响学习效率。

5. 个体心理因素的影响

大学生由于过度的疲劳和焦虑，也容易导致注意力不集中。长时间的用脑，不注意劳逸结合，不讲究学习方法，会使大脑产生抑制，造成注意力分散。另外，如果大学生过度地焦虑，总是担心学习成绩不好，别人如何评价自己等问题，势必将学习的注意力引向这些焦虑点，而不能很好地集中在学习内容和学习过程中，引起注意力的分散，影响学习效果。

（三）注意力不集中的调适

1. 明确学习目标、规定任务

大学生在学习前应根据自己的条件，为自己确立一个适当的目标，并依据目标制定详细的学习计划。每次学习时都应有具体的学习任务，要带着任务和问题进行学习。这样学习才有动力，才不易分心。

2. 激发学习兴趣

大学新生入学后，学校应对各专业前景、发展方向做一些介绍，培养大学生对本专业的兴趣，促进他们将注意力集中在学习上。

3. 寻找科学学习方法

新大学生在入学之初，可能对大学的教育教学方法不适应，教师应及时地对他们进行教育，使他们明白大学教学与中学教学的区别，帮助他们尽快总结出一套适应大学教学并与个人自身条件相适应的科学学习方法，把课后的时间充分利用起来。

4. 选择环境，排除干扰

由于每个人的心理特征不同，个人所喜好的学习环境也不同。如有的人必须在绝对安静的环境下，才能集中注意力，而有的人在轻柔的乐曲声中更能集中注意力。因此，大学生可以根据个人不同情况，选择适合于自己的学习环境。大学生大多过着集体生活，有时在无法选择环境、干扰无法排除时，就需要有与干扰做斗争的自制力。

5. 劳逸结合，张弛有度

要科学地安排作息时间，适当地休息或进行体育活动，防止过度疲劳。同时，要消除焦虑、紧张情绪，保持平和愉快的心境。

6. 学会运用思维阻断法

注意力不集中的学生在学习时常会胡思乱想，及时阻止这种纷乱的思绪对于提高学习效率大有益处。当纷乱思想出现时，一种方法是听一些柔和的音乐，使大脑放松下来；另一种方法可采用把眼睛闭上，反复握拳、松开，使肌肉收缩，并同时对自己说“停”，如此反复数次，有助于集中注意力。

六、记忆力差

记忆是过去的经验在人脑中的反映。人对客观事物的认识，虽然是从感知开始的，但是如果没有记忆的参与，就不能把其感知的一切保留下来，不能积累知识和经验。良好的记忆力应具有四个品质，即识记的敏捷性、保持的持久性、记忆的精确性和信息提取的及时性。记忆力差就是因为这四个品质中的一个或几个表现差，带来了记忆的问题，影响到大学生的学习效果。

（一）记忆力差的表现

1. 识记速度慢

表现为学习时经过多次重复仍感到难以记住学习内容。

2. 保持时间短

表现为“记性好，忘性大”，识记的东西保持不久，容易遗忘。

3. 记忆不精确

记忆不精确是大学生记忆力差的又一表现，表现为凡事只记住一个大概，只有模糊的印象，经常似是而非，出现错漏。看到书时好像都记住了，等到考试或要用时，才发现很多记忆都不完全，或是记错了。

4. 信息提取有障碍

记忆信息的提取，是指大学生根据当前任务的需要，把需要运用的知识信息从记忆中提取出来，它是使知识运用于实际的重要品质。大学生在需要运用知识的时候，如果不能顺利地从记忆系统中提取信息，不能使已保持的信息运用于实际，就会表现出记忆力差。

（二）记忆力差的原因

1. 病理性原因

脑退化或损伤、中枢神经系统受到感染或中毒、脑部受到重击、神经衰弱等都会导致记忆障碍。当然记忆力差也是神经衰弱的重要症状。

2. 非病理性原因

(1) 记忆动机不强。大学生学习的目的不明确、学习动机不纯、学习兴趣不浓厚、对学习缺乏积极主动性，使大脑皮层不活跃，甚至处于抑制状态，从而导致记忆力差。

(2) 记忆方法不当。满足于死记硬背、被动复习，没有一套适合于自己而又行之有效的记忆方法。

(3) 过度疲劳，情绪紧张。长时间单调地学习使大脑相应功能区域处于疲劳状态和抑制失衡，产生保护性抑制，从而降低记忆效率。情绪过分紧张、焦虑导致大脑皮层机能失调，降低记忆能力。有的大学生临考回忆困难，甚至头脑中一片空白，越急越想不出来，而出了考场又都记起来了，这主要是情绪紧张所引起的记忆提取困难。

（三）记忆力差的调适

对于病理性原因造成的记忆力差，则需要去医院诊断，在这里不做讨论。对于非病理原因造成的记忆力差，首先要明确学习的目标，激发学习动机。其次，要增强记忆信心。最后，要掌握一套适合自己的记忆方法。具体的记忆方法有以下几个方面：

1. 记忆材料要系统化

在识记过程中，要尽可能地将记忆材料系统化。要培养大学生发现材料之间相互关系的能力，对内容相似的材料采取比较记忆；对于内容间有联系的材料采取整体记忆，而不要把这些材料分开记忆，因为支离破碎的材料在记忆中不易贮存。

2. 在理解的基础上记忆

有研究表明，基于对识记材料理解基础上的意义记忆要比基于简单重复而不理解材料意义基础上的机械记忆效果要好得多。因此，在记忆时，对于有意义的材料，一定要在理解的基础上记忆，避免死记硬背。而对于识记内容本身没有什么意义联系时，如出生年月、电话号码、人名地名等，则仍要机械识记。但这时可以人为地赋予这些无意义材料以一定的意义，使枯燥无味的材料变为生动有趣的材料。如 3.1415926(π)，可以趣化为“山顶一寺一壶酒和肉”，1818.5.5(马克思出生)可以趣化为“一巴掌一巴掌打得呜呜地哭”，这样的联系，自然比简单重复式的机械记忆要容易得多，而且印象深刻。

3. 排除记忆内容间的相互干扰

心理学的研究表明，记忆内容间易产生相互干扰现象，即产生前摄抑制和倒摄抑制。前摄抑制指先前的学习与记忆对后继学习与记忆的干扰；倒摄抑制指后继的学习与记忆对先前学习材料记忆的干扰。而这种干扰作用的大小，又受其他一些因素的影响。首先，与两种学习材料的相似性有关，既相似又不相似的材料抑制性最大，相似或不相似的材料则抑制性小。其次，与学习的程度有关。学习的巩固程度高，可抵御干扰，巩固程度低，则容易被干扰。再次，与学习材料所处的位置有关。位于学习材料首或尾的内容容易记住，而位于学习材料中间的内容则较难记住。最后，与时间因素有关。先后学习之间如果有一定的时间间隔，则抑制作用小；如果连着学，则抑制作用大。

为了排除记忆内容间的相互干扰，在记忆时可以将不相似或极相似的内容放在一起学习，切勿将既相似又不相似的材料放在一起学习；可以把中间的内容多复习几遍，不要头尾平均，可以采用分散记忆、轮换记忆等方法，造出更多的头尾来；可以在学习完一种材料时安排一定时间的休息，避免产生材料间的干扰作用，还可考虑将较难记忆的内容放在清晨和晚上临睡前记忆，因为这样既不会产生前摄抑制，也不会产生倒摄抑制。

4. 掌握科学的回忆策略

只注意了学习识记过程，却忽视了回忆的过程，则识记的知识无法提取或提取困难，造成记忆力差。可见，在学习记忆过程中，掌握科学的回忆策略很重要。促进知识的回忆，可采取以下策略：

(1) 主动复述“过电影”。有些学生复习只满足于一遍遍地看书、看笔记、看做过的题目，认为这样就能达到记忆的目的，其实这种方法是被动的。因为采用这种方法复习，不能激活脑中已经贮存的信息使其再现出来，易产生“打开书本什么都懂，合上书本什么也想不起来”的现象。正确的复习方法应是，采取主动复述策略，在某些线索的提示下，尽力再现所学知识。这样，不仅能激活大脑中已经贮存的信息并加深印象，还能从总体上对知识的保持贮存状态做出检验，起到查漏补缺的作用。因此，要使所学的知识长久保持并能在需要时清晰再现，必须经常复述，反复“过电影”。

(2) 将自己记住并理解的知识讲给别人听。经常将识记的知识讲给别人听的学生会发现知识在脑中的记忆较清晰，而只记不说则使知识在脑中的记忆模糊，在回忆时常会出现遗忘的现象。这是因为学习是较多地进行信息输入、较少地进行信息输出的过程，即学习者激活贮存在脑中的某部分信息并使之再现出来的过程。如果学习者能脱离书本将所识记、保持的东西用自己的话清晰地加以阐明，表明他的确理解、巩固了所学材料；如果不能阐明，或阐明有误，或遗漏要点，这表明学习者没有能够理解巩固，需要再花精力加以复习。因此，大学生在学习知识的时候，不仅要将知识全部地理解，还要善于把理解记住的知识讲给别人听，在此基础上再加以练习，这是理解和巩固知识的有效策略。

(3) 通过自己出题和一题多解主动再现有关知识。大学生识记了新知识后常满足于做一些书本或教师布置的习题，这对他们再现回忆有关知识是有帮助的，在一定程度上能激活脑中的有关知识。但如果仅满足于应付各种外来题目，则学习仍有较大的被动性。要使脑中贮存的各知识点时常得到激活，并使知识网络的联系得到加强，一种有效的方法便是运用知识点间的网络关系，从多种角度主动地编制各种类型的试题并予以解答。这种方式不仅有利手各种知识的激活巩固，而且有利于对各种题型解法的总结归纳，以便掌握规律性的东西，促进知识的迁移。而通过一题多解的方法，可以加强各知识点之间的联系，激活与某一问题相关的各种知识,即以一个习题回忆一系列知识。这样大学生可以充分理解知识之间的各种联系,融会贯通。

5. 科学用脑

生物的生命活动都是有一定的节律的,这又称“生物钟”现象。人的大脑活动也不例外,也是具有一定节律的,它有一个强弱波动变化的周期。大学生要善于发现自己大脑的兴奋期,并在这段时间内安排较复杂的学习内容,因为这时的记忆效果较好。而在大脑活动的低谷期,可从事一些简单有趣的学习,或是干脆做一些日常事务,使大脑得到休息。通常认为人脑一天有四个记忆高潮时期,分别是:清晨起床后,上午 8～10 点,下午 6～8 点,临睡前 1 小时,在这些时间段里记忆效果较好。当然,记忆高潮的时间段也会因各人的不同而显示出一定的差异,大学生要学会科学安排时间,科学用脑,以提高自己的记忆水平。

6. 灵活运用各种记忆术

记忆术的灵活运用,可以很好地帮助记忆。记忆术发展到今天,其内容已相当的丰富,如最通用的记忆术有:联想法,即通过建立事物间的联系进行记忆;形象法,对抽象材料赋予一定形象而进行记忆;口诀法,将记忆的材料编成韵律的口诀来记;谐音法,利用谐音把毫无意义的材料变为意义生动的材料,从而帮助记忆。当前关于记忆术方面的书籍很多,大学生可以通过阅读,找到合适自己的记忆术,以加强记忆的品质。

第三节　大学生学习方法的培养

一、确立科学的学习目标和计划

明确、合理的目标和计划是大学生学习获得成功的基础。1953 年,耶鲁大学对毕业生进行了一次有关人生目标的调查。当被问及是否有清楚明确的目标以及达成的书面计划时,结果只有 3%的学生作了肯定的回答。20 年后,有关人员又对这些毕业多年的学生进行跟踪调查,结果发现,那些 3%有达成目标书面计划的学生,在财务状况上远高于其他 97%的学生。

学习目标和计划缺乏科学性极易造成大学生学习的心理问题(前面早已论述),影响学习的最终效果。大学生要提高学习的质量和效果,必须制定出切合实际的、符合自身条件的、有可能实现的目标和计划。具体来说,科学的目标与计划的制定可以从以下几方面考虑。

(一)学习目标的制定

1. 学习目标要符合自身条件和发展方向

在制定学习目标以前,个人应对自己各方面的能力有个正确的评估,了解自己的特点、特长、兴趣所在,决定自己将向哪方面发展,然后再制定具体的学习目标。

2. 学习目标要难易适度

学习目标的制定要难易适度,过于简单的学习目标等于没有制定,达不到促进学习的效果；难以实现的学习目标，好似镜中花、水中月，可望而不可即，会挫伤学习的积极性。难易适度的学习目标应该是大学生在经过刻苦努力以后能够达到的，这样的学习目标才具有一定的激励和指引的作用。

3. 制定的学习目标要集中

目标的制定要集中，不能过于分散。原则上一次只能制定一个目标，尽管有的大学生兴趣很多，爱好广泛，但由于一个人的精力是有限的，要成为一个专业人才，就只能选择一个主攻方向。只有目标集中，才能集中精力，确保目标得以实现，学习获得成功。

4. 学习目标要长短结合

学习目标的制定要既有远期的目标，又有近期的目标。近期目标是在远期目标的基础上制定出来的，通过一个个近期目标的实现，可以让大学生体验到目标实现的喜悦，鼓足干劲去追求更高层次的学习目标，进而可以循序渐进地接近远期目标。

5. 学习目标的确立应符合社会需要，具有长远性

学习的最终目的是为了服务于社会，使自己的学识得到社会的认可。因此，大学生学习的知识和技能应该是实在、实用、新颖的，要适应时代的发展，为社会所需要。基于这一点的考虑，大学生在制定学习目标时，要立足于当前，着眼于未来，精心计划和构建属于自己的知识大厦，而不应过分热中于追求眼前的时髦、热门专业，否则最后吃亏的还是自己。

（二）学习计划的制定

1. 学习计划要根据自己学习情况、生活习惯来制订

学习计划的内容包括具体措施、时间安排、进展速度、内容要求等。每个人的学习情况与生活习惯都是不一样的，因此计划对于每个人来说都不是固定统一的，别人告诉你的方法是很难完全套用的，最多只能充当一个指路标的作用。学习计划的制定最终还是要依照自己的具体情况而定，不能盲目，要切合实际。

2. 学习计划要定时定量

定时学习是完成学习计划的前提。定时学习一方面要做到每天必须保证必要的学习时间；另一方面要做到到了学习的时间就要马上学习。由于长时间的使用大脑，会导致大脑的疲劳，因此学习时间的制定要注意不能排得太满，要留出一部分机动的时间去参加体育锻炼、美术、音乐、旅游等活动。这样不仅可以使大脑得到休息，还可以丰富自己各方面的知识并提高自己各方面的能力。定量学习是完成学习计划的保证，学习计划是通向学习目标的道路，定量地完成学习计划，就等于在这条道路上不断前进。在计划的指导下，当知识的量达到一定程度时，便达到了目标。人每天能接受的知识量是有限的，而这个限度又是因人而异的，因此，在制定计划时，要根据自己的能力制定出每一个时间段所应学习的内容。否则在学习计划中如只有时间的计划，却没有量的计划，则不利于学习效率的提高，达不到学习的预期效果。

3. 学习计划的实施要落到实处

学习计划制定得再好，如不落到实处，就等于没有计划，起不到任何效用。因此在执行计划的过程中，要有一定的毅力和耐心，不要轻易给自己找借口，一遇挫折就放弃。可以试着把计划列成表格、画成图形，贴在自己常能看到的地方，时时提醒和约束自己。在计划制订之后，不要随意变动，打乱已有的学习计划。要相信只要自己一步一个脚印去做了，预定目标就会实现。

名人的学习方法

1. 孔子谈学习方法

我国古代伟大的教育家孔子(公元前551～前479年)，在学习方法上主张“学而时习之”、“温故而知新”。他要求学生学习时，要学、思结合提出“学而不思则罔，思而不学则殆”。就是说，光学习而不积极思维，就会迷而不知所向；如果思维不以学习为基础，就会流于空想，会带来知识上的危机。因为学习是人类独特的活动，是人类知识的继承活动。这种继承不能是简单模仿，要通过独立思考，学思结合，才能在接受前人知识的基础上，有所创造，有所发展。

2. 祖冲之的学习方法

我国南北朝时的数学家祖冲之(公元429～500年)的学习方法是“搜炼古今”。搜是指搜索，博采众长，广泛地学习研究；炼是提炼，把各种主张拿来研究，经过自己的消化，提炼。由于他思想敏捷，勤奋好学，又有好的学习方法，使他博览群书，广采各家精华；同时又不因古法，墨守成规，并主张在实践中去检验真理。遂使他在天文历法、机械和数学三个方面取得了杰出的成就。

3. 朱熹提倡的学习方法

我国宋朝著名的教育家朱熹(1130～1200年)，赞赏先秦时期教育家总结的学习方法，提出为学之序是：博学之，审问之，慎思之，明辨之，笃行之。学、问、思、辨一穷理，笃行以体事，他主张“读书有三到：谓心到、眼到、口到。心不在此，则眼看不仔细。心眼既不专一，却只漫浪诵读，决不能记。记，亦不能久也。三到之法，心到最急。心既到矣，眼口岂不到乎。”他认为：读书之法，在循序而渐进，熟读而精思。要举一而反三，问一而知十，及学者用功之深，穷理之熟，然后能融会贯通，以至于此。

他的弟子将朱子读书法归纳为以下六条：循序渐进；熟读精思；虚心涵咏；切己体察；着紧用力；居敬(收心集中注意)持志。

4. 爱因斯坦的学习方法

爱因斯坦(1879～1955年)，童年智力发展迟缓，上小学、中学时，老师认为他是“笨头笨脑的孩子”。也许是他12岁时第一次读到欧氏几何的书，那严密的逻辑给他留下了深刻印象，激发了他数学学习的兴趣。1896年17岁的爱因斯坦进入瑞士联邦理工大学学习理论物理，1902年在伯尔尼专利局工作。这段时期他的思想十分活跃，经常和伯尔尼大学哲学系的学生索洛文等五人一起阅读各种书籍，无拘无束地自由讨论各种问题，他们阅读了休谟、马赫、庞加勒、黎曼、狄更斯等许多人的作品。有时只念了半页，甚至只念了一句就争论起来。他们亲切地称这种聚会为“奥林匹亚科学院”。这种“疯子式”集会使他的思维十分活跃。1902 年他就发表了第一篇论文，1905 年仅 26 岁的爱因斯坦竟发表了五篇极为重要的论文，提出了光量子假说和狭义相对论，并通过对布朗运动的研究证明了原子的存在。1916 年又完成了广义相对论，取得了宏伟的成就，被科学界誉为“人类历史上一颗明亮的巨星”。

爱因斯坦的学习方法，大致可概括成：依靠自学，独立思考，穷根究底，大胆想像，强调理解，重视实验，弄通数学，研究哲学等八个方面。

二、掌握科学的读书方法

读书是学习的主要方式之一，是大学生扩大知识面的重要途径。读书就其本身来说很容易，但真正会读书，读好书并不容易。一个掌握了读书方法的大学生能从书中得到很多收获，对学习大有益处；但对于一个没有掌握读书技巧的大学生来说，可能在读书上花了很多时间，却收效甚微，最终还可能对读书产生厌烦情绪，不利于学习的进步。可见，掌握一套科学的读书方法是相当重要的。

（一）阅读理解方法

1. 明确阅读的任务和要求

读书同做事一样，要有一个明确的目标指引方向，这样才知道为什么要读，读什么，读到什么程度等。大学生只有在明确了具体目标，了解了这些问题后，才能更有效地阅读。

2. 充分利用原有的知识背景

按照现代认知心理学的观点，学习的过程不是简单的从无到有的过程，而是学生头脑中的原有知识与现在所学的新知识相互联系、相互作用的过程。阅读理解的过程，也需要学习者借助他原有的知识和经验，去分析新的材料，使两者相互联系，这样新知识才能够真正固定在学习者的头脑中。因此，大学生在阅读过程中，应尽量调动已有的相关知识，将新知识与已有的相关知识之间进行比较，找出其相互关系，这样就可以更加牢固地掌握新知识。

3. 区分阅读内容的主次，而不纠缠细节

在大学生阅读的材料里，有一些内容是主要的、重要的，这部分内容应该作为重点认识的对象加以理解；另一些内容是非重要内容，可以把它们当成阅读的背景。在阅读时，大学生应注意把对象从背景中提炼出来，才能够对对象有一个深入的了解和清晰的记忆，切忌对这两部分的内容平均花力气。否则眉毛胡子一把抓，什么也抓不住。另外，相对于大学生有限的时间与精力而言，要把阅读内容中边边角角之处都加以理解和掌握，这是很难办到的，不切合实际。

4. 理解阅读内容内涵的意义

大学生在阅读时，不应仅满足于记住文字表面的东西，更重要的是透过这些文字的表现形式去理解隐藏在其中更深层的意义，这样才能真正理解阅读的内容。因此，大学生在阅读时，可尝试用自己的话对所读的内容加以解释和阐述，挖掘其深层次的意义。

5. 监控阅读理解

大学生在阅读过程中，应经常对自己的阅读进行反思，看看自己的阅读是否达到了既定的目标，阅读的速度如何，理解了多少等，并在此基础上有效地改进自己的阅读方法、阅读策略，圆满完成后期的阅读任务。这样做不仅有助于阅读任务的完成，而且还能避免在时间和精力上造成不必要的浪费。

（二）阅读策略介绍

1. SQ3R 法

SQ3R 的具体含义如下：

S 代表浏览（survey），阅读的第一步应是对阅读内容作一个整体性的浏览，知道其大体内容。具体的方法是先看看文章的开头、中间、结尾、承上启下的句子以及有关的大小标题，从中大概了解一下阅读材料主要叙述了什么问题。这样从总体上做出把握后，有利于大学生对阅读材料建立整体概念及方向感，从而培养阅读兴趣，促进进一步阅读。

Q 代表提问（question），把文章的标题及主要内容转化为问题的形式，带着问题进行阅读。这样在问题的提示下所进行的阅读，比盲目的阅读效果要好得多，可以激活大学生的思维，促进学习。

R 代表阅读（read），根据问题的提示去阅读书本内容，寻找问题的答案。这一过程实现得顺利与否，主要依赖于大学生的理解水平。

R 代表背诵（recite），经过上面的阅读过程，大学生应该理解了材料中的大部分内容。这一阶段是对以上学习的小结，要求大学生把书本合上，看看有多少内容已经能够记住，还有哪些没有能够透彻地理解并记下来，然后进一步加工。

R 代表复习（review），阅读过的内容要在脑中长期保持，就必须复习。通过复习加深对阅读内容的巩固、理解，并建立有关内容之间的联系。

2. PQ4R 法

PQ4R 的具体含义如下：

P 代表预习（preview），快速预览材料，对文章的主题和主要标题有一大致了解。

Q 代表提问（question）。

R 代表阅读（read）。

R 代表反思（reflect），在这一阶段要求大学生理解所学内容的意义。大学生可以通过将现在所学内容与已有的知识相互联系起来，把阅读材料的细节和主要观念联系起来，对所学内容作些评论等方法来实现对阅读内容的理解。

R 代表背诵（recite）。

R 代表复习（review）。

3. OK5R 法

OK5R 的具体含义如下：

O 代表纵览(overview)。

K 代表提出关键点(key idea)，即在掌握阅读材料大体内容的基础上，列出文章中主要的关键的内容，为下一环节的阅读做准备。

R 代表阅读(read)。

R 代表摘录(record)，在阅读的基础上，把文章中主要的内容摘抄下来或在大脑中重点加以阅读理解，以加深关键内容的印象。

R 代表背诵(recite)。

R 代表复习(review)。

R 代表反思(reflect)，对整个阅读过程进行反思，包括有无理解和记住内容、阅读速度是否合适、在哪些方面需要加以改进等。这一环节在阅读过程中显得尤为重要，它体现了阅读策略的核心。因此在阅读时，必须充分重视这一环节。

他们是怎样读书的

1. 鲁迅的“跳读”法

鲁迅先生认为：“若是碰到疑问而只看那个地方，那么无论到多久都不懂的，所以，跳过去，再向前进，于是连以前的地方都明白了。”这种方法是对陶渊明的“不求甚解”读书方法的进一步发挥。它的好处是可以由此节省时间，提高阅读速度，把精力放在原著的整体理解和最重要的内容上。

2. 老舍的“印象”法

老舍说：“我读书似乎只要求一点灵感。‘印象甚佳’便是好书，我没工夫去细细分析它……。‘印象甚佳’有时候并不是全书的，而是书中的一段最入我的味，因为这一段使我对全书有了好感，其实这一段的美或者正足以破坏了全体的美，但是我不管，有一段叫我喜欢两天的，我就感谢不尽。”

3. 华罗庚的“厚薄”法

华罗庚主张：读书的第一步是“由薄到厚”。就是说，读书要扎扎实实，每个概念、定理都要追根求源、彻底清楚。这样一来，本来一本较薄的书，由于增加了不少内容，就变得“较厚”了，这是“由薄到厚”。这一步以后还有更为重要的一步，即在第一步的基础上能够分析归纳，抓住本质，把握整体，做到融会贯通。经过这样认真分析，就会感到真正应该记住的东西并不多，这就是“由厚到薄”这样一个过程，才能真正提高效率。

4. 爱因斯坦的“总、分、合”三步读书法

所谓总，就是先对全书形成总体印象。在浏览前言、后记、编后等总述性东西的基础上，认真地阅读目录，概括了解全书的结构、体系、线索内容和要点等。

所谓分，就是在“总”体了解基础上，逐页却不是逐字地掠读全文。在掠读中，要特别注意书中的重点、要点以及与自己需要密切相关的内容。

所谓合，就是在掠读全书后，把已经获得的印象条理化、系统化，使观点与材料有机结合。经过认真思考、综合，弄清全书的内在联系，以达到总结、深化、提高的目的。

5. 杰克·伦敦的“饿狼式”读书法

美国作家杰克·伦敦经过苦难磨炼，十分珍视读书机会。他遇到一本书时，不是用小巧橇子偷偷撬开它的锁，然后盗取点滴内容，而是像一头饿狼，把牙齿没进书的咽喉，凶暴的吮尽它的血，吞掉它的肉，咬啐它的骨头！直到那本书的所有纤维和筋肉成为他的一部分。

6. 毛姆的“乐趣”读书法

英国作家毛姆提出“为乐趣而读书”的主张，他说：“我也不劝你一定要读完一本再读一本。就我自己而言，我发觉同时读五、六本书反而更合理。因为，我们无法每一天都有保持不变的心情，而且，即使在一天之内也不见得会对一本书具有同样的热情。”

7. 杨振宁的“渗透”读书法

杨振宁教授认为：既然知识是互相渗透和扩展的，掌握知识的方法也应该与此相适应。当我们专心学习一门课程或潜心钻研一个课题时，如果有意识地把智慧的触角伸向邻近的知识领域，必然别有一番意境。在那些熟悉的知识链条中的一环，则很有可能得到意想不到的新发现。对于那些相关专业的书籍，如果时间和精力允许，不妨拿来读一读，暂弄不懂也没关系，一些有价值的启示，也许正产生于半通之中。采用渗透性学习方法，会使我们的视野开阔，思路活跃，大力提高学习的效率。

8. 白寿彝的“研读”法

著名史学家白寿彝认为，“读书之读，似应理解为书法家读帖读碑之读，画家读画之读，而不是一般的阅览或诵习。”

三、合理运筹安排时间

学习效果是学习效率与学习时间的乘积，如果效率系数接近零，时间系数再大，乘积也趋于零。这就是为什么有些大学生花了很多时间在学习上，可是学习成绩总不见提高的原因。提高学习效率，实际上就是如何妥善安排时间的问题。对于大学生来说，每一个人在校学习时可自由支配的学习时间是有限的，如果能对时间进行合理安排，则能大大提高学习效率，促进学习进步。合理地安排时间就是通过有目的、有计划地安排使学习时间利用得尽量充分、合理。制订一个完备的学习计划，是合理安排时间的一个有效方法。

（一）制定学习计划的好处

占用很少时间去制定学习计划，在将来学习活动中可以成倍地受益。这里所指的学习计划是指具体到每一天的计划，大学生最好能按每周7天列一个图表，按照其学习内容制定出计划。这样做对科学运筹时间有三大好处：

1. 提高学习效率

订立详细计划后，大学生每天都有明确的学习目标和任务，而不必每次都临时考虑应当干什么事，做到心中有数。为了完成计划，就会想办法改进学习方法，提高学习效率。其良性循环下去，有利于养成一种主动的、高效率的学习习惯。

2. 增强学习信心

订计划实际上是将复习的任务分解成可以逐项完成的具体任务的过程。这些具体任务都是现实可靠的目标，使每个人的学习活动更富有目的性，从而克服畏难情绪，增强学习信心。

3. 养成珍惜时间的习惯

学习计划就好比是一份自己与自己签订的有关学习时间和学习量的"合同书"。通过定期检查完成计划情况，就能及时地发现时间是怎样花掉的，杜绝浪费时间的现象。

（二）制定学习计划的注意事项

(1) 根据教学大纲和教学计划进度表，了解所学课程的特点，然后根据其内在的联系，由浅入深，有主有次地安排学习内容。

(2) 计划不要订得太紧，要留有余地作为"应急性计划"的时间，这样就能保证计划的完成。

(3) 订计划时要根据自己的生理特点、学习习惯、所处的环境及可以利用的条件等实际情况来订。如可以将一些重要的、难度大的课程安排在受干扰较少的晚间来看，而把一些需要记忆的课程安排在自己记忆效果最佳的时段来看，这样就可以大大提高学习效率。

(4) 每次学习时间要恰到好处。根据学习内容和分量以及个人的嗜好掌握好每次学习的时间。学习一段时间后应安排适当的休息，否则学习时间过长，学习效率反而降低，造成学习疲劳，学习效果下降，浪费学习时间。

（三）合理安排时间的优选法

1. 充分利用学习上的"黄金时间"

"黄金时间"指人的精力最充沛、注意力最集中、学习效率最高的那段时间。"黄金时间"因人不同，大致可分为三种类型：早上型——早晨的精力非常充沛；晚上型——晚上劲头十足，这种状态可持续到深夜；白天型——只要得到必要的休息和睡眠，整个白天都能保持旺盛的精力。大学生在安排时间时应考虑到自己的类别，在自己的"黄金时间"里安排最重要最困难的功课，或思考最难解决的问题，切勿将这段时间用于聊天、游玩、做琐事或看小说，这将是很不明智的选择。

2. 提高效率

“时间就是金钱，效率就是生命”，提高单位时间的利用率，是时间运筹的效率原则。在每个人的时间表里，都可能会出现低效时间段，大学生要注意审视自己低效时间段出现的时间，并分析原因找出对策，减少低效时间段，扩大高效时间段。严格的时间计划是与低效时间段抗衡的方法之一。其次，凡事多问几个能不能，是提高时间利用效率的第二种方法，如能不能取消它？能不能几件事合起来做？能不能避免重复劳动？能不能找到捷径？再次，要注意用脑卫生，采用“轮流作业”法。即不同科目、不同类型的学习内容交叉进行，使大脑各部分轮流得到休息，缓解疲劳，提高学习效率。

3. 珍惜时间，积零为整

时间是由分秒积成的，善于利用零星时间的人，才会做出更大的成绩来。作为大学生来说，要优化时间安排，就应养成不浪费零碎时间的习惯。如有人坚持每天晚上睡前花 10 分钟背 5 个英语单词，日积月累，理论上一年就能背 1 800 多个英语单词。可见，只要能充分利用零星时间，积累起来是很了不起的。

如何科学安排学习时间

时间安排是学习计划的重点内容。我们首先应该顺应自己的生物钟节律。从一天 24 小时的生物钟节律来讲，大致情况是这样的：

上午 9～10 时是短暂记忆的高峰，适合背记东西，但所记内容不易维持。

上午 9～12 时是思考高峰和分析推理的最佳状态，适合分析问题、解决问题。

上午 10～12 时是一般人最清醒敏锐的时刻，也是我们操练对话的最佳时间。

下 午 1～3 时瞌睡虫袭来，感到昏昏沉沉，可以小憩一会儿或借助运动来提神。

下午 3～4 时午后清醒，精神开始恢复，长期记忆达到高峰，是准备考试或背记单词的好机会。

下午 4～6 时为技术性工作高峰，是学习打字、练习乐器、做数学运算的好机会。

晚上 6～9 时，衰退期来临，思考力、反应力开始逐渐迟钝，这时最适合做的是认真完成家庭作业。读点课外书籍后准备按时睡觉，不要期待做任何挑战性的工作，尤其应该避免剧烈的运动，以免导致失眠。

四、学习具体环节的改善

大学课堂教学与中学课堂教学的一个最显著的区别是信息量大、速度快，教师经常在一次课里要讲述书本上几十页的内容，这与大学的教学任务和教学目的是相适应的。这就对大学生的学习提出了高于中学生的要求，要求他们有高质量的课前预习、课堂听讲、课后复习和一定的自习能力。

（一）课前预习

课前预习对于学生深入而细致地理解教材是十分重要的。但预习不是一般地阅读教材，而是要围绕教师所提出的要求和问题进行探索和思考，以理解教材的中心思想和主要内容。在预习的过程中，要善于自己发现问题、解决问题，对于无法解决的问题要将其记下来，以求在听课时解决。

以上是对预习的一般要求，对于大学生的预习还应提出更高的要求。要求大学生在预习时要在以教材为主的前提下，能超出教材的范围，尽可能地博览群书，以某个问题的论述与解决为中心进行比较，发现彼此的优点和不足之处，这样可以更深入地领会教材。另外，在需要和可能时，大学生的预习还可以超出书本，结合参观和对所学内容的直接观察、考察及观看音像材料等方式进行，这样可以促使大学生从感性方面理解教材的内容，提高知识的运用能力。

（二）上课听讲

1. 开展积极的思维来听课

大学生通过听课理解知识的过程，就是运用已有的旧知识来理解新知识，把新知识纳入已有认知结构的过程。因此，在听课过程中，要开展积极的思维，调动大脑中已有的旧知识，促进新旧知识的衔接与融合，这样才能促进学习者对新知识的理解。开展积极的思维听课，也是确保注意力集中，提高听课效率的一个好方法。大学生上课时积极思维，力争使注意力必须集中在教师的讲课中，否则稍一分心思维就会中断。

2. 做好课堂笔记

听课是大学生的主要学习内容，而听课以后能否吸收和记得住，与听课时能否做好笔记有很大关系。课堂笔记不仅能促进思维，帮助记忆，也便于课后复习。尤其是在课堂上来不及消化的内容和解决的问题，可以在整理笔记时得到帮助。但是，记笔记也有一个策略问题，一个好的笔记对学习有很大的帮助，反之，可能对学习造成不良的影响。具体来说，记笔记要注意几个问题：

(1) 要处理好听课与记笔记的矛盾。大学生应明白，记笔记的目的主要是为了理解和掌握授课的内容，所以应将主要精力放在听课上，让思维跟着教师讲解转，而不要顾此失彼。

(2) 抓住重点。记笔记要有重点，既不能有言必录，这样会占用太多的听课时间，跟不上教师讲课的思路，影响听课效果；又不能过于简单，这样不利于课后复习时参考。

(3) 注意提高书写速度。这要求大学生平时就注意提高自己笔记的书写速度，总结一些速记的方法，这样，在课堂上就能更好地集中精力、有条不紊、轻松自如地去记笔记。

(4) 听课笔记要及时整理、归纳，使之更加条理化、系统化。整理笔记也是学习，是提炼和加深理解的过程。整理笔记时首先应在记忆犹新的情况下，对笔记遗漏或错误之处加以及时地补充和纠正；其次，根据课堂上吸收和理解的情况归纳要点，并对内容做出适当的补充和点评，促进对学习内容的理解和记忆。

（三）课后复习

1. 及时进行复习

心理学研究表明，遗忘进程具有先快后慢的特点，即识记过的材料在第一天遗忘得最多，以后逐渐减少。因此，组织复习一定要及时，当天学的课程一定要在当天就安排复习。及时复习可以减缓大规模的遗忘，节省学习时间，具有事半功倍的效果。在及时复习中，试图回忆和反复阅读对巩固记忆起十分重要的作用。

2. 分散复习

对已学材料的复习，不能集中在一次时间内进行，而要分散在不同的时间进行，这样可以避免大脑皮层抑制过程的产生，有利于提高记忆的效率。在进行分散复习时，每次复习的时间间隔不能过长，时间间隔过长就会造成遗忘，使识记效果降低。一般说来，各次复习的安排应“先密后疏”。开始时一次复习的时间要多一些，间隔要密一些。以后随着识记的不断巩固，复习的时间可少一点，复习间隔的时间也可长一些。具体的分散复习的方式方法，则要根据材料的数量、难度与大学生本人的能力而定。

3. 复习方式多样化

复习不等于简单重复。单调机械的重复，会使人备感枯燥乏味，容易使大脑皮层产生抑制，不利于知识的复习和巩固。所以，要提高复习的效率，就要适当变换方法、形式，有时也可提出新的理解要求，以培养学习的兴趣。在复习过程中，要尽量使多种感官参与，使复习过程成为有看、听、说、做的联合活动，这样就会使多种感觉通道的信息到达大脑皮层，留下“同一意义”的痕迹，并在视觉区、听觉区、言语区、动觉区等建立起广泛的神经联系，从而加强记忆的效果。

考试作弊心理

考试作弊，侥幸者或能过关，但更多的是担惊受怕于前，也羞于同学之间在后。作弊者存在一些错误心理：

(1) 投机心理。蹭十天半月的阅览室，背十页八页的书本，抵不上考试时有的放矢的一弊。现买现卖经济实惠，没有丝毫浪费，省却了许多无效劳动，免去了许多无用功。

(2) 攀比心理。许多学生确实想学一点新东西，并想通过考试来掂量一下自己桶里到底有多少水。但是当看到有些因为“大把大把捞分”而得不到遏止和惩处，成绩反比自己平常辛辛苦苦学习考得好，而评上了“三好”、“优秀”，获得了奖学金，心理就有一种吃亏上当的感觉。名利诱惑，终于战胜了道德的操守。

(3) 冒险心理。有些人既寻求刺激，明知不可为而为之，又追求快感，觉得与临考老师斗智斗勇其乐无穷。

(4) 负疚心理。学习不认真，学习成绩太差，回家无脸见父母、兄弟，学习结束时，捧上几个鸡蛋来献给父母，多多少少有些过意不去。这是作弊者的负疚心理。

(5) 虚荣心理。分数的高低，不仅关系到奖学金，而且关系到集体的荣誉，不能让老师同学失望，不能拖班级的后腿。考差了，以后怎么见人呢？惟有面子不能丢。

思考与讨论

英语四六级考试枪手主动举报雇主

据成都晚报报道，成都某高校一大学生(小王)走进四川省教育厅高等教育处，举报自己参与全国大学英语四、六级考试成都一考点的替考作弊行为。四川省教育厅有关人士称，这是该省首例枪手主动举报雇主的考试舞弊事件，四川省教育厅已对该起作弊行为展开调查。

1月初的一天，小王在校园的一张小广告上看到一则招聘家教的启事，想找一份兼职工作的他拨通了对方留下的电话。但对方却告诉他想找一名枪手替考1月8日的大学英语四级考试，报酬丰厚，并保证办理考试手续。随后，小王与雇主黄某进行面谈，双方约定一旦考试成绩通过，黄某付给小王1000元作为酬金。

两天后，黄某将准考证、身份证(身份证上是小王的照片和黄某的真实姓名、出生年月等身份资料)交给了小王。据小王称，黄某是自贡人，20多岁，已参加工作，属于社会考生。

1月8日上午9时，小王持相关证件忐忑不安地进入大学英语四、六级考试四川省电大考点一考场。“因为是第一次做枪手，我当时很紧张，担心被监考人员发现，但事情进展非常顺利。”考试结束走出考场，早已等候在外的黄某收回了准考证、身份证等证件，并付给小王50元钱作为车费。

3月3日，全国大学英语四、六级考试成绩揭晓，小王通过雇主黄某的考号3540084527在网上查询得知，黄某的CET考试成绩为81.5分。小王于是拨通了黄某的电话告诉其成绩已通过。黄某非常满意，但称出差在外，1 000元酬金需等他回到成都才能支付。后小王再次拨通黄某的电话，黄某拒绝支付这笔酬金后挂断了电话。

“他肯定以为我是在校生，他是社会考生，事情说出来对我更不利，想借这点来要挟我！”想到这里，小王再次拨通黄某电话索要酬金。黄某更是言语蛮横地威胁小王。再后来，黄某干脆不接小王的电话了。

记者用手机拨通黄某的电话，以小王朋友的身份向黄某说起酬金一事，黄某称没有钱。小王在电话里试图约黄某出来面谈，但黄某称没有时间，还称即使小王去举报他也不怕。

“这种人太不讲诚信。我知道我已做错了事，肯定会受到处罚，但我就是要举报他，不让他得逞。”

记者在小王所在高校门口与他见面。上午10时40分，记者和小王来到黄某报名的全国大学英语四、六级考试的考点。小王鼓足勇气把举报作弊的想法告诉给报名点工作人员杨老师，杨老师称举报作弊一事要找教育主管部门。

随后，在记者的陪同下，小王走进四川省教育厅高等教育处“投案自首”。“我目前还没考虑主动向学校报告，但是我知道学校终究会知道这件事的。我做错了事就应承担后果。我希望学校不要开除我。”

据四川省教育厅宋老师介绍，《国家教育考试违规处理办法》对替考行为、“考试枪手”的处罚规定如下：

• 代替他人或由他人代替参加国家教育考试，是在校生的，由所在学校按有关规定严肃处理，直至开除学籍；其他人员，由教育考试机构建议其所在单位给予行政处分，直至开除或解聘。

• 由他人冒名代替参加考试的行为为考试作弊。作弊者当次报名参加考试的各科成绩无效;参加高等教育自学考试考生,视情节轻重,可同时给予停考一至三年,或者延迟毕业时间一至三年的处理,停考期间考试成绩无效。

• 考生以作弊行为获得的考试成绩并由此取得相应的学位证书、学历证书等,由证书颁发机关宣布证书无效,责令收回证书或者予以没收;已被录取者,由录取学校取消录取资格或者其学籍。

昨日下午,记者从公安部门了解到,根据法律规定,制作并使用假身份证已构成行政拘留,严重的可以对其进行刑事拘留,类似的作弊行为,只要学校报案,警方肯定会调查处理。

针对大学生考试作弊的原因,探讨怎样防止作弊?

练习与实践

考试焦虑自评量表

下面的测验旨在对考试焦虑心理做诊断。测验共有33道题,每题有4个备选答案,根据自己的实际情况,在题前填上相应字母,每题只能选择一个答案,其相应字母的意义是:

A 很符合自己的情况　　B 比较符合自己的情况

C 较不符合自己的情况　　D 很不符合自己的情况

1. 在重要的考试前几天,我就坐立不安了。
2. 临近考试时,我就拉肚子了。
3. 一想到考试即将来临,身体就会发僵。
4. 考试前,我总感到苦恼。
5. 考试前,我感到烦躁,脾气变坏。
6. 紧张的温课期间,常会想到:“这次考试要是得到个坏分数怎么办?”
7. 临近考试,我的注意力越难集中。
8. 想到马上就要考试了,参加任何文娱活动都感到没劲。
9. 在考试前,我总预感到这次考试将要考坏。
10. 在考试前,我常做关于考试的梦。
11. 到了考试那天,我就不安起来。
12. 听到开始考试的铃声响了,我的心马上紧张地急跳起来。
13. 到重要的考试,我的脑子就变得比平时迟钝。
14. 考试题目越多、越难,我越感到不安。
15. 考试中,我的手会变得冰凉。
16. 考试时,我感到十分紧张。
17. 遇到很难的考试,我就担心自己会不及格。
18. 紧张的考试中,我却会想些与考试无关的事情,注意力集中不起来。
19. 在考试时,我会紧张得连平时记得滚瓜烂熟的知识一点也回忆不起来。
20. 在考试中,我会沉浸在空想之中,一时忘了自己是在考试。
21. 考试中,我想上厕所的次数比平时多些。
22. 考试时,即使不热,我也会浑身出汗。

23. 在考试时，我紧张得手发僵，写字不流畅。

24. 考试时，我经常会看错题目。

25. 在进行重要的考试时，我的头就会痛起来。

26. 发现剩下的时间来不及做完全部考题，我就急得手足无措、浑身大汗。

27. 如果我考了个坏分数，家长或教师会严厉地指责我。

28. 在考试后，发现自己懂得的题没有答对时，就十分生自己的气。

29. 有几次在重要的考试之后，我腹泄了。

30. 我对考试十分厌烦。

31. 只要考试不记成绩，我就会喜欢进行考试。

32. 考试不应当像在这样的紧张状态下进行。

33. 不进行考试，我能学到更多的知识。

计分与评价：

统计你所填的各个字母的次数，每填一个A得3分、B得2分、C得1分、D得0分。

用下列公式可以算出你的总得分：

总得分＝3×填A的次数＋2×填B的次数＋填C的次数

根据你的总得分查下面的评价表，就可以知道你的考试焦虑水平。

总 分	焦虑水平
0～24	镇定
25～49	轻度焦虑
50～74	中度焦虑
75～99	重度焦虑

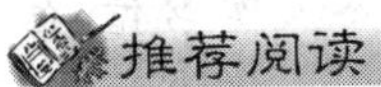推荐阅读

怎样开始我的大学学习

1. 知道为什么要学习——学习的动机

大学时代，是你高中学习的继续，是你成才成事的一个途径，学习，仍然是你的天职，你的第一重要事情，要知道，你的学习会为你带来什么，要给自己找一个学习的理由，然后将之当作你的学习目标，用具体计划来执行。下面做的选择，或许会给你一个理由。

(1) 不辜负父母的期望。

(2) 实现理想的一个途径。

(3) 从众心理。

(4) 为了爱情。

(5) 改变你目前的生活状况。

(6) 喜欢学习。

2. 知道向谁学习——学习的范围

学习无所不在，有人的地方就有你学习的机会与必要，所以，与你接触的所有人都是你的学习对象，至于学习什么，就要看你的鉴别能力与判断能力了。

(1) 授课老师：别看他的级别，只要他今天能给你讲课，就有你学习的地方，或学术、或

为人,择其优点去学习。

(2) 辅导员:接触的不一定多,但他管你的却是最多,"厚黑学"或许是你对他的最大学习。

(3) 师兄师姐:一个先你经历的群体,提前了解些经验、技巧,会让你少走些弯路多加快些行程。

(4) 室友:朝夕相处后,你们就会发现彼此的优点与缺点。

(5) 朋友:同学、系友、网友,既然你们之间能成为朋友,除了志同道合之外,一定会有其独到的地方,多多注意吸收。

(6) 导师:前提是你有导师,他会给你一些终生受益的东西,更多的是需要自己去与导师接触。

(7) 偶像:模仿中学习与完善,会给你所期望的东西。

(8) 所接触的其他人:或是一个卖水果的小商贩,或是电视中的人物,只要你虚心学习,就会有所收获。

3. 知道从哪里学习——学习的途径

(1) 图书馆:学校里最大的免费资源,只要充分利用,保证每天都光顾一次,四年后,一定会收获颇丰。

(2) 课堂:别指望书本上的东西马上用得上,但并不是课堂上所有的东西都用不上,一个好的基础日后便会显现其作用。

(3) 报刊:一个资讯的平台,定会有你需要的地方,记住图书馆里有的最好不要买。

(4) 讲座:听会触动你心灵的讲座,不要太注重主讲人的头衔,要看讲座的内容是不是你最需要的、最适合的。

(5) 校园网(互联网):免费的校园网,丰富的资源,无限的互联网,你的个人图书馆,但要注意保健护眼。

(6) 研究机构:专业的研究,深入的探讨,是你专业的最好深化之地,但最好有老师的推荐。

(7) 生活场所:宿舍、水房、海报栏等等,只要他充当着一个媒介的作用,就有你学习的东西,需要你仔细、小心的发现。

4. 知道学些什么——学习的内容

(1) 你的专业:你所喜欢的或你日后要做的,或许不是你所学的专业。但你的专业在择业及发展上绝对会在一定程度上起作用,所以你要深入地学习你的专业、打下良好的基础。

(2) 职业技能:有一定的知识并不代表你就会做好工作,每个职业都有其从业的基本技能,你要做的就是掌握相关的职业技能与生活技能。大学时代,是你最有时间与精力的学习时期。

(3) 学会做人:修身,是影响你一生的实质。如果说从前的你不如意,那大学四年,就是你弥补的最好时机。

(4) 学会做事:你要区分事情的重要性,让理智引导你的生活,选对事,且能办对事、办好事,是你要学习的一个课题。

(5) 学会生存:掌握必要的生存技能,能让自己最低限度地活在这个世界上,知道应对危险的技巧。

(6) 学会学习：知道方法会比知识更重要，知道思考与想像力比一百分重要。最重要的是你要树立这样一个观念。

(7) 学会生活：能让自己快乐地生活绝对是一门学问。四年中培养的兴趣、爱好会帮助你愉快地度过大学生活。

(8) 学会开发与经营自我：要知道你最大的资源就是自己，将自己模拟为一个企业，用四年时间去经营，看毕业后的收获。

(9) 考级：英语四级、计算机等级考试。虽然这些证书并不能代表你的真正能力，但没有一定的能力是绝对考不到这些证书的。

(10) 考证：只有当你真正地要从事那一行业时，你所考取的证书才对你有用。否则，一切都是浪费。

(11) 考研：扪心自问，你真的想考研吗？

5. 关于学习的忠告

(1) 学习本身可能不是你的兴趣，但学习会带给你所期待的结果。

(2) 大学一天，老来一年。

(3) 你本人，是学习的最大受益人。

(4) 建立一个适合自己的学习方式与思考方式，会让你终身受益。

(5) 学习，并不只是在象牙塔内。

(6) 真正学一门技术。

(7) 买书的钱绝不能比买衣服的钱少。

(8) 找一个好导师。

(9) 终身学习。

(引自：圈网)

第五章 大学生人际交往与心理卫生

人的成长、发展、成功、幸福都与人际关系密切相关。没有人与人之间的关系，就没有生活基础。对任何人而言，正常的人际交往和良好的人际关系都是其心理正常发展、个性保持健康和生活具有幸福感的必要前提。大学生离开父母，远离了家乡，开始独立面对自己的大学生活。他们渴望爱与被爱，渴望得到他人的尊重，渴望得到社会的承认，渴望有所归属。但种种调查及研究表明，大学生人际交往现状并不理想，由交往所产生的苦恼和困惑亦显得格外突出。本章围绕着大学生人际关系突出的问题展开叙述，包括大学生人际关系不良的表现及原因，提出人际交往的策略，特别介绍了网络交往心理障碍。

引导案例

生而寂寞 渴望交往

20 世纪 90 年代初，一位作家曾发表一篇题为《中国"小皇帝"》的报告文学，这部作品一经问世，便在当时引起轰动。"小皇帝"的称号不胫而走，成了中国第一代独生子女的代名词。

如今，这一代"小皇帝"大部分已经成为了大学校园里的天之骄子。这一代人与上代人相比，有着无可比拟的优点，但同时也有着不可避免的缺点。其中，也许是由于先天的不足，如何处理人际关系是他们面对的最为困惑的一个难题。

一名大学一年级同学这样谈到："我的父母经常对我说，'你这孩子一点不懂得谦让，有什么好吃的都是先紧着自己。我们小时候家里那个穷啊，有了一块糖果也得先给弟弟妹妹留着。'我虽然嘴上不敢反驳，但心里不乐意：'我倒是想留给弟弟妹妹，这不是你们没给生吗'！"

20 世纪 80 年代出生的大学生天生寂寞，没有兄弟姐妹。"孔融让梨"的兄弟情感仅仅是一个书本故事，难以让他们切肤的体会。从小万千宠爱集于一个人身上，早已经习惯了以自我为中心。这种人生经历的好处就是，与上代人比起来，他们从小就培养起极强的自信心和极强的自尊心，喜欢张扬个性，富有创新意识，没有任何思想桎梏的羁绊。然而，这种人生经历导致了另一种先天不足：在他们身上，缺少了兄辈容忍、谦让、合作的品质。这就注定了在一个集体内，与其他人的相处发生困难。

不久前，北方某大学就大学生人际关系问题，对 12 所高校 1 200 多名在校学生进行了一次调查。调查显示，人际关系是大学生面对的最苦恼、最难适应的问题之一。另一项全国性的调查也显示，与20世纪90年代相比，当代大学生呈现出的心理问题增多，而且在重要性次序上发生了变化。在老一代大学生中，情感、社会交往和学习的重要程度在其心理上分列前三位，现在的前三位仍是这些问题，但是，社会交往上升到第一位，学习问题排第二，情感在第三位。一名大三学生说，她的同学中，大部分相处得很好，但同学间因为关系处不好搬出宿舍的不在少数；有的同学性格内向，融不到同学中去，越来越自闭；很多同学在家一个人生活惯了，在学校集体生活时，不能容忍其他同学的一些小毛病，也不能忍受别人损害到他的一点点小利益。很多同学不会理解、宽容和原谅别人，所以紧张的人际关系导致大学生心理问题已经越来越严重。

此外，20世纪80年代出生的大学生表达方式好像与以前的学生有所不同，表面看起来热情开朗，但往往自我封闭，不喜欢向别人敞开心扉。另外一个原因就是现在几乎每个学生都有电脑，他们过度依赖电脑，沉溺于网络的虚幻世界中，最好的朋友也许是一个从未见过的网友，真正身边的同学反倒变成了咫尺天涯般的距离。

（引自：新华网）

第一节 大学生人际交往概述

著名的励志家卡耐基说："一个人的成功，百分之十五靠专业知识，百分之八十五靠人际交往。"美国心理学家马斯洛提出的需要层次理论认为，人类有归属和爱的需要，这是基于生理和安全需要的心理性需要。人类对爱、关心、尊重等交往性活动的需要，在重要性上并不亚于食物、性等生理需要。如果这类需要得不到满足，就会导致心理上的失衡。

一、大学生人际关系的形成

（一）人际关系的含义

在心理学上，人际关系是指人与人交往互动的心理距离。人与人在社会活动中，为了满足相互的需要，彼此交往而结成关系。由于需要满足的程度不同，将产生不同的情感体验。良好的人际关系，可以使人心情舒畅、精神愉快；而不好的人际关系，则会使人心情忧郁、情绪压抑等。

（二）大学生人际关系的形成

刚刚入学的大一新生，从中学时代走过来，每个人所面临的都是一个全新的世界。高中时代，人际关系相对单纯，似乎所有的一切就是为了一个目标：考上大学，所以大部分时间都用来学习，而生活中的许多事情都是由家长代替完成。如今远离家乡，远离亲人，来到一个陌生的城市，面对陌生的面孔，许多大学生感到有些不知所措了。

阿特曼等人提出了社会渗透理论来解释人际关系发展的过程。他们认为人际交往主要有两个维度，一是交往的广度，即交往的范围；二是交往的深度，即交往的亲密水平。阿特曼认为，良好人际关系的发展，一般经过四个阶段：定向阶段、情感探索阶段、情感交流阶段、稳定交往阶段。

定向阶段。定向阶段包含着对交往对象的注意、抉择和初步沟通等多方面的心理活动。在熙熙攘攘的人群中，人们并不是同任何一个人都建立良好的人际关系的，而是对人际交往的对象有着高度的选择。在通常情况下，只有那些具有某种会激起人们兴趣特征的人，才会引起人们的特别注意。比如说在一个班级中，大学生往往会选择性地注意某些人，而对另外一些人视而不见。在这个阶段，同学之间只有很表层的自我表露，如谈谈自己的家乡，自己毕业的学校，或者最近大家都比较关系的话题。初步沟通的目的，也是对别人获得一个最初步的了解，以使自己知道是否可以与对方有更进一步的交往。

情感探索阶段。如果在定向阶段双方都产生了好感，产生了继续交往的需要，那么就可能进一步的自我表露。随着双方共同情感领域的发展，双方的沟通也会越来越广泛，自我表露的深度与广度也逐渐增加。这时，双方有一定程度的情感卷入，但还不会涉及私密性的领域。双方的交往模式仍与定向阶段相类似，具有很大的正式交往的特征。

情感交流阶段。人际关系发展到感情交流阶段，双方关系的性质开始出现实质性变化。此时双方在人际关系上的信任感、安全感已得到确立，因而可以谈论一些相对私人性的话题，双方也可以向彼此诉说自己的烦恼。此时，双方的关系已经超越了正式范围的限制，比较放松，自由自在，没有多少约束。但如果关系在这一阶段破裂，将会给人带来比较大的心理伤害。

稳定交往阶段。此阶段人们的交往更加密切，双方成为亲密的朋友，可以分享各自的生活空间，自我表露更深更广，相互关心也更多。这也是人们常说的“人生难得一知己，千古知音最难觅”。但在现实生活中，很少有人能够达到这一情感层次。

莱温格(Leriuger)将大学生人际关系的形成划分为五个阶段，从互不相识，到开始注意，然后进行表面接触，进而建立友谊，最后确立亲密关系。如图 5-1 所示：

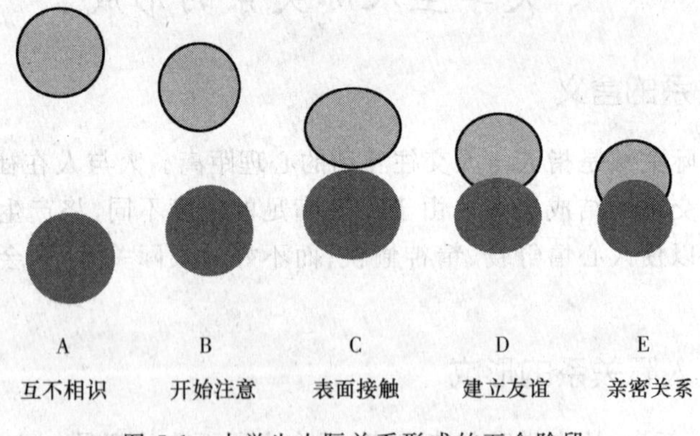

图 5-1 大学生人际关系形成的五个阶段

二、大学生人际交往的特点

对于 20 世纪的大学生而言，校园与家庭是他们的主要活动范围，因此他们接触最频繁的人群分别是同学、老师和亲戚，交友年龄段也主要集中在 20～25 岁。而现如今，当代大学生交友圈正在日趋扩大，“广交朋友”的观念逐渐深入人心。与此相对应，许多同学交友没有固定的年龄段，他们认为：“通过与不同年龄段的朋友交流，了解不同年龄段人群的观念和生活状况，可以丰富阅历、增长见识，对大我们将来踏入社会走上工作岗位是十分有利的。”

大学生的性格日趋成熟与稳定，其价值观、世界观基本成型，在很多问题上都表现出自己独特的观点，并且易趋固执，表现为一定程度的坚持性，因此，他们在人际交往中要求一种宽松与自由的环境。在具体交往中表现为以下特点：以人格平等为基础；交往对象、范围、内容、方式的开放性；较单纯的精神性；期望值与理想较高；交往中的主动性以及合作意识强。但总的来说，当代大学生的人际交往明显地表现出两大特点：交际范围的日趋扩大与交际方式的丰富多样。

大学生的人际交往主要集中在三个方面：即班级内的同学交往、宿舍里的人际交往与师生间的交往。我们分别就这三种人际关系来具体阐述大学生人际交往的特点。

（一）班级中的人际交往

同学是大学生人际交往的基本关系，也是大学生人际交往的主要对象。班级中同学之间的交往最普遍，也最微妙和复杂。刚刚走入校门的大一新生，人际关系几乎都在班级内开展，因为每天上课都是班里同学一起上课，回到宿舍也是同班同学，他们年龄相仿、经历相似、兴趣爱好相近，又共同生活在一个集体，学习相同的专业，所以沟通交往也较容易；然而另一方面，大学生来自不同的地域、不同的家庭背景、生活习惯的不同、个性方面的差异，再加上对人际交往的期望较高，一旦得不到满足，很容易采取消极退避的态度。

随着学习和生活的步入正轨，班级内有可能会出现某些“小团体”，也就是非正式群体。他们或是兴趣爱好相似，或是来自同一地域，或者有一共同的目标而走到了一起。小团体的存在不利于班级的团结，不利于正常班级工作的开展，如果他们同班干部产生矛盾，整天与班干部作对，则有损班集体的利益，也有碍于正常人际关系的建立。

“独学而无友，孤陋而寡闻”。在科技日新月异的时代，每个人都需要不断地进行知识的补充与更新。但是，单个人的能力是有限的，光靠书本上的知识很难适应社会发展的实际需要，而积极地与班级同学进行人际沟通与交往，是他获取新知识的有效途径。

（二）宿舍里的人际交往

学生宿舍是大学校园的细胞，宿舍生活是大学生活非常重要的一部分。同样，宿舍里的人际关系对于大学生的日常生活，甚至身心发展都有着举足轻重的影响。在刚刚入学不久的大一新生中，可以看到，往往是同一个宿舍的同学最先成为好朋友。可是，随着时间一长，各种矛盾就出现了。生活习惯不同、作息时间不同、兴趣爱好不同……一系列的问题产生了。有的同学喜欢早起早睡，而有的同学喜欢熬夜，一到晚上就精神焕发，折腾到很晚才上床；有的同学比较讲卫生，喜欢整洁，床铺书桌都收拾的整整齐齐，而有的同学不太讲究，脏衣服脏袜子到处乱丢，报纸书刊摆一桌；有些同学家境较好，穿着都是名牌，生活上比较奢侈浪费，可有些同学家境贫寒，生活非常节约；更为严重的是女生宿舍，因为大多数女孩子比较注意生活细节，很容易计较宿舍里产生的小摩擦，所以宿舍里的人际关系比较紧张。

如果大学生在面对这些宿舍里的矛盾时，不能具备宽容和理解的心态，则宿舍就会成为一个看不到硝烟的战场，无法正常学习和生活，严重影响着大学生身心健康。但是，我们看到，还是有相当多的宿舍关系非常融洽，同学生病了，舍友最先跑来照顾；同学过生日了，大家买了生日蛋糕，一起祝贺；家庭贫困的同学没有了生活费，舍友慷慨解囊……

在同宿舍里，同伴之间的心理交往状况，往往决定了一个大学生是否对大学生活感到满意。那些在没有形成友好、合作、融洽的人际关系的宿舍中生活的大学生，常常表现出压抑、敏感、自我防卫、难于合作等特点，情绪的满意程度低。在融洽的宿舍里生活的大学生，则以欢乐、注重学习与成就、乐于与人交往和帮助别人为主流。可见，人的心态与性格状况，直接受到与别人交往和关系状况的影响。

典型案例

“小钱”也要妥当处理

小赵在大学时，因家里的经济条件比较好，父母总是预先替她准备好零用钱，所以她从不缺钱花。班上偶有同学向她借钱，她都肯借，就算有人借了不还，她也不会放在心上。偶尔有一天，轮到她向同学借钱了，而且只借了4元钱，但在不经意中，她忘了还这份“小钱”，直到毕业后大家各奔东西，到了不同的工作单位。有一天，她接到了一封来自外地的信，拆开一看，她受到了深深的震动，那位借钱给她的同学向她讨还那4元钱。她明白了，对钱的态度上，每个人都会有不同。在家庭经济较宽裕的人眼中看来不起眼的小钱，对家庭经济拮据的人来说分量很重，借钱不还会妨碍人际交往。从此以后，小赵牢牢记住了这个原则，首先是要求自己做事有条理，避免向周围的人借钱，其次是不得已借了钱，不论多少，一律及时还清。

（三）师生间的交往

教师是大学生人际交往的重要对象。教师是知识的传授者，是大学生人格模仿的对象。与教师的交往也是大学生知识需求和获取的重要途径，教师与学生的平等交往也是师生共同成长的前提。然而，由于大学授课的流动性与课堂的扩展，师生之间缺乏直接的沟通与必要的情感交流，师生信息的对流与沟通明显不足，因而师生关系虽然是大学生的主要人际关系，却依旧需要进一步加强。

由于受传统教育的影响，许多大学生见了老师就想躲避，一直不敢或者不好意思与老师交往，师生之间的关系如同“猫鼠关系”。更有甚者，大学四年没有跟任课老师或班主任好好地交流过，老师不认识学生，学生也不认得老师，师生关系非常冷淡。这样一来，一方面阻碍了教学的效果，因为老师不能很好地了解到学生的需求与意见；另一方面，学生也得不到老师的亲自指导，不利于自身的发展。

随着高校大学生心理健康教育的日益重视，辅导员的作用也越来越重要。“辅导员”，顾名思义，就是学生的思想政治辅导员，在很大程度上，更是学生心理健康的辅导员。有人说辅导员是“说起来重要，使用起来很重要，没事的时候不重要”；有人更是戏称辅导员就是学生的“生活保姆”。

目前，高校中每个班级都有辅导员，他们跟学生的关系，可以说是非同寻常。因为在很多高校中，学生评奖学金、优秀班干部等一系列事情都与辅导员有关，如果辅导员做的有失公正，那么，同学们就会对他或她心存不满，从而影响了师生关系。一位心理咨询老师说，她曾接待过一位同学，这位同学对他们的辅导员老师存在很大的认知偏见，起因是在她新生报到的那一天，因为要填写很多表格，而她又没有笔，于是就向她的辅导员老师非常有礼貌地问了句："老师，用一下笔可以吗？"而这位辅导员老师头也没抬地回答她："给了你，我用什么？！"她一下子愣在了那里。此后，很长一段时间，她都对这位辅导员老师有了偏见，从来不主动与老师交流。

但是，在同学们眼里，大部分辅导员老师做的都是非常好的，一名大一同学这样说道："我们的辅导员真的是既当爹又当妈啊！从接待我们报到，到我们毕业离校，看到我们长大成人，走向生活，此中融入了辅导员老师的多少心血和汗水啊！"他们班上的同学半夜突发疾病，辅导员老师打出租车连夜赶到医院，替学生支付住院费，因为此学生家是外地的，父母一下子赶不过来，于是这位辅导员天天在医院陪着学生，一直等待他的父母赶到，他才离开。

然而，同学与辅导员的交往中也存在一些不容乐观的情况。由于许多高校扩招以及辅导员工作体系相对滞后，目前高校中师生交流方式多转向手机短信、QQ、MSN、BBS等，面对面的交流越来越少，没有人关心、没有人交心、没有人谈心是大多数学生的感受，师生间的心理距离和心灵隔阂成为高校中一个普遍的问题。大学生们应该积极主动与自己的辅导员老师交流，真正把他们作为自己的良师益友，这样既有利于班级工作的开展，又有利于自己的成长成才。

总之，老师对同学的发展有非常重要的影响，其态度的好坏甚至可以影响一个同学以后能否成才。对于学生的心理健康，更是影响重大。教师和学生需要一起努力，缩小师生之间心理距离，提高心理相容度，教师对学生充满爱护与关爱，学生对教师尊敬与敬仰，使师生关系成为一种纯洁而无私的人际关系。

要学会与教师交往

师生交往是人际交往中的一个重要方面，有着与一般人际交往不同的特殊性。大学生在与教师交往时，存在哪些禁忌呢？

忌苛求老师。一个教师面对的是几十个学生，让每一个学生都感到满意显然是不易做到的。在师生交往中，教师很可能有这样或那样的疏忽与缺点，学生不能过于苛求，不能以偏概全，应该有所体谅。良好的师生关系离不开谅解、宽容的态度。当然，双方如果发现有缺点，要真诚地以恰当的方式指出来。

忌自我封闭。大学生首先应该意识到，对教师的冷漠无异于为自己的人生发展道路设置前进的障碍。一个态度冷漠的学生无法让教师体会到情感的共鸣，无法激起教师对学生的关怀、信任和期望。师生之间的交往离不开情感的交流。

忌傲慢粗暴。无论教师还是学生，在相处和交往之中都不应该傲慢和粗暴，只有缺乏修养的人才会表现出这些行为。学生对教师不可能表现傲慢，但要注意不能有粗暴无礼的态度和行为。

忌不尊重老师。学生对老师最应该注意防止的就是不尊敬老师或对老师无礼。在老师面前言谈举止失当,故意怠慢老师,或认为老师教书是本分,犯不着用什么礼节客套等等,这将会给师生关系罩上一层阴影。对老师最大的不敬是不好好学习,试想,一个为学生呕心沥血的教师,如果得到的是学生调皮捣蛋、不好好学习、成绩落后的回报时,会是什么样的心情?

第二节 大学生人际交往不良分析

一、大学生人际关系不良的类型

第一类:缺少知心朋友。这类大学生通常多能正常交往,人际关系也不错,但自感缺乏能互吐衷肠、肝胆相照、配合默契、同甘共苦的知心朋友,为此,有时不免感到孤独和无奈。

第二类:与个别人难以相交。这类大学生与多数人交往良好,但与个别人交往不良,他们可能是室友、同学或父母等与自己关系比较近的人,由于与这些人相处不好,常会影响情绪,成为一块"心病"。

第三类:与他人交往平淡。这类大学生能与他人交往,但总感到与人相处的质量不高,缺乏影响力,没有关系比较密切的朋友,多属点头之交,没有人值得他牵挂,也没有人会想念他,他们难以保持和发展良好的人际关系。这类同学多会感到空虚、迷茫、失落。

第四类:感到交往有困难。这类大学生渴望交往,但由于交往能力有限、方法欠妥或个性缺陷、交往心理障碍等原因,致使交往不尽人意,很少有成功的体验,他们往往感到苦恼,很希望改变社交状况。

第五类:有社交恐惧心理。这类大学生对人际交往特别敏感、害怕,极力回避与人接触,不得不交往时则紧张、恐怖、心跳加快、面红耳赤,难以自制。为此,他们常常陷入焦虑、痛苦、自卑中,严重影响到身心健康和日常生活。

第六类:不想交往。这是比较特殊的一类,前五类同学都有交往的愿望,而此类同学则缺乏这种愿望和兴趣,他们自我封闭、孤芳自赏或存有怪僻。这类大学生极少。

比较而言,前四类是一般性社交不适,人数比例也较高,而后两者属严重的社交障碍,比例虽小,但对身心的健康、发展危害很大。

典型案例

人际交往受挫 大学一年级新生欲退学

一个多月前,在长春某重点高校念热门专业的大学一年级学生小蕾(化名)几次找到老师要求退学。"小蕾写得一手好文章,还弹得一手好钢琴。入校不久,她就因文笔出众,被校内文学团体破格吸收为会员。"小蕾的老师这样说道。听说她要退学,大家都很吃惊。

小蕾要退学的理由主要有两个:一,自己是自费生,要花 10 多万元的学费,父母负担太重;二,同学们瞧不起她,总在背后议论她,以致她感觉"大家都挺虚伪的,一回到寝室,就胸口发闷”，甚至觉得“活着没意思”。据小蕾的父亲讲，家里并不缺钱，供孩子读自费根本不成问题。老师们也描述说，“当小蕾讲到第二点时，就变得烦躁不安，最后竟然泪流满面”。

一位笔名 Susan 的师范院校大一学生写给心理辅导员一封信。信上说：“我感觉很孤独。今天下午在寝室，室友们聊天的聊天，学习的学习，惟独我既学不进去，又融不到她们中去。我的上铺是个南方人，地方口音很重，寝室里又没有老乡，可是总有人和她讲话，为什么？我有那么孤僻吗？有那么高傲吗？其实也不是，好多次我都想给身边的每个人一个微笑，想向每个人表示我的友好，并成为他们的朋友，可是我做不到！为什么这么难？”

一位来自哈尔滨的学生向老师抱怨：“我神经衰弱，睡眠不好。晚上寝室熄灯后，室友们不住地高谈阔论。不参加，显得不合群，参加吧，第二天头昏脑胀，无精打采。几次抗议，毫无效果，真不知咋办才好。”另一位女孩则气愤地说：“有些同学，在家里当惯了大小姐，到了学校，还对人发号施令，呼来喝去。一想到还要和这类人相处 4 年，就头疼。”

（引自：南方网）

二、影响大学生人际交往的因素

（一）外部因素

1. 贫富的差距

贫困同学多来自农村，很多农村的孩子从贫困的乡村进入繁华的城市之初，心灵都会受到强烈的震荡，同时伴随着社会分层，校园也在分裂，生活在同一屋檐下的几个大学生之间可能就有很大的贫富差距。这种落差给他们带来了比较重的心理负担和压力。一个贫困同学因为自卑，或者自尊，或者其他原因，很难与一个家境比较富有的同学成为知心朋友。一个来自山村的大学生说：“我有的时候一顿饭为了省钱，连菜都不吃，只吃两个馒头；但有的同学天天吃小炒，还嚷嚷着很难吃。我们之间差距太大，不仅是经济上的，在人生经历、思想情趣、兴趣爱好上都有一定的差距，这种差距就像一道沟，我们被彼此隔在了沟的两边。”

如果“富学生”不能够理解贫困同学的难处，不懂得宽容和体谅，处处炫耀自己，而贫困的同学又不能很好地调整自己的心态，自卑而封闭，那么，长此以往，大学生的人际关系会愈加恶劣，从而影响到包括贫困同学和富裕同学所有同学的身心健康。

2. 压力与竞争

刚刚步入大学校园的大一新生，似乎还感受不到这种就业的残酷。可是随着学习、生活逐步走上正轨，一切基于未来就业的竞争迅速展开。竞选班干部、争取奖学金、评三好学生……一直到了大四，竞争更加剧烈，求职、考研、出国……压力无处不在，似乎大学四年都是在竞争中度过的。

北方某大学某一调查表明，当代大学生面对激烈的竞争，许多同学认为彼此间是“互为对手”关系。由于在学习、就业等各方面的竞争，四成以上的同学感受到了现在大学生之间实际存在的“互为对手、平等竞争”的关系。还有相当一部分同学认为同学之间是“互不相干、各人自顾”甚至“互相提防、暗中拆台”的关系。

研究表明，适当的竞争意识对于自己的成长是十分有利的，有压力才会产生动力，才会有竞争,才会为自己争取更好的未来。可是,过度的竞争使得大学生之间的人际关系变得敏感,同学们之间变得神神秘秘,再也找不到往日的真诚和笑脸。一位心理专家说:“当代大学生的成长就好比一棵树,一个枝丫叫做竞争,一个枝丫叫做帮助与合作,两个枝丫理应长得不相上下,但现状是前者长得茂盛,后者却长得很单薄。”

(二)内部因素

1. 自我中心

许多大学生在中小学时期往往是表现出色的好学生,已习惯接收别人的表扬和肯定。随着大学生活的深入,对人际关系处理的“无能”便明显地在大学新生中表现出来。他们在进入大学后仍然主观固执,自我意识强,自理能力差,想问题、做事情往往以自我为中心。一位大一的同学谈到,他在学校里的朋友不多,和许多同学的关系处得并不好,因为他们个个都很傲,个个都很有个性,谈不到一块儿来。

在有些大学生的心目中,常常认为自己就是“恒星”,而别人是“行星”,大家都应该围着自己转,关心自己,事事为自己着想。他们不太注意了解他人的性格、爱好、生活习惯、思维方式的差异,而过分关注自我,过分注重自我需要的满足,却忽略或否认他人的需要,并以自我需要展开人际交往。某高校的一名大学新生曾向心理辅导老师诉苦,说自己心情不好的时候回到宿舍,别的人却还在说说笑笑,完全不理他的感受。他认为,自己心情不好,同宿舍的人就应该来安慰他,应该陪着他难过。所以,部分独生子女的“自我中心”意识,严重影响了他们的人际交往,也影响到了自己的心理健康。

2. 归因偏差

一件事情发生的背后,一定存在某种原因。在社会认知中,人们总是要对他人和自己的行为原因进行分析,通过外在的行为表现来推测其内在的意图和动机。归因(attribution)就是对他人或自己的所作所为进行分析、推测和解释其原因的过程。

大学生在认识和处理自己的人际关系时,容易产生一定的归因偏差。有调查发现,一些女生不敢与异性同学打招呼,归因于自己来自农村,长得不漂亮等;而一些大学生将自己交往范围小归因于对方考虑地位,家庭背景、利益等因素过多,而不是归因自己没有主动与人交流,自己的兴趣爱好不够广泛等。正是由于对自己的认知偏见和对他人的消极认识、评价使许多大学生在自己的人际交往中产生嫉妒、自卑、猜疑、报复等不良心理,极大程度地局限了他们的人际交往,阻碍人际关系的发展,也严重影响着他们的心理健康。因此,大学生应该正确总结人际交往的经验教训,客观的认识自己的行为,对事件进行合理的归因,这样才有利于良好人际关系的建立。

3. 认知偏见

人与人的交往首先是从感知、识别、理解开始的,彼此之间不相识、不相知,就不可能建立人际关系。认知包括个体对自己与他人、他人与自己关系的了解与把握,它使个体能够在交往中更好地、有针对性地调节与他人的关系。大学生在具体的人际交往中,容易产生以下几种认知偏见:

(1)首因效应。首因效应即第一印象。第一印象,也就是第一次对人知觉时形成的形象，它往往最深刻，而且常会成为一种基本印象而影响对他人各方面的评价。俗话说，先入为主，讲的就是这个道理。人们根据最初形成的印象去推测、解释他人以后的一系列行为，就可能发生错误，这就是首因效应偏见。

人们很重视给别人的第一印象，但也该看到，第一印象得之于较短时间的接触，又无以往的经验作参照，主观性、片面性较强。所以，一定要注意其消极的一面。既不能因第一印象不好而全盘否定，又要防止被表面的堂皇所迷惑。“金玉其外，败絮其中”，这样的例子也屡见不鲜。大学生应该多同周围的人交往，在实践中练就一番透过现象看本质的本事，在长期的相处中全面、正确认识和了解他人。

（2）晕轮效应。晕轮效应又称光环效应，人们在认知他人时，对于他人的某种品质或特征有突出的知觉，这一品质或特征掩盖了对这个人的其他品质或特征的知觉，这一突出的印象起着一种类似晕轮的作用。从一个人的个别品质特征来对他进行全面的评价，这就是晕轮效应。

心理学家凯利曾做过一个实验。他告诉一个班上的大学生，有一位讲师要来为他们上课，要求他们听课结束后对该讲师做出评价。接着，他简要地介绍了这位讲师的情况。他把班里学生分为两组，对一组说这位教师是“相当温和的人”，对另一组的学生说这位教师是“相当冷淡的人”。当这位教师上课结束后，凯利要求学生们在一组“态度量表”上评价这位教师。虽然全班学生在同一时间听同一个人的课，但每一个学生的评价却明显地受到原先暗示的影响。听说该教师“相当温和”的学生更倾向于把他看成一个不拘小节、和蔼可亲、受欢迎的人，而听说该教师“相当冷淡”的学生则相反。并且前一部分学生有 56％在课堂讨论中积极与该教师接触，而后一部分学生只有 32％投入班级讨论。

晕轮效应是一种主观片面的认识，它的产生往往是由于在掌握认知对象信息不足的情况下做出总体判断的结果，也就是以点概面，以偏概全。无论做什么事情，只有在正确判断的基础上才能做出正确的反应。人际交往中应该注意克服晕轮效应的影响。大学生有意识地训练自己从不同角度、不同方面去观察、评价他人，随时纠正晕轮效应造成的认知偏差。

（3）刻板印象。刻板印象又称定型效应，表现为把交往对象机械地归入某一类群体中，并对各类群体的人持有一套固定的看法，并以此作为判断、评价他人的依据。

人们由于地理、经济、政治、文化等条件而集合在一起，在同一条件下，容易产生较多的相同点。如，人们认为北方人体格粗壮，性格豪爽、直率，能吃苦耐劳；而南方人身材较矮小，聪明伶俐，随机多变。还比如，同学们都认为体育系的学生四肢发达，头脑简单，理工科的学生头脑发达，理智但机械，文科的学生思维敏捷，多愁善感。

由于刻板印象把同样的特征赋予群体中的每个人，而不管其成员的实际差异，所以很可能形成偏见，影响交往的进行。如班上来自城市的同学，总认为农村来的同学见识少，缺乏教养，总是对他们不屑一顾，这就导致了不良人际关系的产生。

克服刻板印象应该认识到，个人虽然有与其所属团体趋同的特征，更有自己独特的人格品质，应时时提醒自己把交往对象看成是一个独特的人，把他从所属群体中分离开来，这样就可以很大程度上避免刻板印象。

三、大学生人际交往中的心理缺陷

心理学研究表明:健康的个性总是与健康的人际交往相伴随的。心理健康水平越高,与别人的交往就越积极,越符合社会的期望,与别人的关系也越深刻。那些在人际交往中颇受好评,很得“人缘”的人一般具以下特点:乐观、聪明、有个性、独立性强、坦诚、有幽默感、能为他人着想、充满活力等等。而那些在人际交往中不太受人欢迎的人也具有以下几个特点:自私、心眼小、斤斤计较、孤傲、依赖性、自我中心、虚伪自卑、没有个性等等。

心理学家奥尔波特发现个性成熟的人,都同别人有良好的交往与融洽的关系,他们可以很好地理解别人,容忍别人的不足和缺陷,能够对别人表示同情,具有给人以温暖、关怀、亲密和爱的能力。心理学家马斯洛发现高水平的“自我实现者”,对别人有更强烈、更深刻的友谊与更崇高的爱。

如果一个人长期缺乏与别人的积极交往,缺乏稳定的良好人际关系,那么这个人往往有明显的性格缺陷。在一些大学生心理危机的实例中,我们也注意到,绝大多数大学生的心理危机与缺乏正常人际交往和良好人际关系相联系的。大学生在人际交往中常见的心理缺陷主要有以下几种:

(一)自卑

自卑,即对自己的知识、能力、才华等做出过低的估价,进而否定自我。一般说来,自卑感严重的人,往往感情脆弱,多愁善感,怀疑自己的能力,遇事畏畏缩缩,裹足不前,易使人孤立、离群、丧失自信、缺乏荣誉感。但也有相反的情况,有的自卑者为了掩盖自己极度自卑的心理,反倒表现出一种狂妄自大、目中无人的报复心理,这实际是一种消极的补偿心理。

自卑的人在交往中,虽有良好的愿望,但总是怕别人的轻视和拒绝,因而对自己没有信心,很想得到别人的肯定,又常常很敏感地把别人的不快归为自己的不当。有自卑感的人往往过分地自尊,为了保护自己,常表现得非常强硬,难以让人接近,在人际交往中变得格格不入。

自卑者在认识自我时,有一种习惯倾向,那就是不以正确的社会比较为基础,总是习惯于以己之短比他人之长,结果当然是自己无能。实际上,自卑心理源于心理上的一种消极的自我暗示,很多心理学家指出,自卑感和本人的智力、受教育程度、所处的社会地位等因素无关,而仅仅是对“自己不如他人”的确信。大学生的自卑感,多是来源于对自己的家庭出身、外貌、才干等认识不足而产生的。当然,对挫折不恰当的归因也会导致自卑。自卑感带来的后果是显而易见的。它会严重地阻碍人际交往,离群自闭,严重者甚至心理变态,与社会生活格格不入,妨碍个人发展和心理健康。

要克服和预防自卑心理,首先要敢于正视自己的不足。人无完人,每个人都有自己的优缺点。对于一些不可改变的事实,如相貌、身高等等,完全可以用别处的辉煌来弥补,大可不必自惭形秽。其次,要学会使用积极的心理暗示。积极的自我心理暗示,就是说即使自己处在不利的情形,也要鼓励自己,增强信心,而不是事先过多地体验还没有到来的失败之后的情绪。不可小视积极的自我暗示的作用，哪怕就一句“I can do!”它的作用机制和自卑本身一样都是通过个人内在的反复强化进行的。再次，要正确地认知他人。自卑心重的人往往很善于发现他人的长处，这本身不是坏事，可是他老是用别人的长处和自己的短处比，不是激发起奋起直追的勇气，而是越比越泄气，从而贬低、否定自己，以偏概全。其实，人各有所长，自己不可能事事都比不过别人，反过来也一样。见贤思齐应当鼓励，但这其中还有一个量力而行的问题。最后，要锻炼自己的心理承受能力，不要因为一次失败而一蹶不振，或因自己某一方面的过失而全盘否定自己。要防止和克服自卑感，还要注意不可对自己提出过高的要求，在选择目标时除考虑其价值和自身的愿望外，还要考虑其实现的可能性。与其追求那些不切实际的东西，还不如设立一些较为现实的目标，采用“小步子”原则，不断地使自己得到鼓励。

（二）嫉妒

典型案例

女大学生自考报四科，遭同班女生嫉妒被毁容

重庆某大学女生琳琳，因嫉妒副班长晓艳报考了四门本科自考科目，与晓艳进行谩骂，并进而用水果刀划烂了晓艳较好的面容。对晓艳进行治疗的医院大夫告诉记者，晓艳的脸伤在痊愈后也将留下明显瘢痕。

目击者、琳琳的同学周某昨天讲述事件经过：那天下午，琳琳和几位同学在寝室里谈论，隔壁寝室的晓艳报考了4门本科自考课程。琳琳随后大声称，看不惯晓艳。随后，晓艳从另一同学口中得知了琳琳的说法，便去隔壁寝室质问琳琳。琳琳进了一趟洗手间，晓艳还没有离开寝室，两人随后产生抓扯。“琳琳情绪突然激动起来，抓起桌子上的水果刀就划晓艳。”周某说，她上前劝阻，肚子被琳琳踢了一脚，再不敢靠拢。

当问及琳琳谈起拿水果刀伤害晓艳的原因，琳琳张开嘴露出了笑容，“我太冲动了，现在，她随便怎么打我我都不会还手，我想给她说一万个对不起。”她说，事件发生的晚上她一夜没睡着，毕竟把自己同学伤了，心里十分后悔。

琳琳父亲与晓艳父亲见面时连声说抱歉。他介绍，琳琳是独生女，从小有些迁就，养成了一些不好的脾气，女儿易怒，并且不爱沟通。

（引自：重庆商报）

嫉妒就是自己以外的人，占了比自己优越的地位，或是自己所珍惜的东西将被别人获得或已被别人获得的时候所产生的情感。嫉妒心是对某些方面超越自己的人的一种嫉恨，是对无意或有意竞争者的一种仇恨心，社会上称它为“红眼病”。嫉妒与羡慕不同，羡慕是看到别人的样子或状态，也希望自己能变成那样，但因自己的境遇与素质的差距而无法达到时产生的情感。比如说，看到别人在容貌、能力、健康等方面都比自己优越时，心里产生一种感叹的情感，这种情感是静态的。而嫉妒却是动态而且带有攻击性的。强烈的嫉妒心有时也可能会做出使人无法理解的行为。

嫉妒可能是现实生活中对人际关系危害最大的心理缺陷。一般来说，一个人并不对所

有的人产生嫉妒，只是嫉妒比自己强的人，尤其是经常和自己在一起，年龄、性别、学历、地位等条件相似，过去同自己平起平坐，甚至还不如自己，可现在却超过自己的那些人。嫉妒心正是在自己不如别人优越而有了失落感时才产生的。每当与这些比自己强的人在一起时，内心就会产生一种痛苦的刺激，从而造成情绪上的抵触和对立，最后把这种变态情绪发泄到对方身上。

2002 年北京大学心理系一女研究生因嫉妒同学得到美国某大学的高额奖学金，偷偷以该同学的名义发了份 E-mail，说放弃这个机会，致使奖学金转给了别人。按理说，学心理学的人应该更善于处理自己的情绪，为什么还会这样做？据了解，这名女研究生心理素质很好，法庭上面不改色，然而名牌大学的高材生还是沦为了嫉妒的俘虏，由此可见嫉妒的根深蒂固性。

嫉妒不仅使精神受到折磨，对身体也是一种摧残。美国一些专家长达 25 年的跟踪调查发现，嫉妒程度低的人，只有 2.3％的人患心脏病，死亡率仅 2.2％；嫉妒程度强的人，9％以上的人得过心脏病，死亡率高达 13.4％。目前，德国等国家已把嫉妒列为疾病的一种，确实很有道理。巴尔扎克说过："嫉妒者受的痛苦比任何人遭受的痛苦更大。自己的不幸和别人的幸福都使他痛苦万分。"

有人把嫉妒比做"双刃剑"，既可伤害别人也会伤害自己。那么嫉妒心理强的人应该怎样消除这种不良情绪呢？首先要正确认识自我。要准确认识自己的长处，不要妄自菲薄，要反思自己，寻找自己对他人、对某事的评价与处理是否具有不公正、不客观的成分，面对某人某事的时候，自己的心情和行为的出发点是否理智等等。其次要减少虚荣心。虚荣心是一种扭曲了的自尊心。自尊心追求的是真实的荣誉，而虚荣心追求的是虚假的荣誉。对于嫉妒心理来说，要面子、以贬低别人来抬高自己正是一种虚荣和空虚心理的表现。单纯的虚荣心比嫉妒心理容易克服，但从形成的心理机制来看两者又紧密相连。所以，克服一份虚荣心就会减少一份嫉妒。再次不要以自我为中心。具有嫉妒心理的人往往以自我为中心，不甘别人之下，不把别人的成绩看做是对社会群体建设的贡献，而首先看成是对自己的威胁，能跳出自我为中心的圈子，才能摆脱痛苦。最后要学会接纳他人，理解他人。孔子曰："三人行，必有我师焉"，这是劝戒人们要谦虚谨慎，要善于发现他人的优点，并向他人学习，而这样做就需要悦纳他人。悦纳他人需要的是客观、公正的眼光以及与人为善的准则。

（三）孤僻

典型案例

性格孤僻，"走火入魔"的大学生

在人们眼里，大学生们的生活应该是"少年不识愁滋味"，然而大学生由于压力而造成的心理疾病已经不容忽视。日前媒体报道某名牌大学毕业生，参加工作不到半年，近日突然在地铁里自杀。据了解，这位大学生在上学时就不和同学交往，毕业后在一家广告公司工作，还是很少有机会与同事互相谈心。同时，这位大学生面对种种不顺心却很少和家人沟通，把沟通的希望寄予网络，每天都坐在计算机前，在虚拟的空间里交流，从此这位大学生越来越封闭，对生活、事业感到绝望，最后选择了自杀。

一些大学生在进入大学后，由于性格内向等原因，在和别人交往的过程中不知所措或无法和别人较好地沟通，时常是踏着铃声进出课堂，下课后回到宿舍。由于宿舍是一个陌生的环境，许多从没离开过父母的大学生由于不适应集体生活往往走向自闭，有的甚至由于不能处理好同宿舍同学和同班同学的关系，而觉得生活缺乏乐趣，在以后与人交往时表现出敌意。互联网的出现使得大学生只能寄希望于互联网，在网上倾吐衷肠。如果长此以往，会导致这些学生性格孤僻或少言寡语，患上抑郁症，甚至出现自杀的倾向。

（引自：网族网）

正常人都有交往的需要，但有些人却不愿与人交往，常常无话可说，厌恶与人交谈，他们不随和、不合群，将自己与外界隔离开来，很少或根本没有社交活动，如天马行空，独来独往，这就是孤僻。

造成孤僻的原因是多方面的，既有性格方面的原因，也有挫折经历、环境的影响。性格冷漠、孤僻的人，往往从小缺乏关心和爱，或者在情感上受过重大打击，所以形成了冷眼看世界的特征。在他们眼里，这世界是灰色的，人是自私的，是不可信赖的。所以，他们总是与他人保持一定的距离，对人们封闭自己心灵的大门。孤僻者排遣自己内心寂寞的方式是完全个人化的，与他人无关，如写日记。从孤僻者表层的行为来看，似乎他们与别人交往的动机不够强烈，甚至是没有，其实他们只是将交往的需要和动机压抑在潜意识中，这样一来严重影响着他们的正常交往，也使自身深受其害，他们的心灵常会被寂寞、孤独、无助吞噬着，但却又不能自拔。

培养对生活、对人生的热爱是改变冷漠孤僻性格的出路。首先，性格孤僻的大学生应该有意识地挖掘生活中美好的事物，发现那些感人的人间情爱，强迫自己以热情的方式待人，逐步放开自己的心灵。第二，要正确地认识自我，这是矫正孤僻心理的突破口。孤僻者大多对于自我有扭曲的认识，他们有些人自命不凡，将自己的怪癖视作为个性。因而对于孤僻者而言，通过自我解剖、自我批评正确认识自己尤为重要。另外，孤僻的大学生应该主动参与一些集体活动，在良好的交往活动中，感受人际温暖，体验人际情谊，产生与他人成为朋友的愿望，这样逐步建立起健康和谐的人际关系。

（四）猜疑

有一则很有趣的寓言故事。古代有一个人，丢失了一把斧子，他怀疑是他的邻居偷了。他有心观察，觉得邻居走路、说话、神态都像是偷了他的斧子，他肯定邻居就是小偷。不久，他在自家地里找到了斧子，再观察邻居，觉得他说话、走路、神态竟全然不像小偷的样子。这位丢斧者为什么会对同一个人做出前后两种截然不同的判断？这正说明猜疑是一种主观的想像和推测，不是以客观事实为依据的。

我国传统的人际交往观念中就有这样的训示："逢人只说三分话，不可全抛一片心"、"害人之心不可有，防人之心不可无"、"知人知面不知心"等，即便是在现代社会，这些训示仍不无道理。尽管人与人之间的真情历来被全社会所称颂，但欺骗蒙蔽、虚情假意等现象依然存在，人与人之间的提防戒备似乎在情理之中。可是，我们应该看到，有些人防备心理太重，或整天疑虑重重，认为人人不可交，这就成心理障碍了。

典型案例

林坚的心病

刘保在班上表现不佳，功课落后于别人，还喜欢与胆子较小的林坚同学交往。一天，刘保的自行车被人偷走了，他怀疑是林坚干的。像平时一样，林坚心里害怕被冤枉，不知如何为自己辩解，变得躲躲闪闪，想以此回避刘保怀疑的目光。结果是，他越想躲开，越被刘保怀疑。终于，刘保做出明显的侵犯举动——几次故意让林坚骑自己新买来的自行车，以林坚是否会骑来判断他是否偷车。从此，林坚把害怕被冤枉的意识扩大到生活的各个方面，想到自己多看一眼同学会被怀疑，说错了话会被怀疑，功课不好了也会被怀疑，无形中形成了一种心理障碍。

猜疑是人际关系的大敌。它会破坏朋友间的友谊，疏远同学间的关系，无端地挑起同学和朋友间的矛盾纠纷，也很影响自己的情绪。生活在猜疑中的人，总是郁郁寡欢，缺少内心的宁静。《红楼梦》中的林黛玉，就是个疑心病很重的人。她本来身体就弱，加之常常在猜疑中度日，使自己情绪沮丧，常暗自垂泪，结果是身心俱毁，早年夭折。

爱猜疑的同学，首先要开阔自己的心胸，加强自身的修养，培养开朗、豁达、大度的性格。需要澄清的事实，诚恳地同别人交换意见；对鸡毛蒜皮的小事，就不要过分计较。不必过分在乎别人的态度与说法，“未做亏心事，不怕鬼敲门”、“走自己的路，任别人评说吧”，这些话都是鼓励人们心怀坦荡、豁达开朗的。对似是而非的流言，不要偏听偏信，要用理智分析对待，静观事情的变化，切勿感情用事。有的人一听流言，就暴跳如雷，“说风就是雨”，迫不及待地找上门去讲理争辩。由于缺乏调查研究，找错了说理对象，反倒使自己十分尴尬被动。理智、冷静地对待别人的猜疑，是我们应保持的正常心态。其次是培养自信，同时也要信任他人。对并不熟悉的人，有防备心理是很正常的。而对于熟悉的朋友，信任是最重要的，信任会抵制猜疑的蔓延和加重，并克服猜疑心理。

第三节　大学生人际交往的策略

一、大学生人际交往的原则

（一）平等正直原则

在人际交往中，平等待人是建立良好人际关系的前提，没有平等待人的观念，就不能与人建立密切的人际关系。心理学的研究表明，人都有爱和被尊重的需要，特别是大学生，他们渴望独立于父母，渴望受到他人的尊重，受到社会的承认。

在人际交往中，交往的双方人格上是平等的，这包括尊重他人和保持他人自我尊严两个方面。所谓尊重，就是对自己、对他人的人格、思想和行为不以个人好恶为评价标准，而是从它的有利价值取向予以肯定。彼此尊重是友谊的基础，是两心相通的桥梁。交往必须平等，平等才能深交，这是人际交往成功的前提。

正直原则指正确、健康地进行人际交往，营造互帮互学、团结友爱、和睦相处的人际关系氛围。绝不能搞拉帮结派，酒肉朋友，无原则、不健康的人际交往。

（二）诚信宽容原则

真诚是做人的基本要求，也是人际交往的基本原则。在与人交往时，一方面要真诚待人，既不当面奉承人，也不在背后诽谤人，要做到肝胆相照，襟怀坦荡。另一方面，言必行，行必果，承诺事情要尽量做到，这样才能赢得别人的拥戴，彼此建立深厚的友谊。

美国心理学家安德森曾做过一个实验，他列出550个描写人的品质的形容词，让大学生指出他们所喜欢的品质。研究结果显示，大学生们评价最高的性格品质是“真诚”，在八个评价最高的形容词中，竟有六个与真诚有关。马克思曾经把真诚、理智的友谊赞誉为“人生的无价之宝”。古人也说，“精诚所至，金石为开”；“心诚则灵”。

交往中，对别人要有宽容之心，如“眼睛里容不得一粒沙子”般斤斤计较，苛刻待人，或者得理不让人，最终将会成为孤家寡人。另外，要有宽容之心，还需以诚换诚，以情换情，以心换心，善于站在对方的角度去理解对方，会柳暗花明，豁然开朗。

（三）理解互利原则

心理学家认为，每个人的思想深处都有内隐闭锁的一面，同时又有开放的一面，希望获得他人的理解和信任。一般说来，任何正常的人际关系都是建立在相互理解的基础上的，因为只有相互理解，才能心心相通，才有同情、关心和友爱。

孟子说：“人之相识，贵在相知；人之相知，贵在知心。”只有通过相互理解，才能消除人际交往中的不良因素，如猜疑、嫉妒，从而达到人际关系的和睦而稳定。在交往中，要善于从对方的角度认知对方的思想观念和处事方式，设身处地地体会对方的情感和发现对方处理问题的独特个性方式等，从而真正理解对方，找到最恰当的沟通和解决问题的方法。

互利原则是指在人际关系中，关系双方都能够从对方得到一定的利益和好处，相互满足各自的需要。大学生应该珍惜友谊，相互给予。你在别人需要你的时候，无私地给了他诉说心事的空间，使别人心灵得到了慰藉，自尊得到了满足，别人也会把你当作知己。当我们力所能及帮助别人的时候，内心常会有一股成就感，让我们觉得生命非常有意义、有价值。而你通过交流，也获得了信息与经验，更重要的是你赢得了朋友。这样在珍贵的大学阶段，为自己和别人营造了一个融洽欢愉的人际氛围，使自己能在良好的环境中健康成长，不断成熟，受益无穷。

二、人际交往技巧

（一）学会换位思考

生活中由于种种原因而导致不能很好的理解别人。当你站在别人的位置看问题时，就会了解别人的所言所行，获得许多从未有过的理解，便会觉得心理上的距离缩短了。另一方面，每个人都有保留自己意见和按照自己意愿去生活的权利，彼此只能用自己的思想去影响别人，而不可能强制改变别人。如果时时处处尊重和理解别人的选择，不过高要求别人，就可以减少误解，有豁达心胸，从而达到心理相容。

生活在相同的环境中，彼此间的合作不可避免。当别人午睡时，尽量放轻动作；自己听音乐时戴上耳塞；有同舍室友亲友来访，热情接待等。“勿以善小而不为”，当你设身处地地为别人着想时，你就会发现一切正在悄然改变：朋友之间的不快荡然无存，能够畅言的越来越多。你会过得充实愉快，觉得人际交往是一件自然与轻松的事，从而对学习生活持以乐观的态度，对塑造一段完美的大学生活以及以后的人生充满信心。

智者的话

一位青年拜访年长的智者。

智者说：“我送你四句话，第一句是：把自己当成别人，即当你感到痛苦、忧伤的时候，就把自己当作别人，这样痛苦自然就减轻了；当你欣喜若狂时，把自己当作别人，那些狂喜也会变得平和些；第二句话是：把别人当作自己，这样就可以真正同情别人的不幸，理解别人的需要，在别人需要帮助的时候给予恰当的帮助；第三句话：把别人当成别人，要充分尊重每个人的独立性，在任何情形下都不能侵犯他人的核心领地；第四句话是：把自己当作自己。”

青年问道：“如何理解把自己当自己，如何将四句话统一起来？”

智者说：“用一生的时间、用心去理解。”

（二）学会宽容

俗话说，“金无足赤，人无完人”。同学之间坦诚相待、互通有无，有利于增进彼此友情，减少不必要的摩擦、冲突。但是，如果你和同学交流时遇到意见分歧，或对方有错误时，你是措辞生硬，直道其详，还是暂时退让，站到对方的立场上想一想，委婉地让对方接受你的意见，会产生完全不同的效果。另外，培养幽默感也有助于把本来紧张的局面缓和得轻松自如，几句俏皮话能使一个窘迫的场面在笑话中消逝。

（三）善于倾听

“很少有人能经得起别人专心听你讲述所给予的暗示性赞美。”一位作家这样写道。倾听的目的一方面是给对方创作表达的机会，另一方面是自己能更好地了解对方，以便进一步与其交往和沟通。学会提高倾听的艺术，首先要静听他人的谈话，不要贸然打断对方的话题，也不要时时插话，影响他人的谈话思路，或弄不清谈话就断然下结论。其次，要鼓励对方讲下去，可以用简单的赞同、复述、评论、接话等方法引导他人讲下去。另外，不要做无关的动作，如心不在焉、东张西望、爱听不听、不慎耐烦、不时看表、目光游离不定等动作。这些既影响对方讲话的兴趣，又是一种非常无礼的行为。

（四）善于拒绝

保持人格的独立是建立健康人际关系的前提条件。善于拒绝是独立人格的重要体现。

这里指的拒绝有别于封闭式的自我保护、狭窄的自我中心态度和冷漠的旁观行为，善于拒绝是处理冲突状态下的一种沟通技巧。

学会拒绝

你常遇到一些不好意思拒绝的事情吗？你的生活中是否常被以下一种或几种令人讨厌的情况烦扰：

(1) 别人随意占用你的时间，令你觉得无法支配自己。

(2) 你内心并不愿与某人交谈，但你还是敷衍着。

(3) 由于无法摆脱，你只得陪着同伴参加你并不喜欢的活动。

(4) 明知对方提出的要求违反道德或违反学校纪律，你还是不情愿地帮了忙。

………

如果这些情况经常发生，并且事后总使你感到不安和内疚，你就要有勇气去正视它，并尝试采用相应的拒绝语来克服它。拒绝语表达要点：

(1) 语气平缓，带有歉意。

(2) 先感谢对方的好意邀请或信任。

(3) 此次拒绝，但为下一次留下余地。

(4) 具体地表达自己的想法。

例如：

“不，我觉得那样做不行。很抱歉。”

“我不想参加那个聚会。很感谢你的邀请。”

“很抱歉，我不想把我的字典借出去。”

“对不起，我不想说出那个特殊的原因。”

“我愿意和你们一起玩扑克，可现在不行，我想完成今天的实验报告。如果你们周六晚上想玩，我一定来。”

“我们还年轻，学习任务又重。我觉得我们可以保持朋友间的往来，但我不想这么频繁地见面聊天。我的英语口语想过关，一定要加倍花时间了。”

（五）避免言谈失礼

典型案例

祸从口出

小黄在宿舍里与同伴小刘一起玩牌，玩得正起劲时，隔壁宿舍里的小李来到桌旁问小刘一道习题。于是小刘停下来为他解难题。小黄在一旁等着不耐烦，冲着小李说出一句恶语，小李顿时被激怒了，一下子跳到小黄面前，指着对方的鼻子说：“你再说一遍！你敢再说！”小黄不理会小李的冲动反应，居然再次脱口而出。结果，小李产生了很强的身体反应，一拳头打在对方的脸上，顿时，小黄的眼镜片碎了，左眼失明……

生活中，因脱口而出的一句话造成对方怒发冲冠，大打出手或者扭头就逃的情景常有发生。大学生在与他人交往的过程中要注意自己使用的语言，防止“祸从口出”，减少不必要的麻烦。同时，如果在谈话中产生对峙状态，要学会克制自己，当对方发怒时先行退让，以避免出现伤害性的结果。

非语言沟通

按照沟通所借用的媒介的不同，沟通可划分为语言沟通和非语言沟通。借助于非正式语言符号进行的沟通称为非语言沟通，包括身体语言沟通（如身体姿势、衣着打扮）、非语言沟通（如声音、哭笑、重音）和物体的操纵等三个方面。有位心理学家对语言沟通和非语言沟通在沟通中的使用比率进行了研究，总结出如下的公式：

信息的传递 100％＝7％语言＋38％语音＋55％态势

由此可见，非语言沟通在信息传递中的作用非同一般。图 5-2 显示的是几种身体姿态，我们可以看出它们所表达的信息。

图 5-2　六种不同的身体语言

其中，A. 手势表现出一种焦虑、克制；B. 手势表现出自信、傲慢等；C. 身体姿态说明这人有些不服气，不接受某种意见；D. 可理解为非常有信心；E. 则表现出紧张、自我克制；F. 则看出此人存在某种有种疑惑

（六）积极参加各种活动

随着现代社会生活节奏的加快，大学生们渴望与人建立更多的联系，增加对社会与人的接触面。而大学生社团和各种协会作为大家联络感情、交流信息的一种很好的方式，理所当然受到了大学生们的推崇，使之成为大学校园里同学之间交往的一种成功方式。在大学校园里，大学生基于共同兴趣爱好和热情建立起来的各种社团、协会、俱乐部等日益增多，诸如

英语俱乐部、音乐协会、影视社团等数不胜数，这种自愿组成的小团体，以一种较为随意的社交集会形式进行活动，这无疑为在校大学生们丰富业余生活、交流信息、切磋技艺、建立友谊、提高能力等提供了一个充分的演练的舞台和施展空间。

大学生在参加各种各样的社团活动时，应该积极参与，要主动与他人进行攀谈、交流，在同他人交谈时，应当表现得诚恳虚心。同时，还应该尽可能地扩大自己的交际范围，除了与熟人、老朋友交谈之外，应尽量借此机会去认识更多的朋友。使自己在活动的参与过程中，学会交际技巧，扩大交际面，并在相互的联络与交流中达到取长补短、共同提高的目的。

此外，外出集体活动也是大学生人际交往活动的重要载体和成功方式。例如，在节假日、寒暑假，各院系班级组织的参观、学习、游览活动；个人之间结伴相邀的旅游揽胜乃至个人参加社会团体的旅游等等。山水怡情，风光无限，远离社会现实化了的环境和利益，在旅游所创造的特殊情景中，大学生的人际交往活动更显得超自然和顺利。借助于游览活动，个人或群体在自然的怀抱中尽情袒露自我，表现个性，从而增加彼此交流的机会，相互理解，建立友情，这是现代社会人际交往的一种特殊情景和成功方式。

第四节　大学生人际交往与网络心理障碍

21世纪是网络的时代。网络以它特有的优势和发展速度，正在改变我们的工作、学习和思维方式，渗透到了我们日常生活的每个角落，将我们带进了一个新的时代。然而，计算机信息网络也是一把“双刃剑”，网络的负面效应有如它的积极作用一样，涉及社会生活的各个方面。从当前网络对高等教育的负面影响来说，当首推大学生上网成瘾所带来的诸多问题。

“鼠标手中握，天涯若比邻”，网络给传统的人际关系带来的冲击是史无前例的。传统的人际关系往往是现实的，而网络交际把人带入了一个完全虚幻的世界，在网上，跟一个性别不清、职业不明、年龄不知的人交往，似乎是一件很正常的事情。

据中国互联网络信息中心(CNNIC)提供的资料，从1997年10月～2004年7月，我国网络用户从62万猛增至8700万。值得注意的是，在这些网络用户的构成中，大学生的比例一直高居榜首(每年都在50%以上)，他们将是网络成瘾最大的潜在人群。

典型案例

陆浩的一天

上课、吃饭、上网、睡觉，四个简单的动作构成了大学三年级学生陆浩一成不变的大学生活。无论课程多少，到学校机房或街头网吧泡上四五个钟头是他每日的“必修课”。和老朋友诉诉苦，与新朋友调侃几句，再往本校的BBS论坛中灌点水……实在无聊了，就与网友联机打游戏，时间过得不知要比课堂快多少倍。

日复一日地上网闲逛，陆浩有时也会觉得无聊。可一旦下了线，自己就如同无头苍蝇，没了方向。心里空荡荡的感觉让他很不踏实，甚至情绪低落、烦躁不堪。无奈，强大的孤独感又把他推回那熟悉而陌生的网络世界。莫非自己面前的网页成了无法抗拒的“电子鸦片”？陆浩有些茫然……

一、大学生网络心理障碍的表现及危害

（一）网络心理障碍的表现

1. 网络成瘾

网络心理障碍的主要标志是“互联网成瘾综合征”，其英文叫 IAD(internet addiction disease)。IAD 患者最主要的表现是，对网络操作出现时间失控，而且随着乐趣的增强，欲罢不能，难以自拔。患者多沉湎于网上自由说谈或网上互动游戏，并由此忽视了现实生活的存在，或对现实生活不再满足。初时只是精神上的依赖，渴望上网遨游冲浪，尔后可发展成为躯体的依赖，表现为情绪低落、头昏眼花、双手颤抖、疲乏无力、食欲不振等(图 5-1)。

图 5-1

2. 网络自闭症

许多整天沉迷于网络中的大学生相当一部分人患上了“网络自闭症”。网络自闭症是指一些网络爱好者因过度迷恋和依赖网络而导致的离群索居、孤芳自赏的自我封闭现象。研究发现，网络自闭者最容易患上“社交恐惧症”。

网络成瘾的人，会出现下面的状况：由于长时间盯着屏幕，眼睛疲劳，引起头部发紧；感到精力不足，自觉“心累”，注意力不容易集中，记忆力和理解能力下降；整天绝大部分时间面对机器，与人缺乏交流，造成缺乏生活热情，接受新事物和适应新环境的能力减弱，没有创造力和事业心；生活简单随便，很难提起兴趣；变得敏感多疑，自我中心，忌妒心重，容易因一些小事与人争执，或因自己看不惯的人和事而耿耿于怀；固执己见，没有改变现状的愿望，没有兴奋感，情绪始终没有高潮期等。

对着电脑屏幕行文如水、滔滔不绝，丢掉键盘鼠标就变得沉默寡言，网络正在让当代年轻人的人际交往能力逐日退化。网络成瘾者由于把太多的时间、精力花费在网络构建的虚拟世界，全然忽视了现实生活中与他人的交往或交流。反过来讲，正是那些内心隐蔽的人，更容易在无人知晓的网络世界袒露自己，宣泄内心的真实情感。

（二）网络心理障碍的危害

某高校的一项调查发现，大学一年级、大学二年级、大学三年级的三个年级的 1200 名大学生中(学计算机专业的占 30%)，上网热衷聊天的达 75.8%，选择网络游戏的占 41%，曾光顾黄色网站的占 35%。在时间比例上，只有 19.2%的时间上网是为了下载软件、搜集资料、了解时事新闻。而且年级越低，用于学习的时间比例则越低，用于玩游戏、聊天的时间则更多。其中，女大学生多热衷于网上聊天、交友，男大学生主要是迷恋游戏，追逐游戏的级别。

过度沉湎和依赖网络对大学生的心理健康造成了极大的影响。沉湎网络使大学生的性格变得更为孤僻，对社会形成隔离感、悲观、沮丧等心理障碍；对正常的学习和娱乐活动无兴

趣，消极地逃避现实，造成角色错位，把对现实的感觉和喜怒哀乐寄托在虚拟的网络世界中；感情淡薄，情绪低落，注意力分散，无精打采，只有在网上，才会精神焕发。凡是网络成瘾的大学生，大多会陷入虚幻的网恋中，人格出现异化，道德感弱化。

《南部医学月刊》上发表的研究报告中有这样一个病例，一个年龄40岁的男子对准自己的面部开枪企图自杀，原因是他相信一个朋友把互联网病毒放进了自己的耳朵中。这位病人还相信，有人在自己的网页和身体的四肢之间建立起了某种联系，一旦敲击某个键，他的四肢就会跳动。

网络可以为我们发送电子邮件，传输数据，进行视频通讯，开展远程学习，下载软件，查询资料，已成为人们不可离开的生产和学习工具。同时，网络也是人们"休闲消遣"，进行精神享受的好去处。可是在现实中，究竟有多少人、有多少时间，把网络当工具，充分地利用网络资源来提高工作与学习效率？又有多少人把网络当作了娱乐工具，利用它来进行消遣、玩游戏和聊天。大学生因长时间上网，减少了在现实生活中的人际交往和正常的文娱活动，日常的生活规律被打破，饮食不正常，体能下降、睡眠不足，生物钟失调、身体虚弱，思维会出现混乱，更严重者甚至导致猝死和自杀。

二、大学生网络心理障碍的原因分析

（一）虚拟网络的魅力

网络是现代科学技术进步的标志，它的高科技性、超时空性、自由性、开放性、仿真性与时尚性对大学生具有很强的吸引力。网络信息传播技术把真实世界和虚拟世界的界限变得模糊了，把实体的现实与创造的现实连接起来，这就从根本上改变了人的认识方式。网络给大学生提供了一个超越时空与现实的广阔天地，加强了他们了解外界及与外界联系的渠道。

现在的大学生有很多都是独生子女，他们因性格的差异、年龄、文化及教育方式的原因，难于向同学、朋友、家长及老师倾诉自己的心声，平等地交流感情。另一方面，他们又希望被别人所了解和关注，与人交流，渴望友谊。互联网正满足了大学生的这一生理和心理要求。

网络最大的特点就是极具虚拟性。在网络交往中，人的性别、年龄、身份、职业等通常备受关注的特征都被掩盖了，只剩下符号的交往。由于人们的交流不受容貌、语言表达能力的限制，不用顾忌自己的观点和情绪情感对自己有什么不利影响，所以，这些能够让很多人突破对社交的恐惧，进而锻炼自己网络社交能力。

（二）无法承载的心理压力

当今社会竞争的日趋激烈，生活节奏的空前加快，使得大学生面临前所未有的压力和心理负担。生理上的自我保护机制，促使个体自觉或不自觉地寻求缓解压力的方法和途径。所以，缓解压力和抒发苦闷已经成为大学生网络交际的一个重要原因。有项调查显示，61.5%的大学生会选择在寂寞无聊时上网聊天，而18.4%的大学生认为在网上最主要的收获是“使自己的压抑、苦闷得到缓解”。

（三）心理欲求的满足

人生活在现实生活中，有许多需要和欲望是无法满足的，因为现实社会所能提供的环境和条件毕竟是有限的。所以，很多人是想说而不敢说或不便说，想做而不敢做或不便做。在班上，你可能是一个性格内向，不善言谈的人物，而在网络中，你可能会变为一个截然不同的另一个人。网络的这个特性不知不觉中满足了人与生俱来的渴望参与、合群的原始动力。那些在现实中有着重重顾虑的人可以在这里寻找认同、安慰、发泄，可以无所顾忌地表达内心的感受，轻而易举地在网络上找到自己的“归宿”。

在网上，大学生可以在匿名状态下，自主选择交流对象，向对方尽情地倾诉自己的烦恼与困惑，很容易找到知音。而且网络还为他们提供了一个结识异性，寻觅红颜知己的广阔天地，使得各种“网恋”层出不穷。互联网所创造的虚拟世界为大学生们提供了“自我发挥”和“自我实现“的环境。于是网上聊天、网上交友、网上恋爱以及各种各样的网络消遣活动就成为大学生群体的乐园。

三、大学生网络交往的心理策略

（一）正确认识网络的作用

我们既不能否认网络可以带给人们更为坦率和开放的交流与沟通，也不能忽视因网络存在种种角色虚拟而带来的弊端。许多大学生患上网络心理障碍就是因为网络淡化了现实中自己的种种弱势，但却不明白自己的根本问题没有得到解决。这样的学生会感到，在虚拟的世界中一切都没问题，回到现实中各种问题却越来越难解开。所以完全依赖于网络进行心理压力释放，或单一采用网上心理咨询和救助的措施并不是很可取。

虽然网络心理障碍是一种心理疾病，但也是可以避免的。其实，只要掌握合适的上网时间及频率，端正上网的目的和心态，正确处理现实与虚拟的关系，绝大多数人都不会患上网络心理障碍，一些压力和不良情绪甚至还能因此得到释放，使人获得心理平衡与心理健康。

（二）网络交往的自我调试

大学生网络交往应该具备正确的心理策略。倘若不能正确地对待网络交往，不仅不能从中获益，甚至还可能受到不应有的伤害。正确的心理策略是：

首先，在网络交往中要讲道德，不应谩骂攻击他人，做一个讲网络道德的大学生。在网络交往中，要主动排斥网上不利于自己身心健康的内容，吸收对自己健康成长有利的东西。网络交往还应具备防危意识，防止出现由于网络交往而形成的人格障碍。

其次，平时多跟亲人、朋友、同学联络，通过面对面的交流增进感情。亲人是最安全舒适的交际对象，维护心理健康也应该从融洽家庭和睦关系入手；此外，每逢周末、节假日、纪念日，除了发短信、打电话问候友人，何不尝试用最“原始”的方式：约几个朋友到郊外呼吸新鲜空气，或者到咖啡厅、酒吧坐一坐，聊一聊。许多同学以学习太忙为由，放假了就闭门不出，反而没有出去散散心得到的放松效果好。

最后，积极参与体育锻炼能大大释放心理压力，缓解疲劳。运动能改善中枢神经系统的功能，提高大脑皮层神经过程的兴奋性、均衡性和灵活性。对于上网成瘾的人来说，运动是脱瘾的一种很好的方式。

学会制定上网计划

(1) 注意保持正常而规律的生活，不要把上网作为逃避现实生活问题或者消极情绪的工具。

(2) 上网要有明确的目的，有选择性地浏览自己所需要的内容。

(3) 上网过程中应保持平静的心态，不宜过分投入。

(4) 上网时间不宜过长，上网之前先限定时间。

(5) 注意远离一切色情、暴力性的内容。

(6) 身体虚弱的人最好不要上网。

思考与讨论

(一) 大学生宿舍床帘风波

不知什么时候起，大学生宿舍里挂起了床帘；不知什么时候起，那些各式各样的床帘又无影无踪。

……

大学宿舍的床帘还是全被没收了。检查人员还贴出了最后通牒：限××日内到公寓管理中心去接受处理。

大学生心里费解：自己掏钱买的帘子，为了保护一个属于个人的空间(其实仅一张床)，糊里糊涂就被突然而至的管理员给没收了，没收了还要去写个什么检查接受教育，难怪学生心里不满，要向学校讨个说法。

学校方面似乎也很委屈，有关负责的人员解释说：校方没收床帘是出于执行学校有关学生宿舍的管理规定的考虑，检查并非突然袭击；校规里早就规定了不准挂床帘，北京市的高校大都如此办理，学校执行规定可算是"有法可依"，学生有何不服？摘床帘也是为了使宿舍整齐化一，使本已拥挤不堪的小屋显得更宽敞明亮，也易于同学交流，不要"躲进小楼成一统"；另外摘帘是出于防火的安全考虑。同时，该负责人强调，在学校，极个别男、女生用帘子做遮掩在一起过夜，摘帘子可以杜绝这类现象的发生。

校方的五条解释可谓句句在理，处处为学生着想，那学生为啥还不领情？

张兰(大二，经贸系女生)：学校有明文规定，要我们做什么，要有站得住脚的理由，难道一句校规就把我们搪塞了？我们要有属于自己的天地，个人的喜怒哀乐要有一个释放的空间，一张小床是大学生惟一可以自由支配的空间，是绝对隐私的摇篮，个人隐私是需要保护的。

陈光(大三，会计系男生)：声声说什么为我们好，可怎么不问问我们感觉好不好？在一个宿舍住六七个人的情况下，每人作息时间都不同，乱哄哄的。我只有靠帘子挡光、挡人才能隔出一片清静来。一个校方的明文规定，却受到了许多同学的反对，这个规定的相关条款是否有问题或者值得商讨。陈光一边愤愤地说着，一边坐在“空旷”的床上把书敲得乱响。

刘朔（大二，法律系）：以前在帘子里看看家信、写写日记，有帘挡着，心里感到很踏实。现在，在“一览无遗”的床上干点什么都有六七双眼睛盯着，真有被强奸的感觉。

张兰：对呀，我连换个衣服都不自在，虽然都是同性。何况我们宿舍的帘子都是统一买的，是经过精心挑选的，不但大方统一，还很美观。我们喜欢这道风景线。

何青（大二，法律系女生）：至于摘帘是出于防火考虑，我就更是不明白了。为什么“包围式”的蚊帐可以挂，而“半包围”式的床帘一挂就易着火呢？难道是因为蚊帐是透明的，可以看清楚床上的我？帘子是我们自己的，我们拥有所有权。

陈光：男女生在宿舍过夜，即使在有些学校、极个别的宿舍里出现过，学校却为此牺牲了大多数人的权益，我觉得是对个人权利的不尊重。

那么，床帘的存在是否会造成学生之间的人际交往的误解与障碍？是否会引起学生之间交流的隔阂？

李洁与王茜是北京某高校法律系大二的女生。两人是一个班的学生，在宿舍又是上下铺，平时学习、生活都在一块儿，所以两人非常要好，形影不离。两人之间似乎总有说不完的话，不但白天总在一起说说笑笑，就连晚上熄灯以后，李洁都经常挤到王茜的下铺去畅谈到夜深人静。可是有一天，当李洁外出回来走进宿舍时，却发现王茜的床周围挂上了一张严严实实的床帘。李洁以为王茜遇上了不顺心的事不想让别人知道，便以好朋友的身份关切地询问，可得到的仅是在帘内看书的王茜漫不经心的一句回答：“没事。”望着眼前这张似乎从天而降的床帘，李洁的好心情降到了最低点：没事你为什么要挂帘？你挂帘干什么，难道有什么事情连我都不能知道？生气的李洁没有将自己的想法告诉王茜，她认为床帘是王茜对她的警告。两个好朋友之间的友谊出现了隔阂，虽然她们仍然像以前一样，一起上自习、一起打饭，但两人间多了许多的客套。“好像我们的交往更理智了。”李洁说。

冉鹏，大学三年级的学生。他的宿舍里共有七位哥们儿，由于男孩天生的豁达与不拘小节，他们相处得很透明：有什么活动都是一块参加，发生了什么事情也是一块解决。同时他们之间也没任何秘密可言，谁家家境如何，谁的女友长什么样，谁对谁有意见，谁与谁不和……刚开始，他们彼此颇满足于这种状态，认为这是团结友爱的表现。可时间一久，他们心中就产生了一种莫名的厌倦与疲惫：有些事情不想知道却不得不知道，有些事情不想说却不得不去说；不想看到的尽收眼底；不想让人看的却暴露无遗。他们深深地渴望一种彼此间的距离，一种能关注对方但又不陷入对方世界中去的距离。最后，他们挂上了床帘，此后他们仍然相处得很好！

可以看出，校方与学生在床帘问题上的分歧终归一点是床帘的作用。学生们所需要的并非是那几尺床帘本身，而是床帘给学生营造的“个人空间”。

学生挂帘的问题，校方的态度干脆而强硬：校规中早已明文规定不允许挂帘，所以一切挂帘的行为都将得到杜绝与禁止。可大学生却忿忿然：这种约束、干涉与大学生隐私权应该受到保护之间应该是一种怎样的关系?!

（引自：法律与生活）

1. 结合上述案例，谈一下影响大学生人际关系的因素有哪些？

2. 大学生追求个人空间的愿望与校方的态度是相矛盾的，你认为怎样解决这个问题？

（二）你该如何选择

小姚与小张以及另外两人同住一间寝室。下课之余，他们都喜欢在寝室里自习功课。住不久，小姚就发现了冲突情况，每当大家安静地坐在写字台前自习时，小张总是开着收音机，他喜欢在音乐声中学习，并说这已成为生活习惯。小姚与他恰恰相反，他需要安静的环境才能潜心学习。面对这样的冲突，小姚产生了不满情绪，他该如何对待呢？

对于这种情况，同学们一般会做出三种类型的反应：①不去与他理论，压抑住心中的不满，沉默或者退让。②按捺不住心中的不满，用语言或行动来表示抗议。③思量对方的行为出于何种动机，然后寻找合适的方法去与对方协商解决冲突。

假如你遇到了这种情况，你会选择哪一种方式来对待呢？

练习与实践

（一）大学生人际交往测试

请选出下列符合你行为的选项。

1. 在街上或其他场合遇到认识的人

a 我总是热情地打招呼　　b 有时打招呼，有时则不

c 从来不打招呼

2. 当你的朋友做出你极不赞成的事时

a 与他断绝来往

b 会把你的感受告诉他，但仍然和他保持友谊

c 告诫自己此事与自己无关，同他的关系依然如故

3. 如果别人严重伤害了你

a 把此事牢牢记在心里，永不原谅他　　b 原谅了他

c 原谅了他，但不会忘记此事

4. 你乘坐公共汽车时，只要有座位

a 就抢占，无论有没有老弱病残　　b 根据情绪好坏来定

c 总是让别人坐

5. 你对待商店、饭店、咖啡店的售货员、服务员总跟对待朋友那样有礼貌

a 是的　　b 偶尔这样　　c 从来不

6. 你买东西回家以后，发现售货员多找了 5 元钱，你立即去退还

a 是的　　b 不一定　　c 不退还

7. 在外玩雪的孩子使你不能集中精力工作时

a 你会因孩子玩得快乐而高兴　　b 对他们发脾气

c 感到心烦

8. 你在别人面前经常批评性地议论你的朋友吗
a 经常　　b 很少，几乎没有　　c 有时
9. 如果你讨厌的人交了好运
a 你忌妒　　b 不太在乎
c 你认为此事对他确实是件好事
10. 你属于哪种情况
a 尽量使别人按你的观点看待或对待事物
b 对事物提出自己的观点和意见，不会为此与别人争论或尽量去说服他人
c 别人不直接问你，你不会主动说出自己的观点
11. 你的自行车铃不知被哪个缺德的人摘走了。趁人没见，摘别人的一个装上，反正我也没占便宜
a 你总是这样认为　　b 你从不这样想　　c 偶尔这样想
12. 你看到有人面临危难时，尽管不认识，你也能挺身相救
a 是的　　b 不一定　　c 不
13. 在商店排队买东西时，你总想到前面插队，因为对你来说时间就是金钱
a 是的　　b 不一定　　c 不
14. 你做一件好事，别人误解了你，但你仍能坚持到底
a 是的　　b 不一定　　c 不
15. 你在公共场合注意服装整洁大方
a 是的　　b 不确定　　c 否
16. 你认为
a 制定一些准则对社会中人们的行为加以控制是必要的
b 人必须有规可循，因为人需要控制
c 对人加以限制是暴虐，而且是残酷的
17. 如果你信仰宗教
a 你认为你的信仰是惟一正确的
b 尊重信仰自由，各种信仰都有一定的道理
c 不信教的人是愚昧的人
18. 你会同一个不同种族或民族的人结婚吗
a 会的　　b 不会
c 没有仔细考虑某些具体问题之前，是不会的
19. 如果你暂住在与你的家庭生活习惯完全不同的家里
a 你很高兴地去适应　　b 你会感到恼火和无法忍受
c 你觉得在短时间内还可以忍受，但时间一长就难以维持了
20. 你最赞成下面哪个说法
a 我们不应当对别人的行为妄加评论，因为没有人能够完全理解别人的行为动机
b 我们可以对别人的行为做些评论
c 我们必须对别人的行为做出评价

计分：

(1) 20～39分，修养甚好。你是个备受尊敬的人，你心胸开阔，能够充分意识到别人面临的困难，理解他们的难处，甚至当他们冒犯或伤害了你的感情时，你也能谅解；此外你还严于律己，遵守社会公德，因而你很受别人的欢迎，并会成为大家的好朋友。这种良好的心理状态及外部环境，定能使你人际关系融洽。

(2) 31～45分，修养尚可。总体上说你还是属于有修养之人。但是你的为人处世的态度、想法，使得你同朋友的友谊不会持续很久。在一些没有价值的小事上，你也浪费了许多感情。如果你能把自己的交往范围再扩大一些，同人们交往再多一些，心胸再开阔一点，相信你就会是一个很受大家欢迎的人。

(3) 46～60分，修养较差。你有些专横霸道，固执己见，且易于冒犯别人。希望你从现在开始，就注意自己的一言一行。

计分表

题号 / 得分 / 选项	1	2	3	4	5	6	7	8	9	10	11	12	13	14	15	16	17	18	19	20
a	1	3	3	3	1	1	1	3	3	3	3	1	3	1	1	1	2	1	1	1
b	2	1	1	2	2	2	3	1	2	1	1	2	2	2	2	2	1	3	3	2
c	3	3	2	1	3	3	2	2	1	2	2	3	1	3	3	3	3	2	2	3

(二) 解手链游戏

目的：促进个体之间的相互交流，增进友谊。

游戏方法：将班级分为10人为一组的若干小组，每组围成一圈，要求每个成员记住自己左手拉的是谁的右手，右手拉的是谁的左手，然后自由走动，又围成一圈站着，每个成员左右手分别拉着原先未走动前其他成员的左手和右手。大家共同努力，将手链解开，围成原先的样子。

心的楼层

人的心灵有许多不同的空间，具体一点说像是不同的楼层。

一楼：店面朋友，通常几句固定的话就够用了，例如：你好吗？吃饭没？去哪里……每个人看起来都很安定、平稳、满足。

二楼：客厅朋友，可以在一起喝茶，“八卦”一下政治经济、新的商机、最近的媒体新闻……大家一起打发时间，可以绕过每一个人内心的孤独，然后觉得自己好幸福。

三楼：厨房朋友，就是可以剖腹谈心的那一种，然后觉得自己充分被对方所了解，人生一点也不寂寞。

四楼：卧室朋友，是可以亲密、触摸的朋友。

顶楼阳台：缘分朋友，一般是空在那里，没有被设定要怎么样，有时飞来一只鸟，有时吹来一根草，有时落下几颗种子，你不知道它在什么时候会开什么花，当然没有期望要结果实。

也许一阵雨来滋润了心灵，也许刮起风吹乱了寸心。这个屋顶看起来也许是空空的，但是你知道它不是空的，它装满了“曾经”。

我习惯用一秒钟穿过店面，两秒钟经过客厅，三分钟停在厨房一下，四小时在卧室里睡一觉，花五天时间在屋顶等待，等待老天爷给我生命中带来的惊奇和美。而常常一点点小小的感动，会使我觉得好像可以拥有这整幢楼的朋友和心情。

（引自：小故事网）

第六章 大学生恋爱、性、婚烟与心理卫生

爱，是人类最美的语言；爱情，是人类最美丽的情感。提起爱情，想必任何人都充满了美好的憧憬和渴望，因为爱情是人际吸引最强烈的形式，是一种有着积极因素的高级情感，是一种令人神往的心理体验。对于大学生来讲，如果说进入了大学，从没曾想过恋爱的事情，那是不现实的。大学生恋爱具有这样一些特点，如：恋爱低龄化、公开化、高速度进展和恋爱的多元化等等，再加上由于年轻、冲动，很容易使恋爱、性行为走入误区。本章结合当代大学生的特点，分别探讨了大学生在恋爱、性和婚姻中所表现出来的特点以及所产生的困惑，提出如何建立正确、健康而向上的恋爱、性和婚姻观念。

引导案例

大学生恋爱日益公开，校园出现“海报情书”

“妮，请别怀疑这份爱的真实度，因为，爱你的心永远不会结束……”某日，一封张贴在校园里的“海报情书”在武汉科技大学校园引起轰动。

一大早，在通向该校洪美公寓的路上，一大群学生围在一幅海报前。海报的标题是“多想拢拢你的长发”，仔细一看，原是一署名“深爱你的 Fla”的男生写给一名叫“妮”的女生的情书。字迹工整，文笔流畅，吸引了一拨又一拨来往的行人。

对于这封“海报情书”，大学生们各有看法。有人认为“太夸张”，也有人表示“可以理解”。两个大学三年级的男生说：“真丢人！干吗搞成这样，多没男子气！”一个女生则对身边的男友开玩笑，要是也能收到这样的一封情书，那真是此生无憾啦。

该校学工处负责人说，“海报情书”的出现是大学生恋爱日益公开化的表现，学校对这种行为既不干预，也不提倡，但希望学生三思而后行。

（引自：扬子晚报）

第一节 大学生的恋爱与心理卫生

一、恋爱心理的形成和发展

（一）爱情是什么

法国作家雨果曾说过，人生有两次出生，头一次是在开始生活的那一天，第二次，则是在

萌发爱情的那一天。苏霍姆林斯基说："真正的爱情，意味着不仅是欣赏，而且要培植美，创造美"；"在生活中还有别的事情的时候，爱情才是美好的，如果没有崇高的社会目标将人们联结在一起，爱情就会变成地狱。"

1. 爱情与生理

爱情产生于男女之间，由个体心理发展到相对成熟时产生。但爱情是一件无法用言语解释清楚的事，尽管有不少心理学家曾试图诠释它。在这一领域进行开创性工作的是英国伦敦大学心理系的泽米尔·泽基教授和来自瑞士的研究生安德烈亚斯·巴特尔斯。研究人员在向志愿者出示其爱人照片的同时，用一种名为"功能磁共振成像仪"的设备对他们的大脑进行了扫描。扫描仪通过观察脑部血流量的变化，发现志愿者在看到其爱人的照片时，大脑中有 4 个特定的区域呈现积极、活跃状态。其中两个区域位于大脑中相对比较高级的部分，一是与大脑所有感觉区域都有联系的内侧脑岛，一是会对令人精神愉快的药物做出反应的前扣带的一部分。另外两个区域则位于相对较深、同时也比较原始的基底神经节区，这两个区域与发现对自己有益的某种经历有关，同时也有可能在人对某种事物上瘾的过程中发挥一定的作用。据此，研究人员诙谐地说："丘比特之箭并不是像传说的那样射中情侣们的心脏，它射中的是大脑中的四个区域。"

当一个人坠入爱河时，文学家喻之为被丘比特之箭射中。所谓丘比特之箭，实质上就是体内的"爱情物质"，又被称为"恋爱兴奋剂"。据美国精神学专家的研究，"爱情物质"有多巴胺、异丙肾上腺素、苯乙胺等。其中苯乙胺最为突出，它是神经系统中的兴奋物质，一旦遇到所爱慕的人时，体内此种特质就会起作用，一个动人的微笑使呈现于脸上，一种眩晕感便突如其来。正如欧洲哲人伽丘所说："真正的爱情能鼓舞人，唤醒内心沉睡的力量和潜能。"苯乙胺的神奇作用，由此可见一斑。这也是医学专家建议失恋者吃点巧克力的奥秘之处，因为巧克力富含苯乙胺，可以提高因失恋骤然降低的苯乙胺水平，从而改善苦闷抑郁的情绪。

2. 爱情与性欲

爱情是人类男女间基于生命繁殖的本能和确保身心快慰而产生的互相倾慕和追求的生理的、心理的和社会的综合现象。正如瓦西列夫所说："爱情是一种复杂的、多方面的内容丰富的现象。爱情的根源在本能，在性欲，这种本能的欲望不仅把男女的肉体，而且把男女的心理引向一种特殊的、亲昵的、深刻的相互结合。但是爱情不仅仅是一种本能，不仅仅是柏拉图式的神奇剧、淫欲和精神的涅槃。爱情把人的自然本质和社会本质联结在一起，它是生物关系和社会关系、生理因素和心理因素的综合体，是物质和意识多面的、深刻的、有生命力的辩证体。"

人类性行为的自然基础决定人的性欲，但性欲只是情欲的生理基础，并不等于就是爱情。人类的性与动物自发的本能反应不同，它不仅表现为生物学特征，更表现为社会特征。也就是说，异性间互相吸引、情欲的产生都是性本能的反映，爱情包括性欲的因素，但并不归结为性欲，爱情是经过人类文明净化的美好纯真的感情。

3. 爱情的社会性

爱情是人类异性间的一种崇高情感，具有排他性、专一性、只存在于彼此相爱的男女之间。两性间的爱情，不仅由人的自然属性即生物属性所决定，而且还由人的社会属性即人们在社会中的活动、地位、需要、社会的伦理观念、价值观念等社会属性所决定。因此，爱情在爱的形式、内容、求爱方式等方面，具有一定时代、民族、阶级、国家的一些具体特点。

（二）大学生恋爱心理的产生与发展

1. 大学生恋爱心理的产生

随着年龄的增长，生理和心理发育的日益成熟，大学生开始产生了对爱情的渴望和追求，这是爱情产生的基础条件。卢梭在《忏悔录》中写道，当他还是15岁的中学生时，热恋上了维尔松小姐，却被无情地抛弃了，曾经十分痛苦。普希金14岁时曾写下"一颗火热的心被征服了，我承认，我也坠入情网"等有关爱情的诗句。大学生大多都是十八到二十几岁的青年，都有着一颗热情、火热的心，生理和心理的成熟使得他们有意无意地关注异性，幻想着爱情。

大学生恋爱还与周围文化环境的诱导有关。超越生死的爱情电影，风花雪月的言情小说，缠绵悱恻的爱情歌曲，体验恋爱感觉的广告片……校园里流行的一切都会潜移默化地影响大学生的心理和行为，特别影响着他们对爱情的态度。

2. 大学生恋爱心理的发展阶段

一般说来，个体的恋爱心理发展一般经历四个时期：

(1) 异性疏远期。一般在12～14岁，进入青春期的少男少女，由于生理发育的急剧变化，引起心理的不安、害羞，使男女之间在心理和行为上出现隔膜，关系疏远甚至反感。不过，随着社会的现代化进程，由于各种传媒的发达及人们观念上的日趋开放，这一阶段的表现已越来越不明显。

(2) 异性向往期。一般在15～16岁，随着性生理的发育，尤其是性意识的发展，男女生逐渐从疏远、抵触开始转向为彼此产生好感，愿意在一起学习、游戏和活动。

(3) 异性接近期。一般在16～18岁，随着性生理的进一步成熟，异性间产生向往和倾慕，往往采取各种方式接近异性，和异性相处感到愉快，初恋开始出现。

(4) 恋爱期或爱情产生期。18岁以后，随着性生理和性意识的成熟，男女生交往频率的增加，以及环境因素的影响，多数青年进入恋爱状态。

单从年龄上看，多数大学生处在上述性心理发展的后两个阶段，但由于个人经历及自身社会文化背景等方面存在差异，在恋爱心理发展的阶段特征上的表现，可能有很大的落差。

二、大学生恋爱动机与特点

爱情无疑成为大学生们最为关注的话题之一，大学生恋爱也早已不再"犹抱琵琶半遮面"了。"卧谈会"上、餐厅饭桌旁、课间教室里，都常有兴致勃勃的谈论。一些恋人花前月下、卿卿我我、成双成对活动在校园里。爱情是那样独具魅力，拨动着同学们的心弦，令人寻觅和向往。然而，恋爱问题恰恰也是大学生最感到困扰的问题之一，因为恋爱问题处理不当，导致当事人心理痛楚、人格扭曲，甚至引发精神失常的例子在大学校园里时有发生。

（一）当代大学生的恋爱动机

1. 渴望与好奇

网上一项调查表明，赞同这种恋爱动机的大学生有14.64%。大学生这个年轻的群体正处在喜欢探寻自我、探索世界的阶段，未知的事物总是充满着神秘和诱惑。再加上许多爱情故事的影响，使得不少大学生对爱情充满了向往和好奇，渴望亲身体验。所以当机会来临时，他们即使弄不清楚到底爱不爱对方，也会去尝试一番，以满足自己的需要和好奇的一面。

2. 心灵寂寞

20世纪80年代出生的大学生似乎天生寂寞。远离父母、朋友来异地求学，面对陌生的环境、陌生的人群，如果不能很快地适应大学生活，他们会产生一种无助、孤寂的感觉。再加上人际关系的复杂和敏感，使得处于心灵断乳期的大学生们经常有一种难以名状的踌躇和孤独感。当无法从周围环境获得这种心灵需求的满足时，就借助于爱情来添补自己心中的空虚寂寞，或摆脱人际孤独。

另外，随着课外时间的增多，他们还没有学会很好地处理自己的业余时间，于是相当一部分大学生感觉拥有很多无聊的时间，不知道该怎么打发，谈谈恋爱正好可以打发这些空闲的时间。2001年一次网上调查显示，有26.7%的大学生认为"大学生活中，人际交往、学习考试等紧张使他们压力重重，而谈恋爱可以建立一种比较亲密的关系，可以充实生活，缓解紧张，转移注意力，摆脱孤独，寻得一份感情寄托。"

3. 从众心理

在一个群体中(例如同一个宿舍)，如果大部分人都在谈恋爱，这会给那些未涉足者形成一定的压力，给他们带来一定的影响。例如，某女生宿舍8个人，有好几名女生都名花有主了，每天晚上都是男朋友送到宿舍楼下，卿卿我我，难舍难分；回到宿舍又开始煲电话粥，情意绵绵，她们的行为想必会对其他同学带来一定的影响。

处于青年期的大学生，往往缺乏充分的自我肯定，看到别人成双成对，心中往往会产生一种不平衡感，认为自己不谈就是落单了，不谈就是因为自己缺乏魅力，没有吸引力，甚至有人因为自己没有恋人而感到自卑，于是为了寻求心理平衡，满足自己的虚荣心，义无反顾地跳入爱情潮水中去了。一名大学生如是说到："同宿舍的谈恋爱，课余有人陪，周末可以一起玩，自己孤零零的，真有点不是滋味。再说，都是大学生，我并不比他们少什么，他们能找到，我为什么不能找一个呢?"

4. 崇尚感觉

"感觉"这个词语似乎在大学生中比较流行。网上调查显示，有33.6%的大学生认为恋爱就是一见钟情，两个人一下子就产生了"感觉"。其实大学生由于处在特殊的阶段，又有着特殊的情景，他们在心中早都有了对爱情的期望，有了自己心目中的"白马王子"或是"梦中情人"，一旦现实生活中有一个与之符合，他或她就会采取一定的行动。同时大学文化氛围中带有较多的理想主义色彩，"一见钟情"也体现了大学生对浪漫主义的向往。

（二）当代大学生恋爱特点

1. 注重恋爱过程，轻视恋爱结果

现在大学生中流传着一句顺口溜"不求天长地久，只求曾经拥有"。当代大学生注重的是恋爱过程本身，至于恋爱的结果已经不太在意。注重恋爱过程，有利于双方相互了解、加深认识，也有利于培养感情、增加心理相容度，同时也反映出大学生不愿落入世俗，着意追求爱的真谛。但是，只注重恋爱过程，强调爱的"现在进行时"，把恋爱与婚姻相分离，不考虑爱的"将来完成时"，未免失之偏颇。一些大学生把恋爱当作一种感情体验，及时行乐，借以寻求刺激，满足精神享受，一些大学生是为了充实课余生活，解除寂寞，填补空虚，把恋爱当作一种消遣文化。只重恋爱过程，轻视恋爱结果，实质上是只强调爱的权利，而否认了爱的责任。

2. 主观学业第一，客观爱情至上

绝大多数大学生能够正确看待学业与爱情的关系。他们赞成学习是学生的天职，大学阶段应以学习为主，爱情应当服从学业；或者希望学业和爱情双丰收，既渴求学业有成，又向往爱情幸福。总之，大都没有忘记学业，总想把学业放在首要的位置。但是，上述这些仅仅是一些大学生主观上、思想上的愿望而已。

当然还是有许多大学生能真正在客观上、行为上正确处理好学业与爱情关系的大学生。但也有许多大学生一旦坠入情网就不能自拔，强烈的感情冲击一切，学习同样受到严重影响。有的大学生整天沉浸在卿卿我我的甜言蜜语中；有的大学生中午、晚上不休息，加班加点谈恋爱，致使上课时倦意甚浓，无精打采；有的大学生干脆逃课，一心一意谈恋爱，成为恋爱"专业户"。很多大学生在不知不觉中变得"儿女情长，英雄气短"，成就事业的热情一天天冷却，爱情逐渐成为生活的惟一追求。可见，摆正学业与爱情的关系，是大学生难以控制而又必须正确处理的问题。

3. 恋爱观念开放，传统道德淡化

随着时代的发展，当代大学生的恋爱观念日益开放，传统道德逐渐淡化。中国传统文化及伦理道德观虽对大学生影响较深，但随着对外开放的范围不断扩大，国外的一些婚姻观、网络中泛滥的"一夜情"等观念逐渐影响到大学生，使得学生常常处于理智与感情矛盾的漩涡中，在理性认识上觉得应该保持贞操，应该遵守传统的伦理道德观，但在爱的激情下，又不愿再受传统观念的束缚，恋爱方式公开化，光明正大，洒脱热烈，不再搞"地下工作"，甚至一些大学生在公共场所、大庭广众之下，旁若无人，做出过分亲密的举动。

4. 失恋态度宽容，承受能力较弱

大学生中"有情人"虽多，但"终成眷属"者少，这样就产生了一批失恋大军。感情挫折后出现一个时期的心理阴暗期是正常的，绝大多数大学生通过"找朋友诉说"，或"理性思考"，对自己和对方采取宽容的态度，尊重对方的选择。

但仍有一部分学生摆脱不了"情感危机"，有的失去信心，放弃对爱情的追求，立下誓言"横眉冷对秋波，俯首甘为光棍"；有的一蹶不振，沉沦自弃，认为一切都失去了意义，以至于悲观厌世；有的视对方如仇人，肆意诽谤，甚至做出极端行为伤害对方。因失恋而失志、失德者，虽属少数，但影响很大。

当前大学生的恋爱，呈现低年级化，人数呈上升趋势。一年级就开始谈恋爱的已不是个别现象，有的大学生甚至一进校就谈恋爱。这些低年级大学生，由于社会阅历浅，思想单纯，很多大学生对于自己的人生目标和需要，还没有一个很清楚的概念，造成在对待恋爱问题上简单、幼稚和不成熟。在择偶标准上，往往重外表，轻内在。在恋爱方式上，往往重形式，轻内容。在恋爱行为中，往往重过程，轻结果；重享乐，轻责任。这种恋爱问题上的不成熟性，加之他们在就学期间经济上尚未独立，恋爱过程中感情和思想易变，缺乏妥善处理恋爱中情感纠葛的能力，极易造成恋爱的周期性中断，或对恋爱对象的选择漂泊不定，恋爱的成功率很低。

鉴于以上大学生恋爱的各项特点，我们认为大学生恋爱既要采取正确的方式，更要正确地处理好恋爱与学业的关系，分清主导地位和次要地位。而且在日常生活中也要正确认识友情与爱情，两者不可混为一谈。总之大学生恋爱，是一个应该引起广泛关注的社会话题，大学生自身和社会都应该以正确积极的态度来对待。

三、大学生网络爱情

（一）网络爱情漫谈

20世纪末，一本以网恋为主题的标志性网络小说——《第一次亲密接触》风靡大学校园。这部后来还拍成了电影的浪漫网恋小说，以网络般的神奇速度影响着大学生的恋爱方式。正是这个网络爱情故事，打动了当时在校的所有大学生。那几年，网吧里坐着的95%都是大学生，他们开始用QQ与网络背后的男男女女交谈，并幻想着有朝一日自己能亲身经历《第一次亲密接触》中男主人公的神奇爱情。

也就是在这个时候，大学生们第一次重新认识了网络的功能：原来网络除了能够看新闻、查资料，还可以聊天交友甚至恋爱。QQ开始代替过去的情书，在第一时间把一句句含情脉脉的语言通过网络传递到对方的电脑屏幕上。一位当时受这本小说影响而开始网恋的女大学生这样说道："书中的主人公都是大学生，而我自己也是大学生，潜移默化中，我认为自己应该恋爱了。"

如今，网络爱情已不再新鲜，它如一枝充满诱惑的野玫瑰，惊艳地盛开在网上。爱幻想的大学生们，他们渴望自己的爱情也能插上电子翅膀，寻找到属于自己的另一半。

（二）大学生网络爱情的特点

随着高校校园网络的广泛建设以及校园内外英特网的开通，大学生上网的人数越来越多，网上谈恋爱成为大学生上网的目的之一。在一所重点师范大学的一间女大学生宿舍居住着7名女生。这7名女生都在谈恋爱，其中就有6人是网恋。不少高校的大学生断言："凡是上网的同学几乎人人都有一次网恋经历。"而且这些大学生都敢于公开自己参与网恋的身份，包括班主任、辅导员、家长、同学，对谁都不避讳，如果有人反对，还嘲笑对方："现在是什么年代了，还如此大惊小怪。"

大学生网恋不仅具有比例高、公开化的特征，而且轻率、速成的程度令人瞠目结舌。有些学生同网友聊过一次天、发过一次E-mail后，便一见钟情，相见恨晚。有些学生第一次

“接触”便敢说“我要娶你”、“我要爱你到天明”，并迅速在网上确立恋爱关系。

大学生网恋包括游戏型、感情寄托型、追求浪漫型、表现自我型、追求时尚型、随波逐流型等多种心理类型。而不管是哪一种类型，几乎都具有一个共同特点：抛弃“恋爱是为了缔结婚姻”的观念，把网恋视为一种网络游戏、在网上进行网络情感交流的一种方式。“不仅可以把现实社会的种种规则完全抛开，而且可以模糊性别和身份，把所有的事情都当作游戏。”

调查表明，在大学生中确有一些通过交流学习心得、人生看法，逐渐情投意合而网恋的。但就多数而言，则是经不起外界的诱惑。“看见同宿舍的同学都在网上谈情说爱，觉得留下自己孤零零地不好受，于是也就加入了网恋队伍”。

网恋的五种心态

超越型——现实生活中的爱情往往带有许多功利主义的色彩，或者受传统观念的约束，许多理想主义者幻想在网络上能够有超越一切的纯爱情。带有此类心态的人往往很容易在网络上坠入爱河，不能自拔。

超脱型——现实生活中爱情往往不可避免地与婚姻联系起来，这大大限制了人们对情感、美好生活的向往。而在网上可以爱得死去活来，但不必非得娶或嫁给对方。

游戏型——有的只是想在网络上体验一下交友的感觉，他(她)们既无意于真诚地爱一个人也无意于对自己的言行负责，只是追求一种感觉。带有此类心态的人往往比较潇洒，不必担心被爱情这把双刃剑刺伤。

实用型——由于网络具有影响广、时效快、手续简便等特点，很多有意于寻找终身伴侣的人把网络作为一种手段，或者说一种实用工具。此类心态的人往往会主动挑明自己的条件和要求，因为他们不想浪费时间。

恶作剧型——有些人以在网络上勾引异性为快感，当他们成功地勾引到一个异性，使对方爱上自己时，就悄悄地退出了，对方越是痴情，他们越是有快感。

(引自:心灵的港湾)

（三）网络爱情的弊端

心理学家指出，大学生网恋一般很容易上瘾，而一旦上瘾就会沉湎于网上不能自拔，把网上爱情视为生活的惟一追求。调查表明，已有一些大学生中午、晚上不休息，加班加点在网上谈恋爱，上课时却无精打采，甚至有的大学生为了上网谈恋爱而逃课。网恋不仅严重影响学习，而且容易使他们减少与老师、同学之间的交流，不愿意参加集体活动，性格变得孤僻，甚至造成人格分裂。某高校还发生过大学生靠偷窃支付上网费用的事情。还有些大学生因为网恋失意，不得不到精神卫生中心求治，问题严重的甚至出现精神崩溃。网恋的欺骗性对一些大学生更是一个沉重打击，一些受到如此打击的学生，由于得不到及时的引导，甚至于断送了一生的前程。

四、大学生的恋爱误区

大学生群体的恋爱具有一些鲜明的特征，他们在恋爱时的心理困惑是由其恋爱的心理特征所引发并形成的，比如：恋爱低龄化、公开化、高速度进展和恋爱的多元化等等。具体地说，因为他们年龄尚低、涉世太浅，缺乏深入了解和正确判断与评价一个人的经验；因为他们过于情感外露、行为外向，盲目地一扫传统的以含蓄、深沉为美的恋爱方式；因为他们年轻、冲动，情爱的发展极易受性生理与性心理发育的控制；因为他们本身面临的就是一个多元化人生价值观念的现实社会，所以，恋爱心理困境的产生便是顺理成章的了。

（一）单相思与爱情错觉

典型案例

求爱不成，痛下杀手

2004 年 3 月 8 日，广州某大学的湖边发生了一宗让人震惊的血案，一男生因为求爱不成，便对女学生痛下杀手，割断了女生脖子的动脉。在久久地拥抱女生尸体后，该名男生也用刀捅腹部自杀。事件发生后，引起各大学师生的强烈关注。

单相思是指异性关系中的一方倾心于另一方，却得不到对方回报的单方面的“爱情”。爱情错觉则是指在异性间的接触往来关系中，一方错误地认为对方对自己“有意”，或者把双方正常的交往和友谊误认为是爱情的来临。爱情错觉是单相思的另一种形式，它常会使当事人想入非非，自作多情。

单相思与爱情错觉都是恋爱心理的一种认知和情感的失误。单相思使某些大学生陷入痛苦的境地，处于空虚、烦恼，甚至绝望之中。处理不好对以后的恋爱婚姻和生活都有消极的影响，因此，陷入单相思的大学生要及早止步另做选择。要想克服单相思和爱情错觉，重要的是正确理解爱情的深刻含义，同时用理智驾驭情感，尊重对方的选择，不可感情用事。

相思是一种病

相思是一种病，而且可能是某种程度的精神病。这是意大利比萨大学的精神病学家多纳泰拉·巴拉兹蒂的最新发现，坠入爱河的人和那些患有强迫性迷恋失调症的病人在生物化学上具有令人吃惊的相似性。

强迫性迷恋失调的症状是，病人感到受了压迫，因而多次重复一些平凡的行为，如洗手或检查门是否锁上了。巴拉兹蒂由此想到这种病人的“一根筋”思维方式与相思者的冥思苦想也许有某种联系，于是，她开始研究两者之间在生物化学方面是否存在着某些相似的东西。巴拉兹蒂在比萨大学里找了 20 名坠入爱河的学生，他们都承认，对自己的所爱每天至少想念4小时。接着，她从这些人身上提出了血样，与20名有强迫性迷恋失调症的人和2名既没有恋爱也没有强迫性迷恋失调症的人的血样进行对照研究。"正常"的学生血液复合胺的含量正常，但强迫性迷恋失调症患者和恋人志愿者血液中复合胺的含量竟然少了40%。一年后，初恋的激情消失，这些学生血液中复合胺的含量也恢复到了正常水平。

（引自：中国心理咨询网）

（二）恋爱动机不端正

有些大学生的恋爱动机不是出于爱情本身，而是为了弥补内心的空虚、孤独或随大流，这类大学生很少把恋爱行为与婚姻结合起来考虑，缺乏责任感。还有极少数的大学生为了显示自己的魅力，同时和几位异性同学交往、周旋，搞多角恋爱，甚至和谁都不确定恋爱关系。不道德的多角恋爱易引起纷争、不幸和灾难，也极易发生冲突，酿造悲剧，最终是对所有当事人都产生不良后果。还有相当一部分大学生是在一种不成熟的状态下，凭着自己青春期的冲动而谈起恋爱来的，把任何事物都看得很美好，但又缺少挫折锻炼，心理承受力太弱。另外，在大学里，无形之中同学之间会有一个比较，比如同宿舍的人都有男（女）朋友了，但是自己没有，可能就造成一个心理落差，情绪不稳定，精神比较空虚。

（三）恋爱中的感情纠葛

三角恋爱、父母的反对或周围人的非议、恋人之间的矛盾、误解和猜疑，再加上择偶标准不切实际，选择对象理想化、虚荣心强，导致大学生在恋爱中很容易产生感情纠葛。不久前北京大学医学部大三学生崔某被利器砍死，事后，死者一同学被警方带走。据了解，此前两人都追求过同一个女生，曾为一些过节大打出手……

典型案例

恋人反目，七里河某高校上演惨剧

2003年3月29日晚，七里河某高校校园内显得分外宁静。这天恰好是周末，一群学生正在操场上生龙活虎地打篮球。

在学校图书馆门前的草坪上，一对恋人依偎着走在一起。可是不久，两人因为一点矛盾，突然发生争执。女大学生何某尖声哭叫着和男友李某撕扯成一团，一时间闹得不可开交。男友极力劝慰，可这位女大学生竟在一气之下，拿出一把水果刀猛然捅向男友的胸部，致使李某当场倒地不起。

在附近散步的学生见此情形，连忙跑过去将李某搀扶起来，这时李某已经昏迷不醒。慌乱中，大家急忙拨打120求救，将李某紧急送往医院抢救。经医院检查，李某胸部被刀刺伤，锁骨中线内有一个2厘米的刀口，因心脏受了重伤，失血过多，事发当时已经死亡。

(四) 失恋

恋爱并不都是清凉甘醇的美酒,有时还难免有着失败。失恋是指恋爱过程的中断。失恋带来的悲伤、痛苦、绝望、忧郁、焦虑、虚无等情绪使当事人受到伤害,是人生中最严重的心理挫折之一。失恋所引发的消极情绪若不及时化解,会导致身心疾病。

对于心理素质脆弱的人来说,初恋的失败带来的打击往往是非常重大的,有时甚至发生轻生的悲剧。其实这大可不必,爱情追求的是感情的契合,如果彼此没有共同的志趣或貌合神离,他们恋爱的成功其实与惨败无异,甚至还会贻误两个人的青春和整个人生幸福,所以,情感不能融洽而分离,应该说是好事。而有些人却做了感情的奴隶,失恋后感到绝望而精神颓废,或因悲愤和暴怒而铤而走险,或发生其他恶性事故,这些都不是明智的行为。一个真正理智的、有涵养的人会冷静地对待失恋,或进行深刻的反思后将它变成经验和力量,或转移兴趣以恢复心理平衡,这样可以避免那些因失恋带来的烦恼和痛苦。

真正的爱情是有独立性的,大学生恋爱,要把自己放在一个正确的位置,适当控制自己的情绪,即使恋爱失败了,也只能说可能彼此不是最适合的,而且,还可以通过失败的恋爱吸取经验,从中学会怎样和异性交往。

失恋了怎么办

失恋了怎么办?失恋的人经常有些情绪与行为的反常,下面有些步骤可供参考:

(1) 不妨发泄心里的苦闷,不要强颜欢笑。任何人都难免都会英雄气短,泪洒衣襟的无奈与委屈。而此时最大的伤害就是想哭而不敢哭,甚至还要强颜欢笑,表面上看起来似乎很“壮烈”,其实对身心的伤害非常大。任何人都应该有哭的权利,尤其是在失恋之时。不能在众人面前哭的人,也应该找个地方私下痛哭一番,不习惯大哭一场的人,也不妨让自己的眼泪尽量流出来。至少在此时我们有不高兴的权利,当然激动、愤怒的大笑一场例外。

(2) 不要怕别人知道你的处境。失恋时最痛苦的是爱人离你而去。失恋时最尴尬、担心的是别人都知道了。担心别人知道的心理负担,有时要大过爱人离去的痛苦与伤心。若有人在失恋时还装着若无其事的神态时,这种心理现象就不正常了。我们建议失恋时不要怕别人知道,也可以主动让别人知道,此时,若是你觉得别人问长问短、婆婆妈妈地让你受不了,你不妨套套下面的公式:“×××,我向你宣布一个不好的消息,我被抛弃了,对方已另有对象。我现在很难过,但是我想像几天之后就会好一点。请你不要问我为什么,我们不要再谈这些了好吗?谢谢,再见。”然后回去痛哭一场,你会发现失恋没有那么可怕。

(3) 理智地分析毛病出在哪里?失恋后痛苦是不可避免的,但应该理智地面对自己,分析一下原因在哪里。既然分手已是事实,就要勇敢地面对现实。爱情上的失恋没有个人是非对错的问题,只有彼此之间合适不合适的问题。要善于剖析自己的缺点,认真分析原因，勇敢地负责任，真正地做到自己知道自己。对自己的缺陷和不足，能改则改，不能改的则“量力”而行，下次谈恋爱时就找比较能适应你的“特质”的对象，避免在将来重蹈覆辙。

(4) 不缠、不诈、不报复。一个人恋爱时遭到对方的拒绝，为了挽回自尊，常有报复的意念与举动，有时会因爱生恨，蓄意伤害对方，或攻击谩骂，或纠缠骚扰，甚至残其身、害其命，以泄心头之恨，出一时之气。伤害人身，触犯刑律，必受到法律的制裁，杀人还得偿命。这些人以宝贵的生命为赌注，泄一时之气，实在愚蠢。这种教训不少，很值得深思。

(5) 心理重建。失恋者通常都把得不到，或失去的东西想得太完美。其实失恋不全然是坏事，对方不爱你固然是一种不幸，但是也可能是你爱的人没有福气，不能接纳像你这么有爱心、能干、充满内在美的人。人生很难讲，没有人知道谁应该配谁。对方另有所爱，可能是他不幸的开始。要像诗人徐志摩那样的豁达，把恋爱视为是可遇而不可求的。做到“得之，我幸，不得，我命。如此而已”。这样，就能摆脱失恋所带来的阴影，理智而不断走向成熟。

(6) 自尊、自爱、自立、自强。失恋者在初期最常见的反应是丧失信心、自怨自艾、愤愤不平，以消极的态度来逃避现实。这是不对的，采取报复的行为更不可取。惟一的方法就是自尊、自爱、自立、自强，表现出失恋不失格的良好胸襟和洒脱，努力使自己的学业更加进步，不断地完善自我，积极向上，创造更加美好的明天。好好地祝福她(他)的将来，好好爱惜自己的前途。

(引自：宇宙光全人关怀网)

总之，失恋并不可怕，关键是你能不能从中得到教训，学习到经验。失恋者应及时地树立起信心，重新规划未来的生活。特别是需要尽量改变以前与恋人相处的环境与习惯，重新制定生活与工作计划。保持生活与工作的规律性，有利于自身的身心调试。

(五) 性的迷惑

人到青春妙龄，进入了一生的黄金年华，性的成熟也会给青年们带来许多心理问题和令人困扰的事情。大学生对许多新鲜的事情都充满了好奇，这其中也包含着对爱情的向往。性，不可避免地走进了大学生活，和大学生活联系得越来越紧密。校园中，幽静的湖畔、层叠的假山、曲折的长廊、林荫道边都会有一对对恋人的身影，或牵手同行，或并户而坐，也有大胆者相拥、接吻，旁若无人；自习室、图书馆、食堂也能看到情侣们卿卿我我的情景。甚至有些大学生已经品尝了“禁果”的滋味，校外同居，婚前性行为在当代大学生中不乏其人。另外，网络中性爱的信息泛滥，冲击着大学生活。

对于大多数大学生来说，他们对性充满渴望，但是真正了解的并不多，也有的情侣因为是否需要发生性关系而闹翻，这些都深深地困扰着现在的大学生。大学生们可能没有很强的意识，那就是爱和性不仅是一种心理和生理上的体验和感受，它背后还有一个严肃的责任问题。对于大学生来说，健康、科学地对待性问题，了解性问题，更要理智思考并约束自己的行为，这是大学生心理健康很重要的一部分。

五、大学生健康恋爱心理的养成

（一）发展健康的恋爱心理与行为

1. 树立正确的恋爱观

（1）提倡志同道合的爱情。在恋人的选择上最重要的条件应该是志同道合，思想品德、事业理想和生活情趣等大体一致，应该是理想、道德、义务、事业和性爱的有机结合。一般情况下，异性感情的发展是沿着熟人—朋友—好朋友—知己—恋人这一线索发展的，当一个异性成为心中任何人都不能代替的角色时，爱情就可能降临。在分享快乐和痛苦、共同成长的过程中，爱情就会产生和发展。

（2）摆正爱情与事业的关系。大学生应该把事业放在首位，摆正爱情与事业的关系，不能把宝贵的时间都用于谈情说爱而放松了学习。因为学业是大学生价值感的主要支柱。当他们把爱情视为生命的惟一时，爱情就是一株温室中的花朵，娇弱美丽却经不起任何的打击。当爱情成为大学生惟一的存在价值时，他（她）本人就会失去人格的独立和魅力，也很容易失去被爱的理由。

（3）懂得爱情是一种相互理解，是相互信任，是一份责任和奉献。理解对方是为个人和对方营造一种轻松和快乐的氛围，没有人追逐爱情只是为了被约束；相互信任是自信的表现，自己都不相信自己，别人会全心全意爱他吗？责任和奉献则意味着个人道德的修养，它是获得崇高的爱情的基础。

2. 发展健康的恋爱行为

大学生在具体的恋爱过程中，应该注意以下几个方面：

（1）恋爱言谈要文雅，讲究语言美。交谈中要诚恳坦率自然，不要为了显示自己而装腔作势，矫揉造作；不能出言不逊，污言秽语，举止粗鲁；相互了解，不要无休止地盘问对方，使对方自尊心受损。否则只会使之厌恶，伤害感情。

（2）恋爱行为要大方。一般来说，男女双方初次恋爱，在开始时常感到羞涩与紧张，随着交往的增加会逐渐自然与大方。这个时期要注意行为举止的检点。有的人感情冲动，过早地做出亲昵动作，使对方反感，影响感情的正常发展。

（3）恋爱过程中要平等相待。不要拿自身的优点去比较对方的不足，以此抬高自己，贬低对方。也不宜想方设法考验对方或摆架子，这些都可能挫伤对方的自尊心，影响双方的感情。

（4）善于控制感情，理智行事。恋爱中引起的性冲动，一方面要注意克制和调节，另一方面要注意转移和升华，参加各种文娱活动，与恋人多谈谈学习和工作，把恋爱行为限制在社会规范内，不致越轨，要使爱情沿着健康的道路发展。

3. 培养爱的能力与责任

（1）迎接爱的能力。包括施爱的能力和接受爱的能力。一个人心中有了爱，在理智分析之后，要敢于表达、善于表达，这是一种爱的能力。一个没有爱心的人是个自私自利的人。

一个人面对别人的施爱，能及时准确地对爱做出判断，并做出接受、谢绝或再观察的选择，这也是一种爱的能力。缺乏这种能力的人，或是匆忙行事，或是无从把握。大学生要具有迎接爱的能力，就应懂得爱是什么，有健康的恋爱价值观，知道自己喜欢什么，需要什么，适合什么。当别人向你表达爱时，能及时准确地对爱的信息做出判断，坦然地做出选择。这样才能把握爱情的主动权。

（2）拒绝爱的能力。自己不愿或不值得接受的爱应有勇气加以拒绝。拒绝爱要注意两个方面：一是在并不希望得到的爱情到来时，要果断、勇敢地说“不”，因为爱情来不得半点勉强和将就。如果优柔寡断或屈服于对方的穷追不舍，发展下去对双方都是不利的。二是要掌握恰当的拒绝方式，虽然每个人都有拒绝爱的权力，但是，珍重每一份真挚的感情是对他人的尊重，同时也是一种自珍，更是对一个人道德情操的检验。不顾情面，处理方法简单轻率，甚至恶语相加，使对方的感情和自尊心受到伤害，这些做法是很不妥当的。

（3）发展爱的能力，培养爱的责任。前苏联著名教育家马卡连柯说：“爱的力量只能在人类非性欲的爱情素养中存在。他的非性欲的爱情范围愈广，他的性爱也就愈为高尚。”发展爱的能力，并不是非要具体到对某一异性的爱，可以是更广泛意义上的爱。我们的亲人、同学、朋友、祖国和人民，都值得我们去热爱。发展爱的能力包括付出的能力、理解的能力、宽容的能力和自我承担的能力。不要指望爱人会为我们分担一切，很多东西我们仍然需要独自面对；付出比索取对爱情更有益，也使自己更快乐；宽容对爱情有出乎意料的效果，用要求、指责、恐吓都达不到的目的，宽容也许可以奏效。发展爱的能力，还要培养无私的品格和奉献精神，要培养善于处理矛盾的能力，有效地化解消除恋爱和家庭生活中的矛盾纠纷，为恋人负责，为社会负责，才能创造出幸福美满的婚恋。

4. 提高恋爱挫折承受能力

大学生的恋爱受多种因素的制约，因而在追求爱情的过程中遇到各种波折是在所难免的。前面所提到的单相思、爱情错觉、失恋等恋爱心理挫折对大学生的心理承受能力就是一种考验。如果承受能力较强，就能较好地应付挫折，否则就有可能造成不良后果。因此，提高恋爱挫折承受能力对大学生的心理健康是非常重要的。

当爱情受挫后，用理智来驾驭感情，通过增强理智感，分析原因，总结经验教训，寻找解决问题的方法和途径，在新的追求中确认和实现自己的价值，从而提高自己的心理承受能力和思想水平。通过适当的情绪调节、宣泄和转移，来减轻痛苦。人对失恋的应对方式反映了一个人心理成熟水平和恋爱观。一个人能够理智地从失恋中解脱出来，往往会使自己变得成熟起来。

爱与被爱的人

一个哲学家，晚饭后往郊外散步，遇见一个人在那儿伤心地哭泣，哲学家问他因何如此伤心，那人回答：“失恋了”。

哲学家闻听连连抚掌大笑道：“糊涂啊糊涂。”

失恋者停住哭，气愤地质问：“有学问就可以如此嘲笑别人吗？”

哲学家摇头道:"非我取笑你,实是你们自己取笑自己啊。"

见失恋者不解,哲学家接着解释说:"你如此伤心,可见你心中还是有爱的;既然你心中有爱,那对方就必定无爱,不然你们又何必分手?而爱在你这边,你并没有失去爱,只不过失去一个不爱你的人,这又有何伤心呢?我看你还是回家去睡觉吧,该哭的应是那个人,她不仅失去了你,还失去了心中的爱,多可悲啊。"

失恋者破涕为笑,恨自己对这浅显的道理怎么没看透,向哲学家鞠了一个躬,转身离去。

(二)大学生恋爱中的心理调适

1. 不要过分压抑自己的情感

随着青年生理和心理的发育成熟,爱情会自然而然地降临,青年人既不可强调爱情至上,为了爱情什么都不顾,也不必过分压抑自己的情感,强迫自己疏远爱情。

2. 调节恋爱中的情绪反应

恋爱会造成情绪的变化,如激动不安、忧虑紧张、焦急思念、悔恨痛苦、幸福陶醉等等,这些正常的心理反应若是过于强烈和持久则不利于身心健康,甚至导致身心疾病。所以注意不能让爱情弄得神魂颠倒、坐立不安、茶饭不思、夜不成眠、精神恍惚,以免"乐极生悲"。

3. 爱情流露要自然而大方

恋爱是两性间的感情交流,随着双方日益加深了解,心理相容程度提高,感情更加炽热,一些恋人特有的亲昵行为会使双方更亲热,更增加恋爱的愉悦感和幸福感。但若是双方情感尚未成熟而过早地采取亲昵行为,反而对感情发展不利。

4. 要理解和尊重对方的意愿

单相思者不必苦苦追求,死缠硬磨,这会给对方造成不愉快的情感刺激,也使自己心理上产生极大的挫败感。拒绝单恋者时态度要明朗,不能模棱两可,也不能粗暴无礼地拒绝对方,避免恶性心理刺激伤害对方自尊心,使其产生破灭、绝望的情感和报复心理而导致不幸后果。

5. 抑制性欲冲动的干扰

爱情与性爱不可分离,恋爱是性心理发展的必然结果,但这并不是说爱情等于性欲和性诱惑。对恋爱时出现性冲动,需要加强道德修养,培养高尚的情操和自制力,通过各种方式使其得到减轻或升华。婚前性关系对于恋爱和婚后心理生活都有许多消极的影响,因此要正确对待恋爱中的性冲动,女性更需注意自我保护。

第二节 大学生性心理卫生

一、性心理概述

(一)性的本质

性的生物基础是它的自然起源,而性的社会基础则体现了它的本质。实际上人类性行为的自然属性和社会属性是紧密结合而不可分割的。

人类进入青春期以后，脑垂体性腺激素分泌增加，促使性腺分泌激素，从而引起人体内部性激素增加，这种人体内部生理条件的变化就产生性本能冲动，引起性欲。这是延续后代所必须的条件和要求，绝不是什么邪恶的东西。古人道："食、色性也"，这是说性的要求与吃饭的要求一样，都是人类的天性、本能，是自然属性。但是，人的本质是社会关系的综合。按照人的本质属性——社会性和社会道德的要求，人们的性关系应该是建立在纯真爱情和崇高义务相结合基础上的，这种关系是以婚姻家庭为形式而表现的。所以说，人类的性与其他动物的区别就在于它的社会性。

人类性行为一开始就是异于动物的。人类的性行为并不仅仅是纯生物的本能的表现，而是生理、性欲和精神渴求的一种有机结合，是爱情与性欲的统一，需要与社会要求、社会行为规范相适应，道理很简单，"人是理性的动物"。性欲的要求是每个人个人的事，而性欲的满足通常则是两个人之间的事，涉及人与人之间的关系，这就有一个协调人与人之间关系的伦理道德和法律规范问题。

人类性行为的目的决定于人们的社会需要，它受社会规范的约束，体现着人类社会的文明。人类的需要分为生存需要、发展需要和精神、享受的需要等。性行为的本能驱使，仅仅起繁殖后代的作用，它是一种最低层次的生存需要。而夫妻性生活的和谐、夫妻间的互敬互爱、美满融洽、心理相容则形成为一种高尚的情操——即由纯真的情感和思想结合在一起的、较复杂而带有理智的一种良好的心理状态和精神境界，这是一种高级的需要，这种需要无疑会对社会的文明和发展进步起到积极促进作用。

（二）弗洛伊德关于性的理论

性，对不同的人而言，都有着不同的心理感受。弗洛伊德提出一个人的人格是由本我、自我、超我三部分所构成。本我，指最原始的、与生俱来的潜意识的结构部分，具有强大的非理性的心理能量，按照快乐原则行事，一味追求满足。自我，指人格中的意识结构，代表理性与常识，处于本我和超我之间，遵循现实原则，充当裁判，监督本我，适当满足自我，同时还是外部世界、超我世界和本我的仆人。超我，指人格中最文明、最道德的部分，它是社会道德的内化，表现为至善原则，指导自我、限制本我，达到自我典范。弗洛伊德认为当自我、本我、超我三者平衡时，就会实现人格的正常发展，如果三者关系失调乃至破坏，就会导致人格障碍甚至神经症。

人的本我原始欲望，特别是性的本能和欲望非常强，希望得到满足，但是自我会根据实际的现实情况来决定是否满足，两者之间会发生冲突。当自我要满足本我时，可能过强的超我却不允许自我去满足本我。如果自我压抑本我，也就是说自我过度地以道德力量来抑制本我中藏匿的原始性冲动，不让其得到合理的释放，人们也会体验到紧张、焦虑、压抑等心理感受，如果长期处于这样的状态，正常的性需求得不到满足，也有可能导致心理的障碍。

因此，人只有将本我、自我、超我三者协调统一起来，按照现实社会生活中的规范合理地支配和控制自己的性欲望，才能达到心理上的和谐，保持健康的心理状态。

二、大学生性心理误区

（一）不健康的性动机

男女双方幸福美满的家庭生活，和谐而悦意的性生活是以双方相互适应，互敬互爱为基础的。但有的男大学生想利用一夜情，或只交女友或网恋等不正当性行为来证明自己具有诱人的男子气概和风度；而有的女性则从图虚荣开始，把自己对异性的吸引视为殊荣，在这种情况下，他们都可能在性关系上表现出不负责任或随便的态度。这种以自己的性行为来证明自己有吸引力的动机是不健康的，既损害自己的形象和感情，又危及婚姻生活。

还有的人企图"以性来麻醉自己"。在性生活中，快感是一种最基本和原始的欢乐，在人类最基本的生理需求中，适度的性生活会使人获得精神上的满足而表现为精力充沛，生活愉快，工作有劲头。但有这样一些人，他们不满足于生活的现实和环境中的沉闷气氛，而以非常频繁的性行为作为日常空虚生活的调剂和补偿，以致沉溺于这种生活中和性幻觉中而不能自拔，即以"性"来麻醉自己，甚至于失去了改进自己生活的念头，"患者多困于所溺"，由于沉溺和过度的性生活和性幻想的支配，必然会出现一种性心理的不平衡，其后果是致使自己可能根本失去了获得真正性快感和性欢愉的能力而出现病态。

（二）对性的认知偏差

1. 认为热恋中的拥抱、爱抚等边缘性行为是不洁的行为

边缘性行为泛指性交以外的一切亲昵行为。爱情是人类最美好的情感之一，在相爱过程中的拥抱、亲吻、爱抚包括热恋中产生性的冲动都是自然而正常的，并非不洁，并非罪恶，不必为此苦恼或羞耻。

2. 认为考虑"越轨"问题纯属多余

从性欲和性行为的发展来看，通常男子相对积极主动，而女子的性能量一般具有潜在性。在许多场合中，只有在异性的行动和身体的刺激下才会萌动，因而具有环境依赖性的特点。如果你们是真心相爱的，要知道过分贪图恋人的爱抚，历经边缘性行为的诱惑，最终会产生身不由己的冲动，这是一种危险的游戏。要对热恋中感情潮水的力量有足够的心理准备，要在理智还可以说话的时候，树立起"堤坝"，设想好"退路"。

3. 认为贞操观念在现实社会中已经毫无意义

浙江大学的一项调查显示，62%的大学生同意只要是和相爱的人，就可以发生婚前性行为。85%的大学生认为，已经发生性行为的男女不一定非得结婚。

性行为是男女青年最私有的个人行为，但它同时也受社会和文化环境的制约。人们虽然已经以自然的、科学的、严肃认真的态度来对待性，但总的说来人们对婚前性行为还远没达到"毫不介意"的地步。"偷食禁果"或被迫失身可能带来的消极影响在一定程度上仍是客观存在的。婚前性行为有可能带来未婚先孕，还会造成心理上的压力与精神负担，并可能成为有损身心健康的诱因，在社会上性病与艾滋病传播的情况下，尤其应十分警惕和谨慎。

4. 认为失去了“童贞”,就不再纯洁,不配再被人爱了

实际上,尽管失身可能会给今后的选择产生某些影响,但并不意味着与幸福无缘。人们越来越倾向于认为,贞节问题不能简单地论错对。贞洁意味着自然,意味着单纯、天真。“贞洁”与否本质上在于一个人精神上的情操。

5. 认为自己应该享受性爱,从而沉湎于不切实际的性幻想

有的人由于受到西方生活方式和文学、电影的影响,使他们对性爱、性行为认识方面出现了许多不合理的,过高的期望,常产生一些奢念。诸如,觉得自己应该享受世界上最伟大的性爱而追崇一种不切实际的性幻想,当现实不符时,就愈发变得焦急和失望,情绪极坏,常感性生活不满足,从而影响自己的身心健康,甚至会出现“病态”、“偏离”等不良的行为倾向。

一个青年如果滥用你的性爱,只会使这种所谓的“爱”变得低廉,这就能够解释,有些青年男女因为发生了性关系,反而很容易疏远和分手,因为他们忽视了界限和距离产生的吸引力。再者,轻易地失去贞操,也就失去了自尊、自重和自爱,又怎能指望对方给你较高的评价呢?

作为知识分子的大学生,大多是有了感情不能自制才发生性关系的,出于非道德原因的情况占多数。因而,对已经失身而陷入难以自拔痛苦中的人,没有必要在过去的阴影中愈陷愈深。也许一个人不得不为过去付出一些代价,但没有必要永远背着心理上的十字架,成为封建“贞操”观的牺牲品。昨天已成为过去,重要的是珍惜今天,相信自己仍然拥有追求和享有幸福的权利,还可以重新选择未来的道路。

怎样应对男友的激情要求

在卿卿我我、花前月下的热恋中,情之所至,沉浸在爱中的人们(尤其是男孩子)难免会有激情的冲动。可是囿于传统观念及种种原因,女孩子却有着更多的顾虑。怎样能既不伤及感情又不伤害到自己呢?

1. 不能委曲求全

通常情况下,男性希望女性主动,但过分的主动会使他怀疑你的真诚;相反,只有一定的距离,才能保持长久的吸引;只有首先自尊,才能得到男性的尊重。所以,即使你对他有感情,有时也需要矜持,一定的神秘感必不可少,尤其是在婚前。如果你“不惜奉献”,他在得到你以后通常会这样想:

(1) 她是这样地容易献身,这样的女孩不可靠。

(2) 她根本就不了解我,却轻易地服从我,这种没有尊严的女孩我不能要。

(3) 她如此急于献身是不是别有企图?这种物质女人我不能要。

因此,恋爱中的女孩不能迷失自我,要充分考虑这样做后会有什么后果,会给自己和对方带来什么,绝对不要献身求爱,因为结果往往是适得其反。

2. 如果你不爱他

若男友执意要求，有如下几种回答供你参考：

(1) 我还不了解你，我不能这样做。因为我会付出真情，如果你不是我要找的人，我会受到伤害。我不能随便伤害自己，我要对自己的选择负责任。

(2) 我现在只想和你做朋友。我希望我们能从朋友顺其自然地走到一起。你能等待吗？

(3) 你的话真的让我很感动。(半开玩笑地)但我不想听你怎么说，我要看你怎么做。

(4) 若真的有缘分，我们总会属于彼此，既然你说你真的爱我，那来日方长，我们会有收获的。

这里要特别提醒你的是：如果你真的没有感觉，你一定要明确地拒绝他。否则，一向以自我为中心的男同学们很可能会因为你暧昧不明的态度想入非非，或者误认为这是你对他故意的诱惑。

有不少年轻女孩一开始并不想和男友有关系，但又不好意思拒绝，结果她半推半就的态度造成男友的误解，最终伤害了男友，自己也遭到男友的伤害。所以，年轻女孩一定要记住，面对男友的欲望，只要你不想，对他的拒绝一定要明确，它的好处在于：真正爱你的男友不会因为你对他的拒绝而对你轻易放弃。若那个男友对你仅仅只是欲望，只要你断然拒绝，他一般不敢轻举妄动。

3. 分辨爱情和欲望

为帮助年轻女孩分辨欲望和爱情，有如下原则供你参考：

(1) 千万不要只看男友怎样给你花钱。有时候钱并不一定代表他对你的爱。因为许多男性都认为女的很虚荣，所以他为你花钱无非是满足你的虚荣心。这样的“爱”多半潜藏着危险。说明他也是一个虚荣的人，而虚荣是靠不住的。

(2) 不要一见面就堕入情网，两三次见面就意乱情迷。意乱情迷时要告诫自己：这很可能是错觉，我要冷静再冷静，以便检验这份情感的真伪。为此不妨有意识地拒绝他。若他因此离开你，说明他别有企图；若他待你一如既往，说明他是真的爱你。

(3) 他和你在一起时都说些什么或做些什么，这很重要。若他很会奉承你，说明他也会用同样的奉承取悦于别的女孩；若他总在你面前吹嘘自己，说明他并不真的自信；若他过分频繁地给你打电话，说明他是想揣摩你的脉搏。

(引自：伊人风采网)

三、恋爱中的性心理卫生

典型案例

直面大学生性心理

2002 年，一本名为《非常日记》的小说打印稿在甘肃兰州地区的不少高校里非常流行，其流行程度被某媒体称为是“疯狂流传”。主人公“林风”,从山乡考到“北方大学”,因为早年丧母、家境贫困等原因,形成了自卑、敏感、多疑的性格。由于刻苦学习成绩优异,他考上了研究生,但这并没有带给他健康快乐的生活。面对形形色色的诱惑,他的心理开始失衡,并逐步变得扭曲。“林风”从偷偷浏览黄色网页开始,发展到跟陌生的女性要脚上穿的袜子,到夜深人静时溜进女生宿舍偷女生内衣裤,再到后来夜藏女厕所偷窥女生上厕所……小说以日记体的形式,描述了“林风”一步步陷入心理的泥淖而不能自拔,最后走上自杀之路的过程。

不少大学生说,自己身上好像有“林风”的影子。一位同学说,性是一个敏感话题,而揭示有关大学生性心理和性健康问题的文艺作品,一直是个空白。

一个来自甘肃政法大学的女生说:“初中上《生理卫生》课,老师根本不讲,只让自己看,而我看的时候被母亲骂了一通。上大学,上网碰到黄色网站,也感觉到面红耳赤,直到现在,对于谈这个问题我依然羞于启齿。”

某大学中文系一男生看过这部小说后,激动地说:“虽然在现实生活中,有8块钱一盘的盗版‘毛’片,打3折的盗版黄色小说,还有无所不包的英特网,让有些人以为大学生对性很了解,其实错了。对于性,尤其是健康的性心理、性与情的关系,很多大学生仍然知之甚少,他们渴望对性能有一个科学的理性认识和思考,渴望能与异性坦诚交流。”

作者徐兆寿说,现在的新闻媒体上,不难看到诸如“大学生集体包宿一小姐”、“大学生夫妻部落”之类的报道,他的写作就是希望能够把这些问题揭示出来,让全社会都来重视、关注、思考这一现象。

甘肃省心理卫生协会副理事长、西北师大心理学教授彭德华认为,小说反映的问题很现实,20岁左右的年轻人正是性心理、性道德的确立时期,而在长期的应试教育体制下,心理教育出现断层。学校应该对这个年龄阶段的学生进行相应的性教育,让他们知道性的幻想和性的冲动是很正常的现象。体现在“林风”身上的不正常心理,在当代大学生这一群体中不是个别现象。首先,应该承认这是一种心理疾病,应该正视这个问题;其次,才是科学地寻求解决问题的方法。

据悉,《非常日记》一书由敦煌文艺出版社出版,该书责任编辑、敦煌文艺出版社副总编辑刘铁巍认为,以前反映校园生活的小说总以阳光感叫好,而这本书在题材的拓展和形式方面,都有新的突破。她说,眼下,性教育是个敏感话题,小说恰恰真实地揭示了这方面的问题。对大学生的性教育势在必行,捂着闷着不是办法,得拿到太阳底下来晒晒,否则就会“发霉”,产生霉变。他们希望通过编辑出版这部小说,引起更多的人来共同关注这个问题,让青年们健康成长。

(引自:中国青年报)

(一) 性心理健康标准

心理学家罗杰斯认为,保持健康的性心理应遵循的标准:具有良好的性知识;对于性没有由于恐惧和物质所造成的不良态度;性行为符合人道;在性方面能做到“自我实现”,即能学会拥有、体验、享受性的能力,在社会、道德的允许下,最大限度地获得性活动的快乐与满足;能负责地做出有关性方面的决定;能较好地获得有关性方面的信息交流;接受社会道德和法律的制约。

（二）健康性心理的自我调适

1. 性压抑的自我调试

生理不断成熟的大学生，体内性激素刺激所引起的生理和心理上的感觉是十分明显的。然而，社会道德、法律和理智的约束，性冲动和性心理往往被限制和压抑着，形成了性本能欲望和社会性要求的矛盾和冲突。

大学生中的性压抑普遍存在，尤以男同学的性压抑更为普遍和强烈。性压抑对两类人的身心健康影响最大。一类是性冲动比较的强烈而心理素质比较薄弱，且难以找到宣泄、转移、代偿等途径的人。他们焦虑不安，苦闷烦恼，形成压抑情绪，导致心理异常或进而发展为心理变态；另一类是对性抱有反感、厌恶、冷漠的人。他们背离正常人性心理发展规律，可能引起一系列心理健康问题。前者是显性的压抑，容易鉴别；后者则属于隐性压抑，容易为人们所忽视。

性压抑是相当普遍的且不可避免的一种性心理现象，既是合理的、必然的，也是有害的，是应该引起重视并给予解除的。我们应该看到，适当地压抑性冲动是符合社会安定和发展需要的，是人类和社会进步的前提，不论对社会还是对本人健康都是有益的。但也存在有害之处，一是性生理压抑带来的对身体的负面的影响，目前许多临床资料表明，性压抑可引起躯体性症状，如失眠、噩梦、头痛、头晕、腹泻、腹痛、胃肠不适等，一般认为这是性冲动能量躯体化转换的结果；二是心理上压抑性冲动，同样有着痛苦的体验，其程度与性冲动强度一致，即强烈性冲动的压抑则会引起更明显的感情痛苦；三是，弗洛伊德认为性压抑会阻碍大学生正常人格的形成、创造力的开发、大无畏精神的发扬和对人生的积极进取，过分的性压抑还会导致性冷淡，是神经症的根源。

所以，大学生要非常理性地看待性压抑问题。既要看到它合理、必然的一方面，也要看到有害的一方面。通过参加体育锻炼、娱乐活动等促进自己的人际交往，来适当地缓解自己的性压抑。

2. 性冲动的自我调试

在大学生群体中，性冲动的影响是非常明显的。它在两方面引起心理紧张失调：一方面是生理冲动需要宣泄与限制其宣泄的社会规范之间的冲突。瓦西列夫在《情爱论》中曾提到过这么一句话："性欲是一股强大的力量，如果失去控制，它就可能成为社会的一种灾难。"

尽管性冲动是大学生的一种正常生理、心理反应，但由于不能正确认识和恰当地缓解性冲动，许多人对之感到不知所措。一方面是性的自然冲动，并且随着性的成熟和性兴趣的日益强烈，性冲动越发明显；另一方面是对性冲动持否定、批判的态度。于是，大学生就常常处于一种兴奋与自责、激动与不安交织的矛盾中。一位大一男生曾说道，他在某个地方不小心看了黄色录像，于是白天、晚上都禁不住地回忆这些内容，他觉得自己简直就是低级下流、龌龊不堪，于是他拼命地学习马克思列宁主义基本原理，上课的时候总是坐在第一排，说是要让马列主义来批判自己不健康的思想。这位同学的做法固然可爱，但也说明了缓解性冲动的必要性。

大学生们一方面要认识到性冲动存在的客观性，是每个人到了一定年龄必然的一种心理，不要觉得自己有了这方面的冲动就不正经，或者不健康。另一方面，为了缓解这种性冲动带来的压力和矛盾，应该通过正常的途径和方式疏导、升华或转移。如相当一部分同学采取体育锻炼、文艺活动的形式来转移自己对性的注意，这也是一种行之有效的方式。

（三）合理看待婚前性行为

人们对婚前性行为历来有着不同的态度，四种有代表性的观点是：一是反对，这种观点认为任何情形下的婚前性活动都是错误的，应该避免这种行为。二是有条件地允许，这种观点认为，如果双方关系是稳定的、相爱的，则婚前发生性关系是可行的。三是无条件允许，这种观点赞同相互吸引的婚前性行为。四是双重标准，即婚前性行为男人可以，女人不行。

有调查表明，在 20 世纪 80 年代，有 51.62％的大学生认为，在大学生中出现“未婚同居”现象是“道德上的堕落”或“双方都不够成熟”；有 31.2％的大学生认为婚前发生性关系只要双方愿意和不造成情感上的创伤及没有孩子，也谈不上什么道德不道德，可以随时分开；只有极少数大学生认为，婚前发生性关系在实际生活中往往是难以避免的。

然而近年来对婚前性行为的看法，持较为宽容的态度的比例有显著增长。对上海某医科大学和山西某医学院的 1252 名学生的“性观念与行为”的调查显示，大学生婚前性接触的发生率渐趋增多，6.8％有性接触史(首次性接触的平均年龄为 20 岁左右)，对女性贞操的认识，认为无所谓者男生中有 64.98％，女生中有 23.72％，认为“至关重要”者，男生中有 17.20％，女生中有 34.37％。

一位女大学生在恋爱过程中，对男友很满意，视对方为梦中的白马王子，对方却对她若即若离。姑娘生怕飞走了金凤凰，于是主动献出贞操，试图以最宝贵的圣地换取最忠诚的爱。“我怕失去了他。”这位女生说道，“我很爱他，我几乎是一见他就被他迷住了，但他总是犹豫不决。而且，他太理智，想得最多的不是我，而是以后的分配以及家庭是否干涉等等。可我一刻也离不开他。”这个女生很自信，“他是个老派男生，只要我们发生了性关系，他就会负起责任，再不会离开我了，因为如果那样他就会受到良心上的谴责而永远背上沉重的十字架。”

其实，这位女同学并没有领悟到爱的真谛。爱是相互吸引的，她即使用祭献式的真诚拴住了他的肉体，却不可能唤醒他心灵深处酣睡的爱。换一种角度讲，她最多只懂得爱的给予，却并没有弄明白爱的真意，得不到相应的回报。

造成婚前性行为的原因很多，涉及法律、道德、社会学、伦理学、性医学、性心理学、医学心理学等各方面的问题。对女性来讲，同居和婚前性行为是女性性原则的丧失，从此以后在男女恋爱交往中丧失主导优势，少了对未来婚姻的把握能力和选择的机会，是对未来婚姻的透支，对女性以后的婚姻家庭，生活态度将产生诸多不良影响，而这个梦魇的开始还可能殃及到下一代。

婚前性行为之不良后果

(1) 给女方心理带来极大压力。婚前性行为的发生，有时是女方主动提出的，而更多的是男方要求女方迎合或抵御不了，但事前事后心理状态大不相同，它给女方造成的心理压力如恐惧、自卑、冲突等接踵而来。调查发现，有27.3%的人性交后怕怀孕，21.3%的很懊悔，21%的惧怕败坏名誉。在接受人流手术时，怕手术痛苦者48.4%，不敢告诉家长者17.3%，不在乎者13%，手术后怕产生后遗症的62.3%，怕失恋后不易再找对象的20.7%，无所谓者17%。

(2) 给女方身体健康造成严重影响。在不想生育的前提下受孕，其补救措施就是人工流产。对婚前性行为者来讲，人流的不良后果有三：一是不能正常地恢复身体的健康状况。有的女同学为了不让别人知道，做完手术后不休息，立刻去上课学习，严重影响了健康状况的恢复，甚至导致大出血；二是容易损伤生殖器官，出现意外事故。有的同学不敢去医院做人流，找那些江湖医生，在极不科学的条件下施术，使生殖器受到很大损伤，有的甚至送了命，也有的遭到品质恶劣的江湖医生的凌辱，身心均受摧残；三是引起许多并发症。医学研究和临床资料表明，人流对女性可造成：月经量少、闭经、性冷淡、不孕，再次妊娠易导致流产、子宫内膜异位症、生殖器官炎症、前置胎盘，胎盘粘连植入、子宫穿孔、产后大出血，甚至引起宫颈癌等。

(3) 使恋爱关系出现不利于女方的发展趋势。在未发生婚前性行为时，恋爱双方是相互平等、自由选择的关系，可发生之后情况则有所不同：一是双方吸引力比过去逐渐减弱。原以为两性关系很神秘，现在变得“不过如此”，过去的光彩、魅力显得不夺目，不充满力度了；二是女方再选择机会减少。原来男方十分迁就女方，自女方委身于他之后，便以为“她再也离不开我了”、“非我莫属了”，故对女方开始态度随便、任意支配。反之，女方则因把贞节已交给他了，“已经是他的人了”，可又担心男方改变初衷，惟恐被抛弃，于是对男方一再迁就、容忍，即使发现他有较大缺点，可事已至此，只得将就成婚，贻误了终身大事。调查表明，发生性行为后女方想报复男方的占10.7%，既悔恨又摆脱不掉男方的占21.3%，其缘概出于此；三是男方对女方的猜疑开始萌生。恩格斯曾讲：“性爱是排他的”，女性如此，男性也不例外，男子总希望女友只信任自己，对自己开放，一旦与之发生关系，便又开始猜疑女方，“她对别人是否也这样?”若女方过去已谈过几个对象，这种疑心就会加重，或导致中止恋爱关系，或婚后生活不和谐。

(4) 恐使新婚蒙上阴云。新婚是人生最快乐的事件之一，但婚前有过性行为或新娘子已有孕在身，这样的新婚就会失去应有的欢乐，蒙上一层阴云。从新婚夫妇而言，双方已没有新鲜感，只不过走走形式；周围人也会有议论、看不起，以为“有伤风化”。虽然传统观念中有些东西比较苛刻，但要一下子扭转“国情”、对传统文化进行扬弃并非轻而易举。

(5) 给婚后生活造成诸多不愉快。婚前性行为往往是在提心吊胆，惟恐别人发现的“犯罪感”心理状态下进行的，缺乏良好的生活环境，双方不仅难以从中体验到性快感。

反而留下了痛苦的性经验，容易造成夫妻某一方的性功能障碍，如性冷淡、阳痿等，导致夫妻性生活不易和谐。婚前性行为没有法律保证，女方因被抛弃而受哑巴吃黄连之苦，就会对男方怀恨在心。婚后将此苦诉诸丈夫，丈夫愤愤不平，就会找“负心汉”讨公平，造成纠纷、违法事故，甚至引火烧身，导致家庭不幸。

婚前性行为，目前正呈现着数量愈来愈多、年龄愈来愈小的发展趋势，它已成为世界性普遍关注的社会性问题之一。近十年来，据国内外大范围调查表明，社会对婚前性行为的认可程度，在国外也并非全都允许，比例在60%～70%之间，国内虽有所松动，比例也仅达30.5%。那么，面对现实，如何处理、对待这一现象呢？以下几点，可供思考和借鉴。

(1) 要把婚前性行为与性混乱严格区别开来，婚前发生性行为绝不是衡量世风与社会文明的尺度，绝不能把两者混为一谈。

(2) 让恋爱中的青年男女都在结婚之后发生性关系，似乎社会已显得茫然无力。惟有教育引导，提高认知水平和完善人格素质可属良策。

(3) 性爱是爱情的前提，但只有性爱的爱情是不牢固的。当女性意识到自己心理动机的偏颇、天真、冲动以及婚前性行为给自己可能带来诸多不良后果时，便会自觉走出这一爱情误区，寻求并发展情爱，由爱情的必然王国走向自由王国。

(引自:人之初在线)

(四) 学习有关性的知识

现代性教育起源于19世纪末20世纪初的美国。1912年，国际卫生组织首次使用“性教育”一词。应该说，性教育的兴起主要是迫于性心理问题、婚前性行为、性疾病和性犯罪不断上升的现实压力。目前，性在大学校园是非常现实的问题，不仅大学校园里的婚前性行为成为人们争议的焦点，而且由于性冲动、遗精、手淫、单恋等性生理和心理现象诱发的精神失常乃至自杀、他杀等现象也屡见不鲜。因此，大学生接受性心理教育势在必行。

我国的性教育目前还停留在介绍月经、遗精、手淫等基本的性生理知识方面，性教育的层次和体系还比较初级。面对大学生中性行为的现实，一些学者和专家提出了安全性教育的理念，提倡在大学校园里发放避孕套，教会大学生如何安全地进行性行为等等。但是许多专家提出性教育应该倾向于性纯洁教育，更有不少性教育工作者提出了“性教育就是人格的教育”，“性教育既是知识的教育，更是人格的教育、身心健康的教育”等理念。为此，高校性教育的主要目的不应该只是一般卫生知识的宣传，应偏重于健康人格教育和伦理道德教育，使传统道德与现实观念相结合，以促进大学生综合素质的提高。大学生也应该有意识地学习性的知识，接受性教育，合理地看待性行为。

第三节　大学生婚姻与心理卫生

婚姻是夫妻关系的缔结及其存续状态，是男女双方结成夫妻关系的行为，是人类实现两性结合的社会形式。2005年，国家教育部公布了新的《普通高等学校学生管理规定》和《高等学校学生行为准则》。新规定取消了一些涉及学生婚恋的强制性规定，撤销了原规定中“在校学习期间擅自结婚而未办理退学手续的学生，作退学处理”的条文，至此，在校大学生不能结婚的禁令正式解禁。

一、婚姻的概念、特征及其本质

婚姻是男女两性的合法结合，即男女相亲，结为夫妻。社会人类学一般认为，所谓婚姻，是为社会所认可的，特别涉及男女双方制度化关系的匹配安排。它具有两个基本特点：一是婚姻的男女双方具有建立家庭和生育子女的意向；二是婚姻的性关系符合社会道德和法律认可的两性性行为准则。婚姻形态在不同的时代，不同的国家，不同的民族，还各自具有其不同的情况和特点。现代的婚姻概念比人类初期的婚姻概念要复杂得多。在现代，婚姻一般指男女得到了社会及法律承认的结合，建立起夫妻关系。

婚姻是产生家庭、亲属的前提和基础，家庭、亲属是由婚姻发展的必然结果。婚姻的本质在于它的社会性。婚姻关系的核心是以男女互爱为纽带，与性生活紧密联系在一起的，为社会和法律所认可，承担一定义务和责任的一种特殊的社会关系。也就是说，婚姻是人们为了维持正常的社会生活依社会风俗和法律规范化了的一种特殊社会关系、社会行为。正因为如此，婚姻问题是人类社会的一个重大课题，历来为社会所重视，并为此立下许多限制和规矩，以保障婚姻的成立和稳定。

我国现在实行的是社会主义婚姻制度。《中华人民共和国婚姻法》明确规定：实行男女婚姻自由、一夫一妻、男女权利平等；保护妇女、儿童和老人的合法权益；禁止包办、买卖婚姻和其他干涉婚姻的自由的行为；禁止借婚姻索取财物；禁止重婚；禁止家庭成员间的虐待和遗弃。并对结婚、离婚的具体条件和禁止事项作了具体的规定。

二、大学生婚姻的由来

典型案例

天津大学三年级女生成为内地在校大学生结婚第一人

2004年5月1日，还在上大学的王洋与自己的爱人刘航携手走进结婚殿堂。被全国媒体关注的“在校大学生王洋”的婚礼终于“既成事实”。一年之后，对于自己的婚姻生活，王洋接受采访时对媒体说：“基本符合自己的理想，两人感情很不错，爱人很疼爱我。”王洋自认为是个好妻子，爱人工作忙，家务活她是主力。目前，她在忙着找工作，写毕业论文。因为结婚后被高度关注，她今年放弃了考研，王洋说，自己的事情只是个例，虽说生活得不错，但不证明所有在校大学生结婚都会过得不错，每个人的情况毕竟不一样。她和爱人的经济条件及生活能力保证了她在学习和爱情上能够很好地走到今天。

刚恢复高考时，大学生的年龄差距很大，允许当时已婚大学生上学，符合社会需求。之后，学校严禁大学生谈恋爱、结婚，一心让在校生学知识，这又与当时我国社会急需大批高级人才有关。1992年以后，随着社会主义市场经济的发展，国家政治、经济、法律法规的不断变化，文化的交融引发了社会观念以及大学生自身观念的变化。社会民主意识、个人权利意识的增强，催生了大学生个人权益意识的萌发。2004年的五一节期间，第一桩真正意义上的校园婚姻，在众目睽睽之下登上了历史舞台。

针对出台不久的《普通高等学校学生管理规定》中，取消了原规定中不允许大学生结婚的条款，中国社会调查所对1000位分布于中国11个大城市的市民进行了调查，结果有57%的被调查者赞同取消该规定，但同时又有69%的被调查者不赞成在校大学生结婚。不过，超过七成的被调查者认为，这项新规定不会导致大学生结婚人数上升。

从禁止大学生在校谈恋爱到不提倡大学生谈恋爱，从严禁大学生结婚到不禁止大学生结婚，中国高校对大学生的管理也从一味自上而下的家长式管教走向法制化和人性化。现在，大学生"社会人"的身份逐渐明晰，新《普通高等学校学生管理规定》给予了大学生应有的权益，这与整个社会民主法制建设相一致，体现了社会应有的包容姿态，具有时代的合理性。"大学生能否结婚"这个本应属于大学生权益的问题虽然正式提出，但是社会对于大学生的看法是应以学业为主。

三、大学生婚姻的利与弊

典型案例

一名大学生对"大学生结婚"的观点

一名大四学生这样说，现在大学生谈恋爱是很正常的事情了。大学一年级、大学二年级的时候有些人还会不好意思，但到了大三，如果还没有男朋友或女朋友的话，有人就会着急了，一些男生的家长会有"催促之意"。我与在武汉上学的女朋友相恋快三年了，因为相隔两地，所以平时两人的电话费非常高。女朋友在学校是个很优秀的人，连续两年获得了奖学金，但自己只是个"名不见经传"的人。在与女朋友相恋以前，我的考试总有不及格的。相恋后，在女朋友的鼓励下，我在学习上用心多了，成绩也逐步好起来，再也没有考不及格的事儿。我即将毕业，工作也快找好了，女友还有一年才毕业，正计划考研。我们已经商量好，等她毕业后去同一个城市工作、读研。现在已经不禁止大学生结婚了，我赞同，但现在还不会去结婚，因为结婚是件神圣的事儿，现在我们没有任何的物质条件和经济基础，毕业后还面临着找工作的事，有很多不稳定的因素。在我还不能保障给她幸福生活时，我不会马马虎虎地把她娶过来。"

对于早步入婚姻殿堂的大学生来说，婚姻成为他们爱情的堡垒，可以培养自己的责任感，树立自己的自信心，让自己提前成熟起来，为踏入社会做好充分的准备。但同时我们也应该看到，大学生婚姻也有不成熟的一面。对于每个人，包括大学生，婚姻都是一份沉甸甸的责任。先立业，后成家，放之四海皆准。婚姻家庭的拖累，会大大限制知识的获取和自身素质的提高。提前使他们背上沉重的家庭责任，将会让校园摆不下一张平静的书桌。打开了"潘多拉"的盒子，必将给学校、社会和大学生自己带来无限的尴尬、困惑和烦恼。关注那些已经成为"过来人"的同学，我们会发现大学生婚姻存在几个弊端：

1. 大学生结婚易影响同学间感情

如果你发现自己的闺中密友突然宣布自己要结婚了,不知道你会有什么感受。自己尚未懂得男女之情,而她或他却堂而皇之地结婚了!本来平时无话不谈的好友,感觉一下子就有了隔阂。其实,相当一部分大学生,他们之间的交往(特别是异性之间)是很敏感的,异性的行为举止经常成为品头论足的对象。可如果你经常关注的对象突然一下子成为了有夫之妇(或有妇之夫),感觉肯定有种说不出的滋味。

2. 大学生结婚不利人生经验的积累,不利于能力的培养

在大学生走入婚姻殿堂之后,应该会意识到婚姻的核心是责任。但此时学业还没有完成,一系列的能力还没有得到锻炼,如果能把婚姻和学业两者的关系处理得当,婚姻对于他们的发展来说并无多大影响。可如果两人仅仅满足于两个人的世界,还要顶住社会压力和同学们的偏见,再加上其他种种因素,使得大学生婚姻不再如想像的那么美好。

大学四年时光短暂,稍纵即逝,大学生们应该抓住这美好的时光学习知识,锻炼自己的各项能力,积累人生经验,为走入社会做好准备。等自己工作落实了,有了一定的经济基础和人生经验了,再结婚也不迟。

郑州大学原副校长崔慕岳教授说,高校管理更应体现"以人为本"的教育理念,权利和义务是紧密相连的,既然把权利赋予了大学生,相信大学生也会理性、现实地看待。有人担忧不禁止大学生结婚会给学校及社会带来一系列问题,在新《普通高等学校学生管理规定》出来后,一味地再去担忧没有必要,随着弹性学分制在高校的逐渐推广,个别学生结婚、生育也可以通过休学方式得以妥善解决。作为学校、社会更应该以积极的、宽容的心态去对待这些新事物。

四、大学生健康婚姻观念的养成

(一)深刻理解婚姻的内涵

婚姻关系的核心是以男女互爱为纽带,与性生活紧密联系在一起的,为社会和法律所认可,承担一定义务和责任的一种特殊的社会关系。而婚姻的内涵从低到高可分为三层:第一层是性别上的生理特征,一男一女才能成婚;第二层是情感,长时间相处、性格磨合所产生的非理性依恋和牵挂;第三层才是价值观的对接和心灵相通,以及长期共同生活所达成的默契。人们都希望自己的婚姻能达到第三层。大学生们要充分认识和把握婚姻的内涵,理解婚姻的本质,承担应尽的责任。

(二)大学生婚姻应理性引导

中国大学生的性观念不再是呈现一边倒的"解放"倾向,多元化倾向日趋明显。有研究人士认为,大学生性观念多元化的倾向是社会多元化的折射,但大学生同样应该比较清楚地了解家庭的责任、正确的婚姻观念和正确的性观念,这需要社会和学校的理性引导,也需要大学生的自我约束。

不禁止大学生走进婚姻,但并不意味着提倡,不要因为想着上大学就能结婚了,所以谈恋爱的时间就大幅提前了；不要因为既然能结婚了，孩子就可以早要几年了。大学生在拥有婚育权利的同时，要同时明白这一权利本身所负载的道德责任和文明内涵。

（三）大学生应自觉养成良好的性道德和建立正确的恋爱婚姻观

大学时代是一生中世界观、人生观、幸福观、婚恋观的形成和个体社会化适应的关键时期，是长知识、长身体、生理和心理变化急剧、可塑性最强的时期，也往往是由于性的生物性因素急剧发展与心理性因素、社会化要求不相适应，最容易出偏离越轨行为的危险时期。这个时期性机能的成长很快，如得不到及时正确的教育引导，最容易出问题犯错误走邪路。早恋，早期或婚前、婚外性行为，卖淫嫖娼，及其他违法犯罪行为也多在此时期发生。大学生应该自觉接受正确的性教育，包括性伦理道德教育，法律的教育和积极的引导，这对于帮助自己建立正确的性观念，树立正确的性态度都有着不可忽视的重要作用。

（四）多多学习有关性与婚姻家庭问题的研究，养成健康的婚姻观念

婚姻与性是联系在一起的。人类性行为是受其自然属性和社会属性所决定和制约的。人类社会将性的关系以婚姻形式制度化之后，夫妻关系是婚姻的基础，而婚姻又是家庭的基础，家庭是社会结构的最基本的细胞。婚姻关系的形成和发展对于人类社会的发展进步有着极为重要的作用。因此婚姻与性的问题，不仅是人类社会发展中的一个大问题，而且也是关系到人们的身心健康、夫妻生活的和谐美满、家庭的幸福稳定、社会的安定团结与发展的一个很现实的需要研究的问题。

性与婚姻家庭方面存在的问题，旧的不健康的低级庸俗的观念和不恰当的生活方式，特别是大学生对性与婚姻的认识偏差，对大学生的心理存在较大的冲击，这有待于高校加强普及性与婚姻的教育工作，同时大学生应该自觉学习有关此方面的知识，养成健康的性道德和婚姻观念。

婚姻是一份沉甸甸的责任。尊重权利的同时应该看清问题，可以把大学生结婚与否的决定权交给他们自己，影响还是促进学业，需要自己去考虑和安排。

思考与讨论

大学生恋爱漫谈

美丽的大学校园里，大学生们成双成对地散步、谈心，一起出入影院、舞厅。

画外音：大学时代，是一代骄子的黄金时代。在这个季节里，骄子们渐趋成熟，青春的萌动使他们开始涉足于另一个领域——爱苑。初恋，是一场情感世界的巨变，生活结构的革命，伦理意识的更新。因此许多初涉爱苑的大学生为此感到迷惑、烦恼和痛苦，也发生了一些不该发生的事。

S是某大学的高才生，他与一女同学恋爱后，两人经常出入影院、舞场，沉湎于花前月下的卿卿我我之中。学期结束时，两人都因成绩下降而陷入痛苦之中，于是彼此约定减少见面的次数。

画外音：这还算理智的。如果贪恋那种稍纵即逝的情感而致使事业上失败，那么他们的爱情之花必然早凋。

问:可以谈谈你们恋爱的动机吗?

A说:我恋爱是为了消磨这难熬的四年时光,同时锻炼自己恋爱的能力。

B说:同宿舍八人中就我没女朋友,一到周末,宿舍便只有我一人,他们都说我太呆板,太迂,还有人嘲笑我缺乏魅力。于是,便找了一个,不管她人品、外貌怎样,周末可以陪着逛影院就行。

男生C正在得意的向室友们吹自己的罗曼史。

衣着时髦、发型别致的女生D说:漂亮可以提高回头率,就是可以吸引更多男孩的眼光。有一次,几个男生争着请我看电影,还差点为这事打了架呢。

画外音:荒唐吗?谈恋爱是为了消磨时间,为了赶时髦,为了满足虚荣心理。其实,这些恋爱动机很普遍,似乎很浪漫。但是,这种浪漫无疑为他们恋爱的失败埋下了伏笔。这些游戏人生、不负责任的态度,不仅显示了他们低下的心理素质和道德涵养,将给他们带来不幸和痛苦,而且是不道德的、遭人唾弃的。

某男生在焦急地等待家里汇款单的同时,却在女朋友面前摆豪华气派。

某两大学生恋爱后,偷尝禁果被开除学籍。

画外音:我们应废弃这些庸俗的方式。爱情一旦染上铜臭,它必然渗透了虚伪和欺骗。初恋应是纯洁无瑕的,过早的让感情炙热化或把爱情与情欲混为一团,不仅有损于身心健康,令人失去终身欢愉,而且腐蚀人的灵魂,甚至毁掉人的一生。

某女生失恋后,先大哭一场,以后变得神志不清了。

另一女生失恋后,服下了半瓶安眠药……

某男生失恋后,发誓先杀死情敌,然后自杀。

画外音:恋爱并不都是清凉甘醇的美酒,有时还难免有着失败。对于心理素质脆弱的人来说,初恋的失败带来的打击往往仅次于死亡,有时甚至发生轻生的悲剧。其实这大可不必。爱情追求的是感情的契合,如果彼此没有共同的志趣或貌合神离,他们恋爱的成功其实与惨败无异,甚至还会贻误两个人的青春和整个人生幸福。所以,情感不能融洽而分离,应该说是好事。而有些人却做了感情的奴隶,失恋后感到绝望而精神颓废,或因悲愤和暴怒铤而走险,或发生其他恶性事故,这些都不是明智的行为。一个真正理智的有涵养的人会冷静地对待失恋,或进行深刻的反思后将它变成经验和力量,或转移兴趣以恢复心理平衡,这样可以避免那些因失恋带来的烦恼和痛苦。

一风度翩翩的男生,一美丽大方的女生,一块学习、谈论,一块郊游……

画外音:大学生是时代的骄子,是知识和涵养的代名词,因此他们的恋爱应该是高格调、高层次的。而恋爱正是对他们气质、情感、理智、伦理、毅力等方面的一次考验。恋爱中的大学生应该彼此促进,共同提高,如一起参加一些有意义的集会,谈论一些益智情感的名著,共同浏览、观赏一些优美动人的自然景物等。并由此派生出他们对理想、性格、情趣等方面高层次的要求。在此过程中,重新塑造自己的形象,开掘自己的潜能,不断采掘人类的美质,把爱情转化为事业的高能营养。这样,才能获得爱情的永恒幸福。

所以,一个大学生在爱神光顾的时候,既要自然洒脱地迎接它,又要处理好恋爱与其他方面的关系,克服种种庸俗的成分。要用诚挚纯洁的心迎接丘比特之箭,用彼此的爱心共同奏出幸福的和弦。

(引自:哈哈尾网)

(1) 本案例谈到了几种大学生恋爱的现象，你认为合理吗？

(2) 你认为大学生健康的恋爱心理应该怎样养成？

深圳某大学禁止学生牵手接吻

深圳某大学近日公布新的学生《行为道德规范管理条例》草案，禁止大学生在校内牵手、搂腰、拥抱、接吻以及女生穿低胸露背装等，否则将以扣分形式对违例学生进行处罚，条例规定凡扣满30分者将被勒令退学。大学生们都已经步入成年，他们对爱情有着美好向往，有自己的行为方式。然而有着这样或那样的规定"监视"着他们的一举一动，大学生们自然感觉不痛快。但现在的学生过于崇尚自由个性，我行我素，越来越难管理，学校也是左右为难。专家们则多数认为，规矩太严，需防反弹。

(引自：南方都市报)

成都某大学生教室接吻被开除

2004年5月9日，成都两个大学生刘某和罗某晚间在教室自习亲吻的场面被学校的监控录像设备给录了下来。事后，两人态度诚恳地写了检讨书，主动承认自己在教室里发生情侣之间的"亲密举动"是不对的。但是，5月20日，学校却根据该校《大学学生违纪处分规定》第13条第3款"发生非法性行为者，给予开除学籍处分"的规定，勒令两人退学，两人的期末考试也被取消。8月17日，两人向成都武侯区法院递交了诉状，将母校告上法庭，要求校方撤销对他们的处分决定，并准予二人在新学期注册入校，但是一审败诉。二人不服一审判决，向成都市中级人民法院提起上诉。

(引自：华西都市报)

(1) 针对上述这两个高校的做法，谈谈自己的想法。

(2) 发展健康的恋爱行为应该注意哪些方面？

练习与实践

你的恋爱心理正常吗

1. 你认为恋爱作为人生一个极其重要的环节，其最终所达到的目的应当是

   a 找到一个情投意合的爱侣　　b 成家过日子，抚育儿女

   c 满足性的饥渴　　d 只觉得新鲜有趣儿，没有明确的想法

2. (男女单独做) 你是个小伙子，你对未来妻子要求最主要的是

   a 善于理家，利落能干　　b 容貌漂亮，风度翩翩

   c 人品不错，能体贴、帮助自己　　d 只要爱，其他一切无所谓

   你如果是个姑娘，你在选择丈夫时首先考虑的是

   a 潇洒大方，有男子风度　　b 有钱有势，社交能力强

   c 为人诚实正直，有进取心，待人和蔼可亲　　d 只要他爱我，其他都不考虑

3. 你决定和对方建立恋爱关系时的心理根据是

   a 彼此各有千秋，但大体相当　　b 我比对方优越

   c 对方比我优越　　d 没想过

4. 对最佳恋爱时间的考虑是

a 自己已经成熟，懂得了人生的意义和爱情的内涵，并确定了事业上的主攻方向

b 随着年龄的增长，自有贤妻与佳婿光临，“月老”不会忘记每个人的

c 先下手为强，越早越主动

d 还没想过

5. 你希望自己是这样结识恋人的

a 青梅竹马，情深意长　　b 一见钟情，难分难舍

c 在工作和学习中逐渐产生恋情　　d 经熟人介绍

6. 你认为推进爱情的良策是

a 极力讨好、取悦对方　　b 尽力使自己变得更完美

c 百依百顺，言听计从　　d 无计可施

7. 人们通常认为：恋爱过程是个相互了解、相互适应和培养感情的过程。既如此，了解、适应就需要花时间。那么，你希望恋爱的时间是

a 越短越好，最好是“闪电式”　　b 时间依进展而定

c 时间要拖长些　　d 自己无主张，全听对方的

8. 谁都希望完整、全面地了解对方，你觉得了解他(她)的最佳途径是

a 精心布置特殊场面，连连对恋人进行考验　　b 坦诚恳切地交谈，细心地观察

c 通过朋友打听　　d 没想过

9. 你十分倾心的恋人，随着时间的推移，暴露出一些缺点和不足，这时你

a 采用婉转的方式告知并帮助对方改进　　b 因出乎意料而伤脑筋

c 嫌弃对方，犹豫动摇　　d 不知道如何是好

10. 当你初涉爱河之中，一位条件更好的异性对你表示爱慕时，你于是

a 说明实情，挚情于恋人　　b 对其冷淡，但维持友谊

c 瞒着恋人和其来往　　d 感到茫然无措

11. 当你久已倾慕一异性并发出爱的信息时，你忽然发现她(他)另有所爱，你怎么办

a 静观待变，进退自如　　b 参与角逐，继续穷追

c 抽身止步，成人之美　　d 不知道

12. 恋爱进程很少有一帆风顺，而你对恋爱中出现的矛盾、波折怎么看呢

a 最好平顺些，既然已经出现，也是件好事，双方正好乘此了解和考验对方

b 感到伤心、难过，认为这是不幸

c 疑虑顿生，就此提出分手

d 束手无策

13. 由于性情不合或其他原因，你们的恋爱搁浅了，对方提出分手，这时你

a 千方百计缠着对方　　b 到处诋毁对方名誉

c 说声再见，各奔前程　　d 不知所措

14. 当你十分信赖的恋人背信弃义、喜新厌旧、甩掉你以后，你怎么办

a 权当自己眼瞎认错了人　　b 你不仁，我不义

c 吸取教训，重新开始　　d 痛苦而难以自拔

15. 你爱途坎坷，多次恋爱均告失败，随着年龄增长进入“老大难”的行列，你

a 一如从前，宁缺勿滥　　b 厌弃追求，随便凑合一个

c 检查一下择偶标准是否实际　　d 叹息命运不佳，从此绝望

计分：

甲：35～45 分　　乙：25～34 分

丙：15～24 分　　丁：7 个以上 0 分

甲．科学正确

你是一个成熟的青年，你懂得爱什么和为什么爱，这是你进入情场的最佳入场券。不要怕挫折和失败，它们是考验你的纸老虎，终将在你的高尚和热忱面前逃遁。尽管大胆地走向你梦中的恋人吧，你的婚姻注定美满幸福。

乙．尚可

你向往真挚而美好的爱情，然而屡屡失误，一时难以如愿。你不妨多看看成功的朋友，将恋爱作为圣洁无比的追求，不断校正爱情之舟的航线，这样你与幸福就相隔不远了。

丙．需要重新考虑

与那些情场上的佼佼者相比，你的恋爱观存在不少问题，甚至有不健康之处。如果你已经轻率、贸然地进入恋爱，劝你及早退出。

丁．还未形成

爱情对于你是个迷茫、恐怖的世界，你需防备圈套和袭击。故建议你读几本婚恋指导书籍，稍许成熟些，再涉爱河不迟。

计分表

选项 \ 题号 得分	1	2	3	4	5	6	7	8	9	10	11	12	13	14	15
a	3	2	3	3	2	1	1	1	3	3	2	3	2	2	2
b	2	1	2	2	1	3	3	3	2	2	1	2	1	1	1
c	1	3	1	1	3	2	2	2	1	1	3	1	3	3	3
d	1	1	0	0	1	0	0	0	0	0	0	0	0	0	0

推荐阅读

爱的结局

两情相悦，最后有情人终成眷属，这是人间再好不过的结局。但有时“落花有意，流水无情”，也是在所难免的事情。

有一个男孩，暗恋一个女孩已久，男孩就向女孩求爱。但女孩早已名花有主、芳心另许。男孩虽心如刀割，却不怒不悲，尽显男儿本色。女孩说：“天涯何处无芳草。”男孩说：“友谊天长地久在。”后来两人都有了美好的情感归宿，而友情如涓涓细流永不断。

另一个男孩，暗恋一个女孩已久，男孩便向女孩求爱。但女孩此前对男孩只是以一般朋友看待，也对男孩的内心世界了解甚少。爱情非儿戏，女孩就委婉地拒绝。可男孩并没有就

此退却，他说："路遥知马力，日久见人心，我会证明我的优点，还有我的真心、真情。"滴水穿石，真情化冰，一年后，女孩被男孩彻底地感动了，造就世间一段幸福、美满的情缘。

第三个男孩，暗恋一个女孩已久，男孩也向女孩求爱。其实，女孩已经对男孩芳心暗许，只是想考验一下男孩，女孩断然拒绝。男孩顿时泪流满面，双膝一软跪倒在女孩面前。女孩心灰意冷，大失所望。女孩说："爱情不是乞求，也不是怜悯，一个人在生活中遇上比爱情更难的事情将很多很多，而每一次，特别是一个男人，都用眼泪来乞求，世界会绝望的。"说罢，女孩飘然而去。

最后一个男孩，暗恋一个女孩已久，男孩于是向女孩求爱。其实，女孩已经对男孩芳心暗许，只是想考验一下男孩。女孩问男孩，你能为我做什么？男孩什么也不说，从口袋里摸出一把刀子，狠狠地扎向了自己的大腿，顿时鲜血飞溅。男孩说："为了你我可以不惜生命。"女孩不但没有被感动，原先的爱意也荡然无存。女孩说："一个连自己都不爱的人就不会去爱别人，也不值得别人去爱。爱，首先要学会爱自己。"说罢，女孩飘然而去。

第七章 大学生职业生涯规划与心理卫生

导言

大学四年是职业生涯规划的重要阶段。职业生涯规划的意义在于寻找适合自身发展需要的职业，实现个体与职业的匹配，体现个体价值的最大化。然而目前在大学生中普遍缺乏职业生涯规划意识，即使有规划，也是非常不明确或太过理想化。对于每一位大学生来说，合理规划自己的职业生涯，对今后的发展有着十分重要的意义。在目前就业形势比较严峻的情况下，大学生的就业问题也显得日益突出，在具体择业的过程中也容易出现一些认识上的误区。本文先从职业生涯规划的介绍开始，结合当今就业形势，针对大学生在职业生涯规划过程中和就业过程中容易产生的心理困惑，提出了应对这些困惑的具体方法。

引导案例

明天的饭碗在哪里

怀揣着丰富多彩的梦想，带着无限的憧憬，我们跨入了大学的校门，然而转眼间，匆匆忙忙的大学一年级生活已经过去了。在即将迎来的下一个学年中，我们将要应付计算机二级和英语四级……

刚步入大学时，我们总感觉无事可干，以前每天被作业包围的日子一下子没有了，取而代之的是整天无聊地上一些基础课，然后便是奔波于各种社团活动和学生会的活动，或者就是呆在寝室里上网、玩游戏、看电影。日子就这样每天从我们的指缝中流走了，我们无奈，我们彷徨。我们想过得充实点，原以为努力学习可以解决问题，可到头来不禁又会问自己，这样学到底是为了什么呀？难道就是为了在期末考试中得高分，为了过计算机和英语等级考试吗？我们又茫然了。

浙江大学校长竺可祯曾对每一届考入浙大的新生说："你们来浙大干什么，大学毕业后你们想干什么？"我们中的很多人会说为了将来能找到一份好工作，当然有些人的目标是考研，但考研的目的又是什么呢，我想应该还是在为自己的职业生涯作铺垫吧。

从几时开始，曾经有着傲人光环的天之骄子们在就业的大潮中被淋湿，被淹没。在这一大潮中，不仅饭碗成了泥捏的，而且甚至连找一个合适的饭碗都变得相当困难，不管我们承认与否，这是一个职业危机的时代。

新一轮的毕业生就业开始了，看看那些疲劳奔波于各种招聘会的大学生们，看看那些在说及未来工作的时候，大学生迷茫的眼神和焦虑的心情，看看新闻媒体的大标题触目惊心地标明着“就业难……”

我们应该怎么办？大学四年，转瞬即逝，在这短暂的大学生活中，我们该干些什么？我们需要一盏指路明灯。

（引自：浙江林学院人文学院网站）

第一节　大学生职业生涯规划概述

一、职业生涯规划概述

（一）什么是职业生涯规划

在分工精细、科技发达的多元社会中，工作不再只是个人寻求糊口和温饱的手段，更是个人表现自我、发展自我的途径。而职业的选择亦因之成为一种复杂的历程。

从一个理想的模式来看，所谓的职业生涯规划即是指个人在其人生发展历程中，对个人各种特质或职业与教育环境资料进行生涯探索，掌握环境资源，以逐渐发展个人的职业生涯认同，并建立职业生涯目标，进而获得职业适应和自我实现的过程。对大学生而言，就是在自己兴趣、爱好的前提下及认真分析个人性格特征的基础上，结合自己专业特长和知识结构，对将来从事工作所做的方向性的方案。

个体职业生涯规划并不是一个单纯的概念，它和个体所处的家庭，以及社会存在密切的关系。大学生在走向社会前，将现实环境和长远规划相结合，给自己的职业生涯一个清晰的定位，是求职就业乃至将来职业升级的关键一环。

（二）职业生涯的阶段模型

在中国古代，就有人已经注意到了职业生涯规划的重要性了。在《论语》中，孔子的一段自我表述，即有明显的职业生涯阶段的意涵：“吾十有五而志于学，三十而立，四十而不惑，五十而知天命，六十而耳顺，七十而从心所欲，不逾矩。”

一个人整个一生所从事的职业按先后顺序可分为早期生涯、中期生涯和晚期生涯三个发展阶段。在这三个时期中，又可以将一个人的职业生涯分为四个阶段：探索阶段、创立阶段、维持阶段和衰退阶段。这两种阶段模型可以用图 7-1 加以描述：

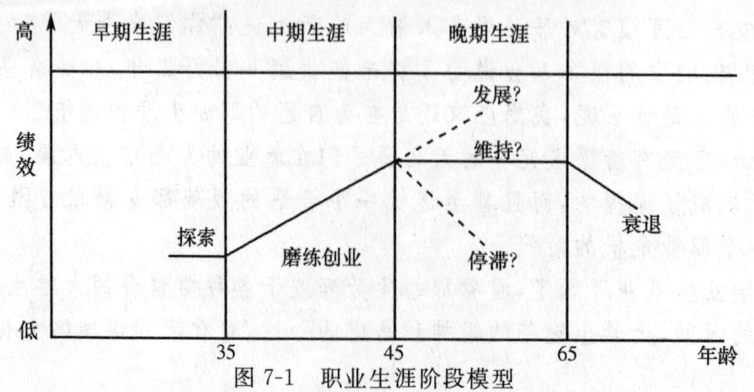

图 7-1　职业生涯阶段模型

从图 7-1 中可以看出，职业的选择是一个发展的过程。在这个过程中，每一个步骤都与前后步骤有着密切的联系，共同决定着未来职业的发展趋向。同时人是作为一种生物存在着的，有着自己独特的生命特征，因此职业选择的趋向必须依赖于个人的年龄和发展，不同年龄和发展阶段的特征与职业生涯的选择和发展是一种相互依赖、相互作用的过程。

二、大学生职业生涯规划的特点

（一）职业生涯规划普遍缺乏

开学了，又一批大一的新生步入了象牙塔，在高三饱受“折磨”后，一些新生计划着大学一年级、二年级先轻松一下，到大学三年级、四年级再努力也不迟。但回顾最近几年大学生毕业时的情形，看到更多的是大学生们找工作时的慌乱、艰难。大学生们已经淡化了专业对口，不再关心户口问题，甚至对工资要求也越来越现实，但没有工作经验、知识能力储备不足、英语不够好、自我定位不够准确等还是对其就业产生影响。

在一次大型招聘会现场，当向大学生问及规划职业生涯这个问题时，除个别同学说自己有明确的就业打算外，相当一部分同学都觉得在目前就业十分困难的情况下，工作应“随行入市”，即以薪水多少为考虑的第一标准，考虑职业生涯规划这个问题显得很不现实。有位同学自嘲地说，上小学时职业规划想当个世界闻名的科学家，中学里想当个风光的企业家，大学里想进入一流的外企当个小职员，毕业找工作时只想在大城市里有口饭吃就行了。

典型案例

快毕业了，怎么办

“我是 9 月的时候才决定大学毕业时不考研直接找工作的。”人大一名姓杨的同学说。据了解，他们班共有 48 名学生，明确决定毕业找工作的只有四五个人，其他 1/3 左右的人已经“保研”，还有 1/3 准备考研，另外 1/3 则根本没有决定自己找工作还是继续深造。

“现在很多大学生是临毕业时才开始规划自己的下一步，这样做非常盲目。”从事职业生涯规划的某公司高级顾问说，现在向她咨询的人中，刚从学校毕业一两年的大学生所占的比例越来越大，很多人在找工作时缺少规划，不得不在迈入职场后不停变换工作来调整自己。“他们已经处在‘焦虑—换工作—再焦虑—再换工作’的恶性循环中了。”

大学生对待职业规划的这种态度早在前几年就出现了，在日益严峻的就业压力下，不少大学生认为谈职业生涯规划是一件奢侈的事。在这样的氛围下，大学生们对待工作的态度越来越现实，谁出的价高，工作轻松就去哪，找工作很少与自己的理想、兴趣结合在一起。很多人在找到一个相对稳定的工作后，就觉得自己一辈子就这样了，只要按部就班工作就行，自己不去努力实现原先的理想。一些运气不好的、找不到所谓好工作的大学生就在社会上“飘着”，或是隔三差五地换个工作，以致不少人到了 30 多岁的年龄还在频繁更换工作，不知道自己究竟该干什么。

然而，在西方许多国家，他们职业教育从小学便开始了，而且教育的形式非常多样化。

如，职业日、职业兴趣测试、社会实习等等，他们非常注重学生对社会工作经验的积累，每隔一段时间都会邀请社会上从事各种职业的人士到学校介绍各自的工作，学校还定期组织一系列的模拟实践活动。

典型案例

广东省首届大学生职业规划大赛

由广东省高等学校毕业生就业指导中心、广东省高等学校毕业生就业促进会、共青团广州市委主办，广东省内11所高校就业指导中心和中国职业咨询网承办的“广东省首届大学生职业规划大赛”已经成功举办了两届。而本次大赛自2005年11月23日在广州启动后，已有4 000名大学生报名参加了比赛。大赛采用了专业测评系统，为大学生了解自己、清晰定位提供了重要的科学依据。

在这次比赛中，广东商学院的丁海波同学获得总决赛“十佳职业规划之星”冠军称号，中山大学关松涛等9位同学荣获总决赛“十佳职业规划之星”称号，中山大学张瑞等10位同学荣获总决赛“优胜奖”。

据了解，首届的“广东省大学生职业规划大赛”获得了国家教育部的肯定和赞扬。2006年广东省大学毕业生数量达17.5万人，预计明年将达到20万人，大学生就业形势日益严峻。广东省高等学校毕业生就业指导中心负责人表示，高校就业指导的担子将不断增大，通过社会各方面力量组织举办大学生职业规划大赛意义深远。

该大赛目的在于帮助大学生尽早树立竞争意识、危机意识、职业规划意识，引导大学生学会科学定位自己的发展方向，做好职业生涯规划；在努力学习文化知识的同时，发掘自身的潜力，提高自己的就业竞争力和综合素质，不断丰富实践经验，积极应对社会变化，从容面对日趋激烈的就业压力，化“被动就业”为“主动择业”，赢在职场起跑线。同时，通过大赛的系列活动，促进广东广大高校毕业生与用人企业的广泛交流，培育各高校和用人单位的良好关系，推动应届毕业生的就业工作，带动学生就业指导工作的开展。

（引自：华中人力资源网）

（二）职业发展规划不明确

每年的3～5月是大学生们寻找工作最紧张的一段时期，从一些为应届大学毕业生举办的大型招聘会上发现，很多大学生对未来的就业方向十分模糊，不考虑如何进行职业规划，而许多学校和社会也缺少对大学生职业规划的指导，大学毕业生存在严重的盲目择业现象，而近年来随扩招带来的就业压力更是加重了这种趋向。

在一次对北京人文经济类综合性重点大学的205位大学生的调查中显示，大部分学生没有发展规划，对自己将来如何一步步晋升、发展没有设计的占62.2%；有设计的占32.8%，而其中有明确设计的仅占4.9%。大多数的大学生对于自己以及未来的职业方向没有任何概念。

在大学期间，许多大学生对自己的发展规划并不明确，不能运用职业设计理论，规划未来的工作与人生发展方向，这种情况严重影响了大学生对择业的提前准备和准确定位，甚至影响对工作的适应性。而从一些用人单位也反映，能力的缺乏锻炼和未来发展的盲目性，是大学生在具体工作中比较突出的问题。

三、大学生职业生涯规划的阶段

尽管对于大部分大学生来说，求职、面试是从大四才开始的，但实际上考虑自己未来发展方向，可能很早就开始了。大学四年时间非常宝贵，每一年都应该有一定的行动和计划，并选择需要采取的方式和途径。大学生职业生涯规划从阶段性方面来说，通常分为四个阶段：

（一）大学一年级专业认识与职业初探

大学一年级新生刚刚走进大学校门，需要学习很多东西，其中最重要的莫过于专业了。无论所学的是当初自己选择的专业，还是调剂到现在的专业，当你开始学习时，都会发现与自己当初设想的不尽相同，这就是一个对专业重新认识的过程。大学里专业知识的学习，重在培养学习的能力，这是将来职业选择时的坚实基础。

在大学一年级阶段，不应只埋头苦读，还要初步了解职业，特别是自己未来所想从事的职业或自己所学专业对口的职业。具体活动可包括多和师哥师姐们进行交流，尤其是向大四的毕业生询问就业情况。大学一年级学习任务不重，多参加学校活动，增加交流技巧。学习计算机知识，争取可以通过计算机和网络辅助自己的学习。

（二）大学二年级能力锻炼与职业定向

一年的大学生活，使自己不再像刚进校门那样迷茫了。这时候可以考虑在大学阶段应该怎样在学好专业课的基础上，结合自己的兴趣和特点，为今后的发展铺垫道路。大学里充满各种机会，各种比赛，如演讲比赛、创业大赛……；各种协会，如书法协会、心理协会……，都为大学生发展个人兴趣、提升个人能力、丰富课余生活提供了不少机会。

大学二年级的同学应该考虑清楚未来是否深造或就业，了解相关的活动，并以提高自身的基本素质为主，通过参加学生会或社团等组织，锻炼自己的各种能力，同时也检验了自己的知识技能；可以开始尝试兼职、社会实践活动，要具有坚持性，最好能在课余时间后尝试从事与自己未来职业或本专业有关的工作，提高自己的责任感、主动性和受挫能力；增强英语口语能力，增强计算机应用能力，通过英语和计算机的相关证书考试，并开始有选择地辅修其他专业的知识充实自己。

（三）大学三年级做出决定并参与实践

大学三年级是为自己的决定而努力，实现大学阶段目标的关键时期。这时摆在大学生面前有几条道路：就业、创业、考研、出国、参军等等。选择哪条道路，也许不是很容易的一件事情。但无论选择考研还是就业，或是其他，都需要做出决定并应该付诸实践了。

对于选择就业的大学生来说，因为临近毕业，所以目标应锁定在提高求职技能、搜集公司信息等方面；参加和专业有关的暑期工作，和同学交流求职工作心得体会，学习写简历、求职信，了解搜集工作信息的渠道，并积极尝试，加入校友网络，和已经毕业的校友、师哥师姐谈话了解往年的求职情况。

决定考研的同学要尽快把自己要考的专业和报考的学校确定下来，准备好考研所用的书籍及参考资料，并多方搜集与所考专业、所报学校以及有关导师的相关信息，写出具体的考研计划，从物质、精神等各个方面都要做好充分的准备。

希望出国留学的同学，可多接触留学顾问，参与留学系列活动，准备 TOEFL 考试、GRE 考试、注意留学考试资讯，向相关教育部门索取简章参考。另外，在撰写专业学术文章时，可大胆提出自己的见解，锻炼独立解决问题的能力和创造性。

（四）大四准备充足并开始分化

大四是自己大学生活总结和收获的时期。找工作的找工作、考研的考研、出国的出国，不能再犹豫不决。这时，大部分同学的目标应该锁定在工作申请及成功就业上。这时，可先对前三年的准备做一个总结：首先检验自己已确立的职业目标是否明确，前三年的准备是否已充分；然后，开始毕业后工作的申请，积极参加招聘活动，在实践中校验自己的积累和准备；最后，预习或模拟面试。积极利用学校提供的条件，了解就业指导中心提供的用人公司资料信息、强化求职技巧、进行模拟面试等训练，尽可能地在做出较为充分准备的情况下进行施展演练。

四、大学生职业生涯规划的重要性

（一）大学是职业生涯的重要阶段

从职业生涯阶段模型中可以知道，大学生时代正处在职业生涯的探索阶段。萨帕(D. Super)对职业发展的研究认为探索阶段又可以分为三个时期：①尝试期（15～17 岁）；②过渡期（18～21 岁）；③初步试验承诺期（22～24 岁）。依据这一结论，大学时代应该跨越过渡期和初步试验承诺期两个时期。在这两个时期，大学生的个体能力迅速提高，职业兴趣趋于稳定，逐步形成了对未来职业生涯的预期。事实证明，往往在初步试验承诺期，许多学生就需要自己的未来职业生涯做出关键性的决策。因此，大学阶段对于一个人一生的职业生涯的发展，具有非常重要的意义。

（二）职业生涯规划有利于将来职业的选择

大学时期是毕业起跑的助跑期。每个人要想使自己的一生过得有意义，都应该有自己的职业生涯规划，特别是对于大学生而言，正处在对个体职业生涯的探索阶段，如果在这一阶段能合理地进行职业规划的话，对今后职业的选择有着十分重要的意义。

大学生活本来就很短暂，如果不利用有限的时间来做最重要最有效率的事情，那的确是一种最大的资源浪费。在大学里我们可以看到这样一些同学：盲目的参与社团活动而并不清楚这些活动对自己究竟有何益处的同学；忙着考托福、GRE，但是事实上根本就没有想清楚自己是不是要出国或者出国究竟是为了什么的同学；忙着考这个证那个证而对自己的特长和爱好并不清楚的同学……他们是不是浪费了本来可以更好利用的时间呢？如果定位准确的话是不是可以利用这些时间来做更有意义更有利于自己未来发展的事情呢？

正是大学生中普遍存在的对自身职业规划的盲点，导致了大学生在就业过程中的盲目和挫折。不管你是正在奔忙于各种招聘会的毕业生，还是刚刚迈进大学校门的新生，对自己本身的正确定位，规划自己的职业方向，确定自己的目标，并进而做出相应的努力，都是势在必行的。

第二节　大学生职业生涯规划与心理卫生

大学生群体给人的感觉是朝气蓬勃、乐观、向上的，有着对未来的期望与憧憬，但也缺乏对未来职业生涯的长远眼光。大学生应该树立职业规划的理念，从早入手，抢占先机，不打无准备的仗。在树立起这样一种崭新的职业生涯规划理念之后，进而落实为实际的行动，在面对就业的时候，就可以从容不迫，胸有成竹了。因此，职业生涯规划对于个人、企业和社会而言，都是有着积极作用的。

一、影响大学生职业生涯规划的因素

（一）职业价值观

一项大学生职业选择问卷调查（对象为中国人民大学、清华大学、北京师范大学、中山大学、兰州大学2000届本科毕业生）显示，当谈到职业价值观时，有49%的同学选择了"能否为自己提供施展才华的平台"，还有36.7%的同学选择了"先就业，再择业"，只有5.9%和8.4%的学生看重薪水和"企业规模要大，名声要响"，就目前来看，这种趋势应该说是正确的。

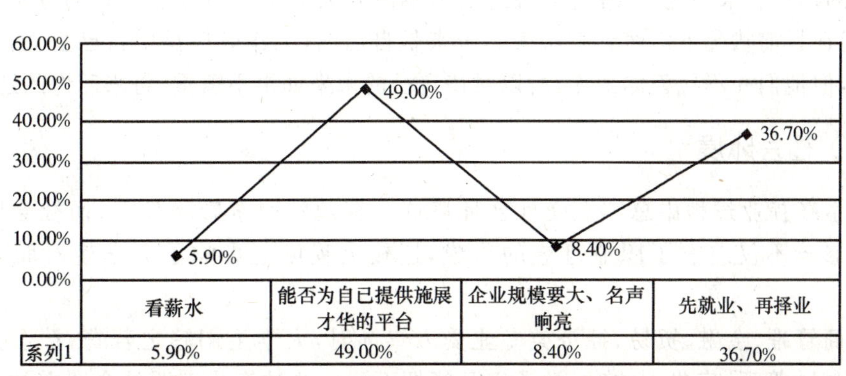

图7-2　大学生择业价值观的统计

近年来，在一些大城市出现了"大学生保姆"这一职业，且市场需求量很大。随着中国加入WTO，越来越多的外国人来中国旅游、工作、定居，他们同样也需要家政服务，但传统的家

政行业中，从业人员的文化素质普遍较低，而且语言是最大的障碍，而既懂外语，又有相关护理等专业知识的大学生就成了抢手货。在上述调查中，有35.7%的同学认为“这是一项很有发展潜力的行业，并且愿意从事”。但仍有41.8%的同学表示可以理解大学生从事保姆这一行业，但自己无法接受。这些学生往往是碍于面子，同时也有来自父母、同学的压力，总之还是中国传统的价值观在起作用。

（二）家庭期望

大学收费使许多家长意识到子女读大学已不是一种纯粹的文化行为，而是一种经济行为。既然投资，就期望有效益，这种期望从学生在高中毕业填报志愿的时候就显露出来了。有些大学生将自己的未来完全交给了父母，认为将来的工作有父母操心，不要自己管；有的大学生在进行职业规划时，几乎没有自己的主见，完全听从父母的意愿；甚至有的人在就业时，一旦父母强烈反对，就彻底放弃了。

典型案例

像高中一样紧张的大学一年级生活

机电专业的李小琴今年刚上大一，因为父母希望自己以后可以上研究生，所以放暑假期间每天都自学英语和数学，感觉和高中一样紧张，工作的事情先不考虑，社会活动也不想参加，怕影响学习。

专家认为，早准备不是坏事，但也不用想一口吃成个胖子或两耳不闻窗外事，首先小琴的目标不是出自自己的意愿，这与小琴年龄小、决定能力不强有关，但到了大三或大四，有了自己的主见再想转向就会为时已晚，即使以考研为目的也不应该一条腿走路，毕竟早晚要就业，如果不增加自己综合素质、适应社会的能力以及交际能力，书读得再好再多也只能纸上谈兵。当然，如果以提高认识社会为主要目标，则也不要走另一个极端——旷课、打工。

父母的期望和求稳定、保终身等观念的影响随着大学生个体独立意识的逐渐增强正逐步减弱，但在目前状况下仍然影响很大。未来是自己的，工作好坏是由自己去做，父母可以帮你选择，但他们并不代替你工作，所以对待自己的未来如果不慎重，将来后悔的还是自己。

（三）社会环境

大学生在择业过程中总体上受社会环境这一客观的因素影响较大，而社会舆论对职业评价的影响不仅左右了职业理想的形成，还较大程度上影响了大学生对职业的现实选择。

当工商管理、金融、贸易、经济类专业受人崇尚时，大学生们趋之若鹜；社会大量需要计算机、会计、管理、广告人才时，学子们又蜂拥而至。这种变化表明社会所需的职业处于不断地变动之中，一些在现在看来炙手可热的专业在若干年之后，有可能因为过热导致过剩，而且，这些专业聚集了大量人才，生存竞争将更加激烈，个人的发展也容易出现波折，甚至部分专业可能由热到冷，出现萎缩。而一些不被看好的专业却会时来运转，异军突起。所以，大学生在进行职业规划时，要以发展的眼光来进行分析，不要盲目地受社会舆论的影响。

二、大学生职业生涯规划中的心理误区

（一）大学生职业规划过于理想化

一项调查显示，95%的同学表示自己两年之内要做主管，5 年后成为部门总监；77%的同学说，35 岁之前要成为年薪 50～100 万元的职业经理人，甚至还有 20%的同学表示毕业后 10 年之内要登上《福布斯》等知名杂志的富豪排行榜，做一名叱咤风云的“金领”。虽然许多大学生已经开始重视职业规划了，可相当多的同学还是急功近利，其职业规划还停留在理想层面，目标远大但缺乏可操作性。

（二）缺乏对市场信息的了解

有关专家也认为，大学生的职业规划由于缺乏对行业、职位详细信息的了解，体验不到真实的职业环境，目标的订立有些理想化，并且具体行动计划又有些脱离实际。广东北电通讯设备有限公司人力资源总监周良文表示，大学生的职业规划不能到了大四才临时抱佛脚，相关规划及指导在大一时就应该开始，并且对市场信息的了解应该及早准备。亚洲国际大酒店人力资源总监蓝国庆先生也表示，“一个好汉三个帮”，建议大学生在制订职业规划时多与身边的朋友、家人、社会职场人士或专家沟通，通过各种渠道搜集市场信息，而不是在对市场一知半解的情况下盲目地规划自己的职业生涯。

（三）经验准备不足

在具体的职业规划中，大学生往往在时间、实力和经验方面准备不足。时间准备不足表现为误以为找工作应从大三开始准备就可以了，其实对社会的认识、资料的收集、能力的提高需要提早准备；实力准备不足表现为误认为看得见的准备（比如证书、成绩单）比看不见的素质重要，其实单位看重的是个人长期积累的素质，如合作意识、沟通能力、自我认识等；经验准备不足表现为误认为有一些社会实践的背景就可以帮助自己找工作。其实，经验的获取是需要一段时间、反复进行的，个别时间的尝试不表示个人拥有有价值的经验。

三、合理规划自己的职业生涯

科学合理的职业生涯规划是每一个大学生就业的必要工作，也是每一个大学生职业生涯发展过程中的必然要求。我们每一个人都应该知道自己适合做什么，应该做什么，以及怎样实现自己的目标。机会只垂青有准备的人，要想在职业竞争中脱颖而出，大学生就应该尽早着手进行职业生涯规划。

大学生职业生涯规划的模式——五个“what”模式

五个“what”模式也称“归零思考模式”,这是许多职业咨询机构和心理学专家在进行职业咨询和职业规划时常常采用的一种方法,即:① what are you? ② what you want? ③What can you do? ④ What can support you? ⑤What you can be in the end? 对于第一个问题“我是谁?”是指对自己进行一次深刻地反思,把优点和缺点都一一列出来。第二个问题“我想干什么?”是指对自己职业发展的一个心理趋向的检查。第三个问题“我能干什么?”是指对自己能力与潜力的全面总结。第四个问题“环境支持或允许我干什么?”是指对主客观因素的深入调查,做出可行性分析。该模式认为,明晰了这四个问题之后,就能找到对实现有关职业目标的有利和不利条件,列出不利条件最少、自己做而且又能够达成的职业目标,即第五个问题“自己最终的职业目标是什么?”这一模式对大学生职业生涯规划能起到指导作用。

(引自:大学生成才网)

(一) 个体定位

1. 对自我的全面了解

(1) 剖析自己的个性特征。善于剖析自己的个性特征,这是职业生涯规划的基础。首先就是对自我的认识。可参照家长、老师和同学们的评价,也可借助职业兴趣测验和性格测验,对自己进行盘点、审视,发现自己的兴趣、爱好以及擅长之处,如:自己是一个较为外向开朗的人还是内向稳重的人?自己对哪些问题较为感兴趣,经济问题还是管理问题?或擅长哪些技能,分析能力还是语言表达能力等。

典型案例

假火警的测试

一家公司的老板准备向自己很信任的甲、乙、丙三人委以重任,让他们分别负责公司的财务管理,业务推广、策划和后勤工作。但究竟怎样安排呢?这位老板想出了一个好主意:他安排了一次只有他自己和这三人参加的会议,假装是商谈公司的发展计划,会议中制造了一起假火警。结果,甲见状便起身说:“走,咱们赶快先离开,然后再想办法。”乙一言不发,马上冲刺屋角去拿灭火器寻找火源,丙却坐着不动说:“这里很安全,绝对不可能失火。”

同样的情景,三个人的反应很不同。甲主张先离开危险区,说明他沉稳老练,能使自己始终立于不败之地,表现出性格谨慎、稳重的特点;乙显然是比较勇敢、大胆、果断且敢于冒险,表现了他性格大胆、富于进取的一面;而丙对公司的安全设施早已了如指掌,并充满信心,甚至可以说是才智过人,可能早已看穿了这个假局。

经过这一事件,老板决定,让甲负责财务管理工作,乙负责公司的业务推广,丙负责策划和公司的后勤工作。结果证明,这三个人的性格特征符合这三种工作的要求,他们都在各自的岗位上为公司做出了巨大的贡献。这家公司就是著名的日本索尼公司。

(2) 明确自身的优势。进行职业生涯规划，我们必须要准确地评估自己掌握的知识和技能，测定自己的市场价值。到目前为止，你拥有什么？你希望从工作中得到什么？你在生活中面临什么样的约束？同时也可分析出自己的一些弱点。

另外，还要明确自己的能力大小，给自己打打分。通过对自己能力打分，旨在深入了解自身，根据过去的经验选择、推断未来可能的工作方向与机会，从而彻底解决“我能干什么”的问题。只有从自身实际出发、顺应社会潮流，有的放矢，才能马到成功。要知道个体是不同的、有差异的，我们就是要找出自己与众不同的地方并发扬光大。能力的定位，就是给自己亮出一个独特的招牌，让自己的才华更好地为招聘单位所识，因此对自己能力的分析一定要全面、客观、深刻，绝不回避缺点和短处。

可以从以下几个方面明确自己的优势，即自己拥有的能力与潜力所在：

第一，我学习了什么。在大学期间，我从学习的专业中获取些什么收益；参加过什么社会实践活动，提高和升华了哪方面知识。专业也许在未来的工作中并不起多大作用，但在一定程度上决定自身的职业方向，因而尽自己最大努力学好专业课程是生涯规划的前提条件之一。在知识经济日益受到重视的今天，知识在人的职业生涯中有着重要的作用。

第二，我曾经做过什么。即自己已有的人生经历和体验，如在大学期间担当过学生干部，曾经为某知名组织工作过等社会实践活动，取得的成就及经验的积累，获得过的奖励等。经历是个人最宝贵的财富，往往从侧面可以反映出一个人的素质、潜力状况，因而备受招聘组织的关注，同时这也是自我简历的亮点所在和重要组成部分，绝对忽视不得。对一应聘者来说，经历往往比知识更为重要，因为许多事情只有经历过，才可能有深刻体会。判断一个人的才能，只有在实践的时候才会真正发现其长处与不足。

第三，我最成功的是什么。我做过很多事情，但最成功的是什么？怎么成功的，是偶然还是必然？是否自己能力所为？通过对最成功事例的分析，可以发现自我优越的一面，譬如坚强、果断、智慧超群，以此作为个人深层次挖掘的动力之源和魅力闪光点，形成职业规划的有力支撑。

每个大学生对自身都要有一个客观、全面的了解，摆正自己的位置，相信自己的实力。现在有很多高校毕业生就业的时候，在用人单位面前缺乏勇气，对比较有把握的事情总是不能大胆接受，尤其是对一些自己向往的高职、高薪的单位缺少竞争的勇气，从而丧失理想的就业机会。清楚自己的优势与特长，劣势与不足，知道自己适合做什么，只有这样才能赢得竞争优势。

(3) 发现自己的不足。①性格的弱点。人无法避免与生俱来的弱点，必须正视，并尽量减少其对自己的影响。譬如，一个独立性强的人会很难与他人默契合作，而一个优柔寡断的人绝对难以担当组织管理者的重任。卡耐基曾说：“人性的弱点并不可怕，关键要有正确的认识，认真对待，尽量寻找弥补、克服的方法，使自我趋于完善。”因此要注意安下心来，多跟别人好好聊聊，尤其是与自己熟悉的如父母、同学、朋友等交谈。看看别人眼中的你是什么样子，与你的预想是否一致，找出其中的偏差，这将有助于自我提高。②经验与经历中所欠缺的方面。一位人力资源主管这样说：“一般的大学生抗压力能力、合作能力较弱，考虑问题深度不够，文字表达能力不佳。”、“人无完人，金无足赤”，由于自我经历的不同，环境的局限，每个人都无法避免一些经验上的欠缺，特别是面对招聘单位纷纷打出数年工作经验条件的时候。有欠缺并不可怕，怕的是自己还没有认识到或认识到而一味地不懂装懂。正确的态度是：认真对待，善于发现，并努力克服和提高。

面对严峻的就业形势和为自己职业发展着想，大学生们有必要按照职业生涯规划理论加强对自身的认识与了解，找出自己感兴趣的领域，确定自己能干的工作也即优势所在，明确切入社会的起点及提供辅助支持、后续支援的方式，其中最重要的是明确自我人生目标，即给自我人生定位。自我定位，规划人生，就是明确自己“我能干什么?”、“社会可以提供给我什么机会?”、“我选择干什么?”、“我怎么干”等问题，使理想可操作化，为介入社会提供明确方向。

2. 合理利用职业咨询机构

职业生涯规划和发展是一个复杂的、持续的过程，在这一过程中，单凭个人的经验是很难实现目标的。我们知道，职业生涯发展是一个不可逆转的过程，对于每一个人来说，生命都是有限的，职业选择的每一个步骤都与个人的年龄联系在一起。因此，在这过程中，借助职业咨询，为个体职业生涯规划提供建设性的建议，将起到事半功倍的作用，至少是少走弯路。

典型案例

梁晴的职业测评

学化学的梁晴刚工作一年，但感觉十分迷茫，对工作也提不起兴趣和热情。在人才测评中，发现她个性成熟程度较好，富于创新，注重情感，喜欢与人交往，这些素质并不适合她正在从事的化工专业工作。经过职业测评和有关人员帮助和沟通，她认定了人力资源工作才是她比较喜欢和适合的职业，因此在个人未来的职业发展道路上，也有了一个清晰的目标。

人才综合素质测评内容主要包括通用职业能力测评、实用职业人格素质测评、职业倾向测评等多个方面。对个体而言，人才测评有助于全面分析和提升其资源效用，有助于个人职业生涯设计。例如，“通用职业能力”具体包括：言语能力、数理能力、空间想像能力、推理能力、观察能力、动作协调能力等；“实用职业人格素质”包括稳定性、活泼性、规范性、忧虑性、心理素质、管理素质等，这些素质对个人选择职业都会有影响，如果选择与性格差异特别大的职业，一般来讲是不利于发展的。

通过测评，测评人员会给出被测评者在各类工作方面的能力适合情况和个性适合情况。如王兵同学，财经类专业在读，职业测评显示，他数理能力及观察能力较强，稳定性高，言语能力较弱，14 类行业的综合得分中，商业类经营的分数最高，测评人员认为他适合从事经济师、会计等职业，这也使他坚定了在本专业继续深造的信心。

在此我们可以借鉴美国职业指导专家霍兰德所创的职业性向测验(表 7-1)，他把个性类型分为现实型、研究型、艺术型、社会型、企业型和常规型六种类型，任何一种环境大体上都可以归属于其一种或几种类型的组合。通过类似的职业性向测验，我们能够更好地实现个性与职业之间的匹配。

表 7-1　霍兰德职业人格类型

类型	偏　好	个性特点	职业范例
现实型	需要技能、力量、协调性的体力活动	害羞、真诚、持久、稳定、顺从、实际	机械师、钻井操作工、装配线工人、农场主
研究型	需要思考、组织和理解的活动	分析、创造、好奇、独立	生物学家、经济学家、数学家、新闻记者
艺术型	需要创造性表达和模糊且无规则可循的活动	富于想像力、无序、杂乱、理想、情绪化、不实际	画家、音乐家、作家、室内装饰家
社会型	能够帮助和提高别人的活动	社会、友好、合作、理解	社会工作者、教师、议员、临床心理学家
企业型	能够影响他人和获得权利的言语活动	自信、进取、精力充沛、盛气凌人	法官、房地产经纪人、公共关系专家、小企业主
常规型	规范、有序、清楚明确的活动	顺从、高效、实际、缺乏想像力、缺乏灵活性	会计、业务经理、银行出纳员、档案管理员

职业测评针对不同类型的人才要求也不相同，比如在不同的管理职位上就有不同的要求。总体而言，管理人员往往需要具有一定的决策能力、计划能力、良好的沟通和预测能力。这些更为详细的素质必须通过好的测评工具加以专业分析人士才能测出。

另外，仅仅通过职业测评的方式来进行规划还是不够的，职业类型的分析也很重要。只有再对各种职业类型的发展现状、前景、特点以及人才需求方面有了一个大致的了解，大学生才可以知道自己是否适合这一职业。自己的个性特点与行业、职位的结合，大学生的自我定位大致完成了。

（二）社会与组织分析

1. 社会分析

当今社会在不断进步，日新月异。作为即将踏入社会的大学生们，应该善于把握社会发展脉搏。这就需要做社会大环境的分析：当前社会、政治、经济发展趋势；社会热点职业门类分布及需求状况；所学专业在社会上的需求形势；自己所选择职业在目前与未来社会中的地位情况；社会发展对自身发展的影响；自己所选择的单位在未来行业发展中的变化情况，在本行业中的地位、市场占有及发展趋势等。通过对这些社会发展大趋势问题的认识，有助于自我把握职业社会需求，使自己的职业选择紧跟时代脚步。

2. 组织分析

组织是实现个人抱负的舞台，西方关于职业发展有句名言“你选择了一个组织，就是选择了一种生活”。特别是现代组织越来越强调组织文化的建设，对员工的适应生存能力要求越来越高，因而应对自己将寄身其中的组织的各个方面做详细了解。在知己知彼的基础上，只有两者之间拥有较多的共同点，才是个人融入组织的最佳选择。

3. 人际关系分析

个人处于社会庞杂环境中，不可避免地要与各种人打交道，因而分析人际关系状况显得尤为必要。人际关系分析应着眼于以下几个方面：个人职业发展过程中将与哪些人交往；其中哪些人将对自身发展起重要作用；工作中会遇到什么样的上下级、同事及竞争者，对自己会有什么影响，如何相处、对待等等。

（三）职业目标的确定

1. 明确职业方向

通过以上自我认识以及社会组织分析，我们要明确自己该选择什么职业方向，即解决“我选择干什么”的问题，这是个人职业生涯规划的核心。职业方向直接决定着一个人的职业发展，职业方向的选择应结合自身实际情况，并遵循职业生涯规划的四项原则：

第一，选择自己所爱的原则：你必须对自己选择的职业是热爱的，从内心自发地认识到要“干一行，爱一行”。只有热爱它，才可能全身心地投入，做出一番成绩。

第二，择己所长的原则：选择自己所擅长的领域，才能发挥自我优势，注意千万别当职业的外行。

第三，择世所需的原则：所选职业只有为社会所需要，才有自我发展的保障。

第四，择己所利的原则：应该本着“利己、利他、利社会”的原则，选择对自己合适、有发展前景的职业。

2. 确定职业目标

职业生涯目标的确定，是个人理想的具体化和可操作化，是指可预想到的、有一定实现可能的最长远目标。许多人在大学时代就已经形成了对未来职业的一种预期，然而他们往往忽视了对个体年龄和发展的考虑，就业目标定位过高，过于理想化。近几年，不少毕业生在职业选择中一直强调大单位、大城市和高收入，甚至为了这些不惜放弃个人的专业特长，不顾个人的性格和职业兴趣。同样，对于那些存有“这山望着那山高”心理的学生，也是职业目标不确定的一种表现。盲目的攀高追求与选择不仅影响个人目前的就业，同样会对个体以后的职业发展造成不利的影响。

每一个人都应该知道自己现在和将来要做什么。对于职业目标的确定，需要根据不同时期的特点，根据自身的专业特点、工作能力、兴趣爱好等分阶段制定。职业目标的选择并无定式可言，关键是要依据自身实际，适合于自身发展。值得注意的是伴随现代科技与社会进步，个人要随时注意修订职业目标，尽量使自己职业的选择与社会的需求相适应，一定要跟上时代发展的脚步，适应社会需求，才不致被淘汰出局。

另外，大学生在确定职业目标的时候，也要分清楚长期目标与短期目标。长期目标一般是以后职业规划的顶点，或较高点也就是梦想，但要细化至具体工作，如毕业后进入国际知名管理顾问公司从事研究分析、咨询工作。短期目标设立一般是素质能力的提高，或有用证书或考试的通过和获取。通过不断地实现短期目标，才能一步步地实现自己长期的职业目标。

（四）制定行动计划与措施

在确定了职业生涯目标后，行动便成了关键的环节。这里所指的行动，是指落实目标的具体措施，例如大学四年里你将如何制定计划？如何有效利用大学四年或者更长的时间？如何利用大学各种便利的软件和硬件资源去充实自己，完善自己以适应工作岗位的要求？如何以在工作中的出色表现和成就而不是那一张薄薄的学历证书来证明自己的价值？这些问题的提出以及在实际生活中的回答，将极大地决定着一名大学生的未来。计划与措施可以参照下面的进行：

1. 自我进步的计划

清楚的了解自我之后，就要对症下药，无则加勉有则改之。重要的是对劣势的把握、弥补，做到心中有数。注意分析：①问题产生的原因，是自身素质问题、人际关系问题、还是工作本身的问题？②自我修正的可能性与手段，可通过什么方式、方法，是知识学习、专门业务培训还是改变职业方向？

对于如何完善自我，有这样几种具体可利用的方法：

(1) 加强学习。大学生要在竞争中立稳脚跟，必须做到善于学习，主动学习。在学习过程中，针对自身劣势，制定出自我学习的具体内容、方式、时间安排，尽量落于实处便于操作。进入工作岗位后，要善于在实践中学习，主动利用组织开展的相应培训学习和提高。

(2) 实践锻炼。在大学期间，主动参与学生活动，接触各色人群，“不耻下问”，对应着锻炼自己能力所欠缺的方面。如果可能的话，不妨多看、多听、多写，把自己的收获体会用文字表达出来，这对你的提高帮助更为直接。参加工作以后，更要主动在实践中锻炼才干，不断总结、不断提高。

2. 职业生涯规划的时限

面对发展迅速的信息社会，仅仅制定一个长远的规划显得不太实际，因而有必要根据自身实际及社会发展趋势，把理想目标分解成若干可操作的小目标，灵活规划自我。一般说来，以 5～10 年左右的时间为一规划段落为宜，这样就会很容易跟随时代需要，灵活易变地调整自我，太长或太短的规划都不利于自身成长。具体可有两种方式：一是根据自己的年龄划分目标，如 20～25 岁职业规划、2006～2010 年职业规划；二是根据职业发展中的职位、职务阶段性变化为划分标准，制定不同时期的努力方向，如 5 年之内向部门经理职位冲刺，10 年内成为主管经理。

3. 自我提升发展计划

根据职业方向选择一个对自己有利的职业和得以实现自我价值的单位，是每个人的良好愿望，也是实现自我的基础，但这一步的迈出要相当慎重。如果我们的预测和计划比较完善，遇到一些挫折和变故就比较容易去应对。

例如，你想在毕业后从事销售工作并想有所作为，你的起步可能是一个公司的业务代表，你可以设定通路计划：从业务代表做起，在此基础上努力，经过数年逐步成为业务主管、销售区域经理、销售经理，最终达到公司经理的理想生涯目标。

西门子公司的自我发展计划

西门子公司特别鼓励优秀员工根据自身能力设定发展轨迹，一级一级地向前发展。他们认为最好的人才是“有很好的人生目标，不断激励自己”，并提出“员工是企业内的企业家”的口号，给员工以充分的决策、施展才华的机会，而不是让他干什么就干什么，管得太死，统得过细。每一位员工通过自我发展计划，找准了自己的位子，发挥了自己的最大潜能。

强调从人生的转折点开始之际就进行自我定位和职业生涯的规划以及采取具体行动的概念,是一崭新而极具建设性的理念。大学生不应该简单地埋怨社会的结构失调以及其他因素影响,这是一种消极的、不负责任的态度。而从提高自身入手,通过知识积淀、能力培养、意识培育,主动去适应社会的态度,才是大学生应有的积极态度。相对于中国13亿人口而言,大学生群体仍然是精英群体。这一群体本来就应该是中国未来发展脊梁骨的人群,应该勇于承担自己的责任和义务。规划自身,发展和完善自身,是对自己、对企业和对社会的一种负责任的态度。

第三节　大学生就业的心理卫生

一、当今社会就业的形势与特点

(一)就业形势不容乐观

1. 2006年高校毕业生人数再创新高

2006年全国普通高校毕业生突破400万大关,达到413万人,比上年增加75万人,增幅达22%。其中,毕业研究生27万人,比上年增加35%;本科毕业生174万人,比上年增加16%;高职高专毕业生212万人,比上年增加26%,毕业生数量连年创出新高,而且总量大、增幅高。

2. 社会总体就业形势严峻

据国家发展和改革委员会资料,2006年全国16岁以上劳动年龄人口增长达到高峰。从需求情况看,如果经济增长和就业弹性保持近年水平,可增加就业岗位800万个左右,加上自然减员提供的就业岗位,预计今年城镇可新增就业岗位约1 100万个,而劳动力供给将达1 400万人。

另外,结构性矛盾依然存在。从地区分布看,东部省市吸纳了全国50%以上的高校毕业生,西部省区接收高校毕业生的比例不足20%,东部需求旺盛、西部需求不足和"孔雀东南飞"的现象依然存在。从学历层次看,高职高专毕业生仍然是就业的难点和重点。从学科专业看,工科和应用性较强的学科专业就业形势较好,而一些"时髦专业"和文科专业就业出现困难。专业趋同现象和学校的知名度对高校毕业生就业也产生了重要影响。

3. 一些新情况值得关注

一是用人需求越来越向重点大学集中、向研究生集中,一些地方院校特别是地处偏远的高校毕业生就业难度增大;二是高校毕业生"重心"下移受阻,一些低端岗位被下岗失业人员、中学毕业生、农民工多方占领;三是研究生就业率开始出现下降的趋势,把握好节奏、调整好结构已是当务之急;四是近年来待就业毕业生有增加的趋势,就业竞争将会越来越激烈;五是社会的有效需求赶不上高校毕业生的快速增长。

（二）中国经济的高速发展

一方面是全国上百万大学毕业生捧着简历四处求职，另一方面是随着中国经济的高速发展，几百万个就业岗位"等米下锅"。据劳动部门有关人士介绍，与去年同期相比，2006年劳动力市场景气有所上升。然而耐人寻味的是"有人没事干，有事没人干"的情况仍然很严重。

当就业成为难题，当对未来的焦虑成为大学生的一种常态的时候，那些曾经的天之骄子们就成了"天之焦子"。随着整个国家和社会的发展，中国的高等教育，正在从精英化向大众化过渡。现在，学历不再是坐机关、进企业的天然通行证，而只说明你曾学过相应的知识。至于大学生的知识优势，还得在与其他劳动人口的职业竞争中慢慢体现，在为社会创造价值中得到实现。

二、大学生的就业心理

（一）影响大学生就业的因素

连续几年的高校扩招，使中国的在校大学生数已突破2 000万，单从绝对数量来看，中国已经超过美国成为世界上高等教育规模最大的国家。从一贯的俯视姿态到如今的直面现实，从象牙塔到社会，这一步也许迈得有点辛苦。当头顶上天之骄子的光环开始隐退，当对未来饭碗着落的忧虑成为一种普遍现象的时候，当把太多的责任推向社会的时候，大学生们是不是也应该问一问自己，问题究竟出在哪里？

2005年大学生择业状况及心态调查报告

广东省高等学校毕业生就业指导中心和华南师大心理应用研究中心联手公布了《2005年大学生择业状况及心态调查报告》。这是到目前为止广东最权威、最全面的一个关于大学生就业的报告文本。

本次调查继续调查了前几次的焦点问题比如大学生的择业期望（起薪、单位类型、地区、创业态度等）、用人单位的招聘标准、对就业政策的态度等，以便从纵向的发展线来反映大学生就业状况的问题；同时根据新的就业环境与政策对一些新的问题作调查分析，大学生方面包括对薪金要求的变化、对就业形势的认识、对就业压力的心理调适、择业考虑因素、择业心态等；用人单位方面包括用人单位对大学生的基本评价的跟踪、用人单位的薪金支付的临界点、用人单位对前几年所招大学毕业生工作的评价等。并从这些方面编制《大学生择业心态问卷》。通过问卷调查表明：60.9%的学生表示会先就业再择业；4.1%用人单位不满应届生；广州生源九成首选广州、深圳就业；56.7%的女生首选国家机关；仅2.6%学生选择自主创业。

（引自：南方日报）

1. 大学生对就业形势不了解

在一项对大学生就业形势了解的调查中发现，选择“经常关注”的有12.6%，而有57.2%同学选择了“有时看看”，4.9%的同学选择了“从未关注”，这说明大多数同学都在不同程度地关注就业形势，即便如此，这其中也存在不少问题：

(1) 部分学生自认为了解现在的就业形势。例如当随便问一名同学现在社会上哪些专业比较吃香时，他答道“当然是英语、计算机这些了”。社会瞬息万变，如今的IT行业，低端的程序员等职位已趋向饱和，需求较大的是高端的软件工程师和网络工程师等职位，所以计算机本科毕业生找工作也不容易。

(2) 近90%的同学往往只关注东部经济发达地区的就业形势，对小城镇和西部地区关注较少；有些同学不明白就业形势的地域性差别，以为这个地方某几个行业热，在其他地方也一样。

(3) 有30.2%的同学选择了“很少关注”和“从未关注”，而这其中女生就占了七成。

(4) 对就业形势的严峻程度缺乏具体的认识。

2. 对自己所学专业发展情况不了解

通过大学一年级一年的学习，大部分同学对自己所学的专业和这个专业将来会使他们从事什么样的工作有所了解，仅有少部分的学生对此一无所知。在调查中发现，像摄影、广告、服装设计等实践型专业的学生比农业经济、法律、工商管理等理论型专业的学生更了解本专业及其以后的具体工作岗位。后者的同学普遍反映基础课太多，涉及专业的课很少，而且获取实践经验的途径也很有限。

3. 所学知识与时代脱节

“我们现在处于严重缺人又不敢进人的状态。”一家商标专利公司业务主管说，“很多学经济、法律专业的大学毕业生到公司应聘，他们是我们急需的人才，但是一涉及具体业务，很多学生根本没有或者很少接触过相关的知识，公司还要对他们进行大量的培训才能使用”。不少公司人力资源经理反映，随着社会的发展很多单位增加了一些新兴业务，但是当他们在大学的相关专业中寻找人才时却发现，这些学生所学的知识非常陈旧，根本无法适应新的业务。

“我们是站在古人的肩膀上学习。”一位学教育心理专业的硕士毕业生介绍，他们在大学里所学的许多理论是国际上20个世纪30～40年代流行的，出了校门才发现，记了半天的知识大多已被淘汰，“我工作后才开始真正大量接触国外那些更新的、更科学的理论，但是总觉得自己就像是裹着小脚的女人，松开了裹脚布，却怎么跑也跑不快。”这也反映了我们的大学生在学习知识的过程中，只是一味地被动接受，而缺少探索能力，所学知识也跟不上时代的发展，在某种程度上，极大地影响了自身潜力的发挥。

（二）大学生就业的心理误区

典型案例

就业难——我们到底怎么办

“女孩子要做好经受耻辱的准备。”这是即将毕业的菁菁从师姐那里获得的“真传”，听起来有些夸张，但是她们宿舍的 8 个同屋，都已经在为求职做心理准备。

每到找工作的时候，大学校园里就会诞生一群“面霸”（参加面试最多的）、“会霸”（参加招聘会最多的）和“拒无霸”（被拒次数最多的）。“找到一份工作太难了。”很多应届毕业生从心底发出这样的慨叹。

为了能顺利走出校门，不少学生在“前人”经验的基础上，做足了铺垫——他们手里攥着四级、六级证，拿到了托福、GRE 的高分，有的参加挑战杯等各种赛事……这些都是在给自己的求职履历增加砝码。

高校毕业生就业体制改革以后，“双向选择，自主择业”取代了传统的计划分配而成为大学生就业的主要形式。随着我国市场经济的建立和发展，特别是面对人才市场的激烈竞争，大学生在就业过程中容易产生种种心理误区。

1. 就业观念不合理

大学生的就业观念虽然在总体上是倾向于务实化与理想化，但由于处于择业观念的转型过程，各种不良观念也存在着，影响了大学生的顺利就业。

(1) 只顾眼前利益，忽视职业发展。一些大学生在择业标准中只有工作条件、收入等眼前实在利益，而对自我的职业兴趣、能力、职业的发展前景等因素不作考虑，因而极易选到并不适合自己的职业。

一项调查显示，不同学历的大学生在择业时要求的“理想月薪”有明显的差异。大专生以 1 000～2 000 元和 2 000～3 000 元两个等级为主要的理想月薪水平，其比例分别为：44.8%和 40.9%。有 56.1%的本科生以 2 000～3 000 元为理想月薪水平，而 1 000～2 000 元的理想月薪水平只有 13.3%。硕士研究生的理想月薪集中在 4 000～6 000 元水平上，其中占 46.2%. 这反映了大学生的理想月薪和自身受教育的程度成一定的比例。因为受教育的程度越高，其个人投资就越大，他们所要求的回报就越高。

(2) 职业标准过于功利化、等级化。一些大学生过分强调职业的功利价值，甚至还将职业划分为不同的等级，而不考虑国家与社会的需要，不愿意到比较艰苦的地区和行业去工作。

(3) 求安稳，求职一次到位的传统观念根深蒂固。许多大学生喜欢稳定、清闲、福利保障好的单位，希望一次就能选定理想的职业，而不愿意选择有风险、有挑战性的工作，更不敢自己去创业。

(4) 过分强调专业对口。许多大学生在求职时只要是与自己专业关系不密切的职业就不考虑，这样人为地增加了自己的就业难度。

典型案例

专业对口，大学生们如是说——

一位西安交通大学的男生这样说：“我是计算机专业的大学生，如果问我希望到什么样的单位工作，我可以肯定的说，想到计算机软件开发类的企业发挥自己的才华，希望用人单位能够发现我的长处，我还要工资待遇不错，我说这样的话别人可能会笑我，可我说的是实话，这些话也许不太现实，但也没有什么错。然而，在现实的招聘中我却是不断碰壁，连连受挫，招聘单位硬让我去搞什么推销，只有300元的底薪！还有些招聘单位让我去做市场调研，说真的，对那些工作我根本无法适应，一窍不通又怎样面对呢？”

陕西师范大学英语系一女生这样说：“在求职过程中，我不怕自己的形象和长相如何，而是担心不少用人单位往往只看第一眼，就再也没有兴趣和我谈，说真的因为我学的是英语专业，怕用人单位让我到不对口的岗位上去工作，那样的话所学得不到所用，4年的苦读不就白费了吗？所以说，我希望我的所学能够被用人单位看中，能够找个发挥我自己才能的单位，虽然我的想法在招聘中不太现实，但我相信只要自己努力不放弃还是会找到的。”

2. 对成功的认识存在偏差

大学生自身的问题也成为目前大学生就业难的原因之一。一位大学生在毕业前夕曾经在中央电视台实习过，还给一位著名主持人做过助手。他原以为这样的经历足以让自己在工作单位“挑大梁”，没想到，工作快一年了，领导还没有让自己独立负责过什么像样的采访。“我现在的工作很无聊，是个跑腿、打杂的。”这位大学生感觉很失落。用外化的标准判断自己的价值，这是很多刚毕业的大学生普遍存在的问题。随着扩招，大学生不再是象牙塔中的一小撮儿精英，用人单位不再“捧着”大学生了，但是这并不意味着他们完全没有了价值，毕业生成功过程要耐得住寂寞。很多刚毕业的大学生总是跃跃欲试，处处显示自己，希望在最短的时间内得到领导的赏识，但其实，最后真正能成功的人是那些耐得住寂寞的人。有句话说得好：“大学生要做好‘蹲苗’的准备。”

3. 重视个人形象，忽略个人素质

一项本市医疗整形机构的统计数据显示，“求职整形”的热潮正在渗透进入应届毕业大学生中，大学生的“求职整形”的项目多数集中在开双眼皮、隆鼻、祛痣等小项目。每年求职整形的人数逐年在上升。特别是大三、大四的学生，毕业求职前，越来越多的人希望通过整形来改变形象，找份好工作。

“我脸上有雀斑，会不会影响找工作？”、“我天生手臂上和小腿上的汗毛又黑又长，怎么办？能不能尽早做褪毛？”每到大学毕业生求职高峰期，许多女大学生开始为自己脸上的雀斑、汗毛而发愁。“我才上大学，就已经有黑眼袋了，最好什么时候能动手术尽早把黑眼袋去掉，保证明年此时求职不受影响？”一位在读三年级的女大学生一边用手指点着下眼皮，一边追问着“求职形象设计工作室”的专家。专家仔细观察了一下这位女大学生，发现其实并没有她说的那样严重。

求职过程中，不少女大学生为了一些细枝末节的“小缺陷”而发愁。女大学生普遍反映，求职中第一印象最为重要，如果没有好的第一印象，怎么能赢得考官的欣赏和喜爱。尽管目前一部分大学生在求职和就职中，忽视了自己的形象设计，往往会成为求职不成功的原因之一，但专家一致认为，一味地重视自己的个人形象，而忽略其他方面，甚至盲目求职整形并不是捷径。

（三）大学生就业心理的自我调试

1. 理性分析就业的形势

形势严峻不等于“严冬来临”。尽管矛盾很多，困难不少，社会上“大学生就业的冬天”也已经叫喊了好几年,可是年年"冬天"年年"过",我们不也迎来和煦的春天了吗?实事求是地说,大学生找个工作并不难,难的是找一个理想的工作。作为朝气蓬勃、风华正茂的年轻人,没有必要"一叶障目不见森林",也没有必要患得患失、畏缩不前或自暴自弃,要看到高校毕业生就业面临的有利条件和难得的历史机遇,迎难而上。大学生可以从下面几个方面来理性地分析当今的就业形势:

(1) 政策环境更加宽松、有力。近年来,围绕推动和促进高校毕业生就业,国家出台了一系列方针政策,为毕业生充分就业提供了制度保障、政策保障和工作保障。

例如,在自主择业方面,破除了一切部门限制和地区限制,毕业生可以在全国范围内自由流动;在自主创业方面,免除了创办企业的有关行政事业性收费项目,并可提供小额贷款资助;在鼓励下基层方面,除给予一定的生活保障外,在落户、职称、考研、考公务员等方面享受优惠政策;在就业服务方面,不仅学校有周到的指导和服务,政府有关部门特别是人才市场、劳动力市场和毕业生就业市场也提供多种公益性服务;在择业期限方面,不仅毕业前可以找,而且毕业后两年内仍可双向选择;在困难救助方面,毕业后可以登记失业,享受失业人员优惠政策,特别困难的还可以申请临时救助,可以得到比如生活救助、医疗救助、司法救助等方面的支持。可以说,现有政策涵盖了毕业生就业的各个方面,基本形成了比较完善的政策框架体系。

(2) 高校非常重视毕业生的就业工作。自 2003 年以来,国家逐步把毕业生就业纳入高校考核的重要指标,突出强调毕业生就业在高校改革和发展中的重要作用,积极倡导并严格要求高校的"一把手"对本校毕业生就业工作负总责,一级抓一级,层层抓落实,不论是在硬件投入还是在软件建设方面都取得了突破性进展。这一方面从制度和机制上保证了高校毕业生就业工作的顺利进行,另一方面有力地推动了高校办学理念的转变和教育教学改革的发展。一些学校已经向学生庄严承诺,只要不过分挑拣,学生不出校门就可以找到工作,这在一定程度上给毕业生"吃了定心丸"。

(3) 中国经济发展势不可挡。解决高校毕业生就业问题,归根结底还得依靠经济的拉动和促进。近年来,中国经济已经成为世界经济增长的"火车头",这对缓解我国高校毕业生就业压力起到了决定性的作用。我国经济的持续健康快速发展和建设和谐社会、创新型国家,坚持走自主创新道路,将直接拉动和促进高校毕业生就业。同时,经济增长方式的根本转变、经济结构的优化升级和我国工业化、信息化、城镇化、市场化进程的不断加快,将为高校毕业生创造更多施展才华的空间。

2. 把重视积累经验放第一

近期某招聘网站在一项"大学毕业找到第一份工作花了多长时间"的调查中,有 66%的被调查者表示只用了 1～3 个月,但是不可忽略的是,事实上很多毕业生在读书的最后一年已经将大部分时间投入到找工作当中了,如果加上这大半年的时间,那么大学生平均寻找一份工作的时间约为半年以上。调查还显示,本科以下学历能够以更快速度找到工作。专家认为,由于学历不占优势,在寻找岗位和提出要求时,本科以下学历者更加务实,期望能够通过实际工作经验来弥补自己在学历上的不足,因而找到工作成了他们的首要目标,不求一次到位,但求先找到一片自己的天空。对于已经不是"天之骄子"的大学本科生来说,也该逐渐接受这类思想,降低对第一份工作的期望值,重视自己经验的积累,不妨以第一份工作为跳板,为自己以后的择业做好准备。

3. 合理看待酬薪

很多本科生由于对企业提供的薪酬不满而放弃了就业机会。其实,大学生应该将视线落在企业提供的岗位与自身兴趣、能力和价值观的契合上,薪酬应成为相对次要的条件。在一项“员工工作3年以后的薪资上涨程度”的调查中,所有企业都表示一定会有上涨,上涨的区间主要集中于51%～100%、50%以下和101%～150%,分别占了46.4%、28.6%和17.9%,可见企业对于员工的认可一定会体现在薪金水平的上涨上。

4. 基层大有可为

“猛将必拔于卒武,贤相必起于郡县”,自古是之。去年6月,中共中央办公厅、国务院办公厅下发的《关于引导和鼓励高校毕业生面向基层就业的意见》,从制度层面上固化了高校毕业生面向基层就业的渠道和途径,标志着引导和鼓励高校毕业生面向基层就业进入全面推进的新阶段。这是党中央、国务院从全局和战略的高度做出的一项重大决策,是事关党和国家事业发展、事关青年健康成长、事关和谐社会建设的重要工程,毕业生应抓住机遇,乘势而上,勇于到基层锻炼成长,善于在艰苦、复杂的环境中脱颖而出。

对毕业生求职的建议

(1) 机不可失、早做决断。当前,很多毕业生还在左顾右盼、犹豫不定,有的学生手中有几个选择但迟迟不签约,总希望奇迹在明天出现。岂不知,用人高峰稍纵即逝,在毕业生供给充足、社会需求呈现买方市场的态势下,好的用人单位不可能在一个需求周期内两次或多次到同一个学校去,更不可能苦苦等待你迟来的回复。所以,建议目前有就业意向的同学尽快签约。当然,实在不理想的也不要强人所难。

(2) 全面撒网、重点捕鱼。还没有找到工作的毕业生,就业信息是最重要的。一方面,要尽快与学校就业部门联系,取得主渠道的帮助和支持;另一方面,要充分利用“地缘、血缘、学缘”关系,发动老乡、亲友、同学(校友)找信息。在有目标的情况下,要重点“捕鱼”,在没有目标的条件下,可以有选择地全面“撒网”,甚至“有枣没枣打一竿”。

(3) 高也成、低也就。大众化教育必然导致大众化就业,高校毕业生已不再是“象牙塔”里的“阳春白雪”,这种转变促使高校毕业生在享受大众化教育成果的同时也肩负着就业阵痛的压力。于是,不就业族、考研族、创业族、打工族、出国族纷纷出现,使得高校毕业生就业越来越多样化、多元化。因此,高校毕业生不仅要能承受“治国平天下”的重任,更要能够忍受“天将降大任于斯人”的痛苦,在激烈的就业竞争中,理想的职业固然重要,但在没有更好选择的前提下,暂时屈就也是权宜之计。

(4) 重视求职技巧与实践步骤。如何在竞争中脱颖而出?如何在简历筛选、面试筛选、试用期考察过程中过关斩将?这是做好职业规划,达成职业目标的最关键,也是可操作性最强的一步。大学生应该提前准备,积极参与实践,总结和探索求职技巧,为毕业求职做好准备。

(5) 先就业后择业再创业。在科学技术日新月异的今天,经济社会发展的事实越来越证明,一个人不可能终生从事一种职业。因此,具有高附加值人力资本的高校毕业生没有必要刻意追求一时的"完美",完全可以先就业,然后在职业发展中选择从事的专业,进而在不断积累中成就自己的事业。在"鱼"和"熊掌"不可兼得的情况下,最好还是先落实个单位,然后再根据情况伺机而动。当然,一个重要的前提是,必须处理好与已签单位的关系,并能够承受违约引发的责任。

(引自:中国教育报)

三、大学生的求职应聘技巧

(一) 求职技巧

典型案例

小林的求职经历

小林是中国人民大学的一名毕业生。早在毕业之前,他详尽地分析了自己的优势和不足,并一一罗列出来,从而对自己有了明确认识。他认为自己的优势是"人大财政金融学院学生,党员,优秀干部,多次获奖学金,多次能力测评都名列前茅,英语过硬";不足是"学历是本科,所学专业是税收,不太对口"。通过比较,他认定优势多于不足,有一定的竞争力。在征求师兄学友意见的基础上,他认定求职定位在中国银行是合适的。之后,他很早就开始为自己的目标做具体准备:暑假时不断收集就业信息,主动找上几届学友聊天;收集多方面的信息以及中国银行网址,及时了解有关中国银行的信息。在经过充分准备后,他在正式面试中,从容不迫,对考官的提问对答如流,特别是在谈及中国银行情况时,他更是有点有面,滔滔不绝,他对中国银行的了解让考官惊讶不已。当然结果就不言自明了。

1. 求职前的准备

大学生就业是个双向选择的过程,要想找到适合自己的工作,就必须找到用人单位与自己的契合点。为此,就必须考虑以下几个问题:

(1) 认识自己,弄清自己想要什么,能干什么。恰当地评估自己是正确择业的前提和基础。大学生择业首先要认识自己,了解自己的能力、爱好、特长,以及性格、气质等情况,全面审视自己,给自己一个恰当的认知和定位,看看自己适合干什么,能干什么,从而确定大致的选择方向和范围。其次,认识自己必须想清楚自己到底想要什么。只有弄清楚了自己的择业标准,才能避免择业时的盲从(参照本章第二节)。另外,择业期望不能太高,要实际一点,客观一些,有时为了满足主要标准,要勇于放弃一些次要条件,这才不失为明智之举。

(2) 认识对方,了解用人单位需要什么人,持什么用人标准。在认识自己的基础上,我们还要把目光更多地投向用人单位。一般说来,不同单位有不同的理念和用人标准。择业时,一定要了解用人单位的工作性质、企业实力、管理制度和工资待遇等情况。为此,你必须进行必要的调查了解，收集用人单位的有关资料，最好能通过某种渠道，从该单位内部工作人员那里获取信息。对用人单位的信息掌握越多越有助于有的放矢，择业成功率才会越大。在了解工作单位时，不妨把圈子放大一些，然后进行多角度分析比较，对他们各自的硬件和软件情况，特别是选人标准、用人理念等进行比较，进而确定与自己择业目标接近的单位作为主攻方向。

用人单位关注什么

1. 雇主简历重视项目排序

(1) 社会实践和实习兼职经验占58%。

(2) 专业占44%。

(3) 毕业院校占28%。

(4) 英语、计算机水平占22%。

(5) 性格、爱好13%。

2. 雇主在面试中最看重的因素排序

(1) 实践能力26%。

(2) 专业知识24%。

(3) 谈吐表达22%。

(4) 个性特征16%。

(5) 形象气质12%。

3. 雇主在试用期(实习期)时关注的应聘者能力排序

(1) 学习能力51%。

(2) 团队合作能力42%。

(3) 执行能力36%。

(4) 创新精神24%。

4. 雇主最不喜欢应聘员工个人素养的哪个方面

(1) 不诚实84%。

(2) 爱搬弄是非59%。

(3) 畏难28%。

(4) 领导在场与否不一样26%。

(5) 不守时24%。

(引自:南方网)

(3) 审时度势，权衡利弊，保持一定的择业弹性。有时大学生择业的主动权并不完全在自己一边。比如，自己想从事的行业竞争激烈，而另一些工作岗位需要大量人才，却又不是自己喜欢的专业。在这种情况下，如果采取硬性标准，不对口的单位一律不予考虑，就会失去就业机会。经验证明，对大学生来说，绝对适合的单位是很难找的，明智者在择业问题上应保持一定弹性，即使不太对口的也应予以考虑。毕竟被动选择并不一定谋不到合适的工作。事实上，大多数人从事的不一定是完全对口的工作，可是当他们一旦干起来后，刻苦钻研反而成了那方面的专家。从另外一个角度看，大学生都有很强的适应性，具有多方面潜能，即使从事的专业不太对口，只要努力适应，终有一天也会成为栋梁之材。

2. 做一份有质量的简历

(1) 重视简历的包装。很多用人单位反映，80%的简历在五秒钟之内甚至根本没有被阅读就被淘汰了，相反地，一份编辑专业、制作精良的简历将叩开您所向往公司的大门。所以大学生一定要重视简历的包装，但包装虽然重要，决定胜负的却是内涵，即你是否真具有单位所需要的才能，这才是应聘成功与否的关键。

(2) 有效表达个人信息。如果你正是单位所需要的人，却未取得面试机会，就该检查自己是否在简历中有效表达了个人信息。简历的基本内容是必需的。别看简单，可总有不少人忘记写上自己的联系方式或是性别。以下内容是简历中不可少的内容：个人基本信息、职业目标、教育背景、所受奖励、校园及课外活动、兼职工作经验、培训、实习及专业认证、兴趣特长。编写简历时要注意视觉上的美观和利于阅读，应适当运用编辑技巧，如各种字体，粗体字、斜体字、下划线、段落缩进等，突出要点，避免使用大块的段落文章。另外，简历通常需要中英文各一份。简历前附一封简短求职信，有时会有出奇效果。

(3) 简历必须真实可靠。其实单位要想获知你的真实情况并不困难，许多单位都将诚实视为第一重要的品质，一旦单位发现你作假，即使你才华再出众也不会录用你。

简历的成功要诀

什么样的简历可以在上千份简历中获招聘人青睐呢？

(1) 求职目标清晰明确。所有内容都应有利于你的应征职位，无关的甚至妨碍你应征的内容不要叙述。

(2) 突出你的过人之处。每人都有自己值得骄傲的经历和技能，如你有演讲才能并得过大奖，你应详尽描述，这会有助于你应征营销职位。

(3) 用事实和数字说明你的强项。不要只写上你“善于沟通”或“富有团队精神”，这些空洞的字眼招聘人已熟视无睹。应举例说明你曾经如何说服别人，如何与一个和你意见相左的人成功合作。这样才有说服力并给人印象深刻。

(4) 自信但不自夸。充分准确地表达你的才能即可，不可过分浮夸，华而不实。

(5) 适当表达对招聘单位的关注及兴趣。这会引起招聘人注意和好感，同时可以请求面试机会。

(引自：中国教育在线)

(二) 应聘技巧

1. 应聘前的准备

(1) 充分了解应聘公司的情况和应聘职位的职责。在面试之前，对目标公司做一番调查和研究是很必要的，必须要了解公司的现状、发展趋势、在同行业中的地位、主要产品和服务以及主要客户群体等，同时对于应聘职位的主要职责、主要能力要求也要有确切的了解。你应该给面试官这样一个印象：你首先是一个有准备、善于思考、并且对我们公司非常有诚意的人，然后才是最适合应聘职位的候选人。

(2) 做好两手准备。面试肯定有成功有失败。面试前的充分准备也许能增加成功的砝码，但是，决定面试成功与否的因素非常多，你不能被用人单位看中也许不是你能力方面的问题，也许你并不适合此岗位。有时候能力并不是企业选人的首要条件，企业挑选员工，不是要最好的，而是要最适合的。因此，大学生去面试前，一定要做好两手准备，即使失败了，也不要灰心丧气，要明白机会还有很多。

2. 面试技巧

典型案例

魏凯的难题

魏凯，1994年于浙江工业大学获机电工程学士学位，学士毕业后供职于清华紫光，负责公司的销售及售后服务，工作了两年积累了一定的实践经验。1996年考入浙大管理学院，于1999年获管理学硕士学位，毕业后进入华为技术有限公司，先是从事市场策划、销售业务管理、市场销售等相关工作。工作至今，前后共计7年网络和通信行业工作经验，独立承担市场层面的商务和技术工作，完成重大销售项目以及市场业务流程的整合工作，有成功开拓华东区域的电信运营商和教育行业市场的丰富经验。工作经历不可谓不丰富，实践经验不可谓不厚重。

出于对自己职业发展生涯的考虑，决定离开现在项目经理职位，想要到一个公司内部制度成熟而完整的外企谋求自己职业生涯的国际化。在连续几个月魔鬼般英语能力的训练和准备后，魏先生自认为有能力也有信心能够胜任外企的要求。面试经历了不少，然而却接二连三的失败，魏先生产生了困惑，自己的能力和经历明明非常适合应聘岗位的要求，面试时自我感觉表现也还可以，为什么失败的总是他，而另外能力和资质都不如自己的应聘者反而得到了录用。

经过中国首家职业顾问咨询机构上海可锐管理咨询有限公司的深入研究分析后认为，魏先生能力和职业资质都符合应聘岗位的要求，主要的问题在于缺乏面试技巧。他在投递简历时范围过广，对于公司的背景也就不能进行充分的了解，当在面试中面试官问出了关于公司的一些问题后，就不能准确的予以回答，无法抓住面试官的问题主旨，因此只好开阔天空、漫无边际的说。话虽然说得不少，但最后得到的总是让他等待消息，这一等待就又等待得没影了。

(引自：新华网)

面试是求职者展示自己、改变前途的契机。寒窗十数载的苦读、职场多年来的拼搏，沉积下来厚重而金光闪闪的职场技能，这些才华和经验都需要我们在短短几十分钟之内的面试中去完美展现。准备、准备、准备、再准备，从重复回顾自己简历中所提到的每一细节到面试中各种礼仪和行为要领，“面经”看了一大堆，同时也具备了应聘岗位的各项技能和素质，但我们的许多大学生为什么还总是过不了面试这一关呢？在面试过程中大学生应该要注意什么问题呢？

(1) 准确把握面试官提出问题的重点。要准确把握面试官问题背后所要获得的信息，针对雇主的需求以及你如何能满足这些需求上推销自己。注意的是这些问题必须满足以下条件：首先紧扣工作任务、紧扣职责。切忌海阔天空、漫无边际的回答面试官的问题。其次说话要有条理。把自己的信息编排一下次序，再告诉面试官，这样可以体现你有很强的目的性和逻辑性。

(2) 突出自己、很好的展示自己。自信、微笑、大方这些都是必不可少的面试要素。通常一个职位有众多的应聘者，而且有很多都可能是符合这个职位要求的条件的，这时的关键就在于会很好地展示自己，让面试官对你留下很深的印象。如果对你印象不深让你等待的话，那一等待可能就等待得连印象也模糊了。另外，要适当展示过去的成就。既不要说得太过——要永远记住“楼外有楼”，也不要表现得太保守——你自己都不愿展示，怎么叫别人发现你的优势呢？

(3) 态度坦诚，心态自然。要和面试官做平等交流，不要给人感觉自己很“被动”。也不必满脑子地想“表现一定要好”，否则心态就会有所扭曲。

(4) 把握非语言因素，注重细节。声音可略微低沉，语速要适当放慢。可以有适当手势，但不要过多，不然会分散面试官的注意力。在细节方面一定要注重，例如，如果需要你幻灯演示，你却挡在幻灯机前滔滔不绝，岂不搞笑？

面试中的“致命错误”

检验面试答案的标准只有一个，那就是你是否进行了理智的对话。在求职面试中，没有人能保证不犯错误，只是聪明的求职者会不断修正错误走向正确。然而，如果我们知道面试中常见的错误是什么，知道如何避免犯错误，我们就会少走许多弯路，因为面试时的错误常常是致命的错误：

(1) 不善于打破沉默。面试开始时，有的面试官并不说话，只拿眼睛注视着对方，这其实是一种无声的提问，他在等着应试者主动打破沉默。可是有些应试者却以沉默对沉默，你不开口，我也不开口，结果面试出现冷场。有的应试者虽然勉强打破沉默，可是词不达意、语调生硬，反使场面更显尴尬。这样的错误是致命的，一个不善于打破沉默的人，会被认为是缺少交际能力、缺少自信的人，会被认为是一个很难相处的人。面试过程中的交流应该是互动的，无论是面试前还是面试中，应试者应善于寻找合适的话题打破沉默，这是一种自信的表现，也是一种能力。

(2) 与面试官“套近乎”。具备一定专业素质的面试官是忌讳应试者套近乎的，因为面试中双方关系过于随便或过于紧张都会影响面试官的评判。一位从某理工大学毕业生的大学生，得知有一位面试官是他大学校友，面试时，他进了门就直奔那位面试官而去，紧紧拉着对方的手喊校友。弄得那位面试官很尴尬，其他几位面试官也面面相觑。面试结束给这位应试者打分时，给他打出低分的竟是那位“校友”。

(3) 缺少提问技巧。不善于提问。对于求职者来说，向面试官提问本就是一种推销自己的方式，一个好的提问，会让面试官刮目相看。可是有些应试者缺少发问的技巧，要么问一些与工作无关的愚蠢问题，要么在不该提问时突然打断面试官的话发问，要么面试前没有足够的准备，轮到有提问机会时，张口结舌提不出问题。也有一些人不分场合，不看时机，提出一些对方忌讳或不好回答的问题。如，有求职者问面试官："听说贵公司经济效益下降，具体原因是什么？"这是一个可以在场外探讨的问题，可是将这搬到面试时来讲座显然不合时宜。还有一些人，在对方尚未明确表示是否录用时，便提出薪酬问题，甚至锱铢必较。

(4) 将自己包装成完美的人。说自己是最完美的人，不但没人相信，还会弄巧成拙地让人怀疑是秃子忌人说亮的人。

(5) 缺乏主见。没有明确的职业发展计划。这种人的口头禅是："你们招什么人，我就干什么活，我什么都会干。"有面试官问一求职者："未来5年，您对自己的职业发展有怎样的计划？"求职者听了，发了半天愣，然后嗫嚅着说："走一步看一步吧。"面试官马上在他的名字后面打了一个叉。一个"踩着西瓜皮，滑到哪里是哪里"的人，是一个没有目标的人，这样的人很难有责任感和进取心，被面试官淘汰是情理之中的事。

(6) 自命不凡，目中无人。一些大学生，特别是一些来自重点大学或名牌高校的大学生，端着一副"天之骄子"的架子，却眼高手低。他有时连面试官都不放在眼里，说话的口气大得能撑破天。这样的人只会让面试官讨厌——您厉害，那您就另谋高就吧。

(7) 见面就打探薪酬福利。那种一开口就问"工资报酬多少，福利待遇如何？"的求职者最令面试官反感。一位人事经理说："求职者关心收入和待遇的心情是可以理解的，但八字未见一撇，一开口就讨价还价，是不成熟的表现，求职毕竟不是谈生意做买卖，'金钱第一'怎么说也容易让人产生反感。"

(8) 贬低别人抬高自己。这是所有错误中最难以人原谅的错误。通过攻击别人来抬高自己总不那么光明磊落，也不那么令人信服。即使别人有把柄抓在你手里，你"痛打落水狗"的做法也不会为面试官称道。

(9) 卑躬屈膝，唯唯诺诺。有些人为了拿到面试官手里的offer，对面试官极尽阿谀奉承之能事，甚至对无理的要求也都照单全收。不要以为这样就会让面试官对你另眼相看，公司是招人才，而不是招奴才。奴才总是不讨人喜欢的，而且还让人增加了警惕性：这人会不会当面一套背后一套，乘人不备捅人一刀？

(10) 抬出大人物压人。有的人面试时开口就说："我认识你们王总经理，我和他儿子是同学，关系不错"等等。这种以上压下的话谁听了都会反感，面试官会认为你是抬出大人物压人，这不但会使他产生反感，还会一脚将你踢出。因为，如果与你这样的人做了同事，让他难受的日子还在后面。

(11) 慷慨陈词，却言之无物。有的应试者大谈个人成就、特长、技能，激情澎湃、慷慨陈词，虽然悦耳，可是压去了语言的水分后会发现言之无物。推销自己不在于词藻如何华丽，不在于激情澎湃，而在于有证明自己能力的事实。

（12）负面的肢体语言。如果你说话的颤音暴露出了内心的紧张，是可以原谅的。但是如果你在面试官面前旁若无人地脱下你的鞋子，则是不可原谅的。一个负面的肢体语言也许会使你前功尽弃。

面试是一场智力的较量。在这场较量中，只有真正具有实力而又深谙面试技巧和策略的人才能获胜。面试没有一个固定的模式、也没有完美的标准答案，但却有一个检验答案的共同标准——你是否进行了理智的谈话。

（引自：中国教育在线）

著名大公司的面试流程

著名大公司的面试流程往往包含以下最重要的三个环节。

第一是职业能力倾向测试，它能够测试出一个人的性格，面对压力和挑战的承受能力和其他一系列职业特征品质。在面试中它虽然只是作为参考因素，但往往在最后时刻对于你最终的去留有决定性的影响。例如，当被问及“谁一直对你的职业生涯有重要影响”时，正是试图了解你的求职动机、工作经验和能力特长，同时考察你的思维连贯性、语言表达力等等。

第二是逻辑类题型和智力类题型。这类题目多在笔试时出现，内容多种多样，如脑筋急转弯、趣味数学等等，题目主要是考察你的思维能力，有时候根本没有一个固定的答案，关键是你在回答中体现出来的思路。从这点来说，解答的过程更加重要。

例如：一个正三角形的每个角上各有一只蚂蚁。每只蚂蚁开始朝另一只蚂蚁做直线运动，目标角是随机选择。蚂蚁互不相撞的概率是多少？答案可以是：只有两种方法可以让蚂蚁避免相撞：或者它们全部顺时针运动，或者它们全部逆时针运动。选择一只蚂蚁，一旦它确定了自己是逆时针或者是顺时针运动，其他的蚂蚁就必须做相同方向的运动才能避免相撞。由于蚂蚁运动的方向是随机选择的，那么第二只蚂蚁有1/2的概率选择与第一只蚂蚁相同的运动方向。第三只蚂蚁也有1/2的概率。因此，蚂蚁避免撞到一起的概率是1/4。

第三则是小组面试。在这个过程中，面试者会被分为几个小组，互相交流介绍或讨论“案例”。这一部分通常包括阅读材料，讨论问题和解释问题。讨论以及解释问题时可以使用中文或英文。最后可以几个人各自分工全部上场，每人回答问题的一个部分，或者从小组中指派一到两名作为代表上场解释问题。通过小组面试，能够考察出应聘者的交流、合作能力和展现自我实力的能力。事实上，中间互相交流的部分和最后展示的部分同样重要。

（引自：中华英才网）

思考与讨论

高校面试官有感而发:应届大学生,我想对你说

近日,我参加了西安市某大学举办的毕业生供需招聘会,为我院招聘教师。大部分前来应聘的大学生都表现出综合素质较好,能力较强,学习成绩较好等令人满意的特点,但也有部分毕业生的表现不尽如人意,希望引起在校大学生们的注意。

1. 多进教室,少去网吧

在招聘会的前一天下午3点左右,为了对西安市各大学有更多的了解,我和另一名老师来到某大学校门右侧的一家网吧上网查资料。走进网吧一看,里面生意兴隆,一派“繁华”景象,上网居然还要排队!在排队的时间里,我们发现在网吧的一二层大厅里,上网的95%以上都是大学生,90%以上都在玩游戏、聊天或是听音乐,能够利用校外网络资源查找资料进行学习的人很少。第二天,在前来面试的学生中,有一名同学到我校工作的决心很大,当我们问他一些基本知识时,他要么就说学校没开这门课程,要么就说已经忘记了。当我们问他昨天下午3点左右在什么地方,都做了些什么时,他感到有些摸不着头脑。其实,当时他也在那家网吧玩游戏,因为他的游戏玩得特别娴熟,给我们留下了较深刻的印象。面试的结果,我不用说大家也能知道,那就是落聘。

在网络快速发展的今天,大学生们偶尔去一下网吧,玩玩游戏,聊聊天,或是听听音乐,也算是一种放松,但我强调的只是“偶尔”。知识就是力量,人才资源是第一资源,好好学习是大学生们最根本也是最重要的使命,大家应该充分利用包括网络资源在内的各种有利资源,多学习科学文化知识,多学习做人与处世的道理。

2. 多一些实在,少一点粉饰

临近毕业,有一些专业的毕业生很紧俏,市场需求量较大,如物流管理专业本科毕业生的就业形势可以说是一片大好,然而也有些专业的毕业生因各种原因的影响,导致近期就业相对较难。在这种情况下,市场需求量较少的毕业生为了找工作,便拿出“浑身解数”,纷纷向市场需求量较大的专业“转靠”。例如,我院需要物流管理专业的本科毕业生,就有一位“信息管理与信息系统”专业的学生前来应聘,并且一再向我们说明信息管理与物流管理是相近专业,而且她在学校也自修了物流管理专业,并在其毕业生推荐表上还列出了十几门之多的物流管理专业的课程。由于我对物流也略知一二,便问她:“请问第三方物流的英文简称是什么?”而她却一个字都没有说出来。

大学生为了就业,适当地拓展自己的专业,本是正常的举措,但这种拓展与“转靠”一定要以掌握知识、理论与技能作基础,否则,只会是适得其反。所以,我认为在校大学生在学习专业知识,拓展专业面的时候,要多一些实在,少一些粉饰。

3. 多一些守时,少一点理由

在应聘的毕业生当中,还有一位同学各方面条件都很好,也符合我院的要求,对方对我院也表现出了浓厚的兴趣。在这种情况下,我们叫他晚上7点30分作进一步的详谈,并留下了我们住址和电话。晚上到8点还不见人影,开始以为他改变了主意。大约晚上

9点左右,他打来电话说由于晚上要参加期末考试,所以不能来。我们让他第二天早晨8点钟再来,对方表示同意。第二天早晨仍不见其人,8点45分,他再一次打来电话,表示正准备出发,要我们多等一会儿。我在电话里直接对他说,我们已确定人选了,请他到别的单位看看。后来,这位学生还不断给我们打来电话或发来短信,希望能再给他一次机会。

人无信则不立,在日益重视诚信的今天,大学生更应该"一诺千金",千万不能错误地认为不守时不是什么大问题,并为此找各种理由开脱。大学生啊,请记住德国哲学家康德的名言"守时就是最大的礼貌"。

(引自:中国大学生在线)

1. 你对本案例中参加应聘的几个大学生的行为,有什么样的看法。
2. 你认为大学生参加面试,应该注意些什么?

练习与实践

择业心理倾向测查

下列题目共有二组20道题,根据你的实际情况,做出"是"或"否"的选择。

第一组:测题

	是	否
(1) 就我的性格来说,我喜欢同年轻人在一起。	( )	( )
(2) 我心目中的伴侣应具有独到见解和思想。	( )	( )
(3) 对于别人求助我的事情,总乐意帮助解答。	( )	( )
(4) 我做事情重速度和数量,而缺乏精细。	( )	( )
(5) 我喜欢新鲜这个概念,例如新环境、新朋友等。	( )	( )
(6) 我讨厌寂寞,希望与大家在一起。	( )	( )
(7) 我读书的时候就喜欢语文课。	( )	( )
(8) 我喜欢改变某些生活惯例。	( )	( )
(9) 我不喜欢那些零散、琐碎的事情。	( )	( )
(10) 假如我进入招聘职员的经理室,他正在忙,没有理会我,我会自己找个凳子坐下等着他。	( )	( )

第二组:测题

	是	否
(1) 我读书的时候很喜爱数学课。	( )	( )
(2) 看过电影、戏剧后,喜欢独自深思。	( )	( )
(3) 我书写整齐清楚,很少写错别字。	( )	( )
(4) 我不喜欢读长篇小说,喜欢读议论文、小品文或散文。	( )	( )
(5) 业余时间,我喜欢做智力测验、智力游戏。	( )	( )
(6) 墙上的画挂歪了,我会设法扶正它。	( )	( )
(7) 我经常好摆弄一些电子、机械物品。	( )	( )
(8) 我做事情时总希望精益求精。	( )	( )

(9) 我对服装设计有研究。 ( )( )

(10) 我能控制经济开支,一般不借他人的钱。 ( )( )

计分标准:

选择“是”记1分,“否”不记分,各题得分相加,分别计算两组得分。假设第一组得分为A分数,第二组得分为B分数。

A>B:你的思想活跃,善于与人交往。你喜欢把自己的想法让别人去实现,或者与大家共同去实现。适宜你的职业是记者、演员、推销员、采购员、服务员、人事干部、宣传机构的工作人员等。

B>A:你具有耐心、谨慎、肯钻研的品质,是个精深的人。适宜于选择编辑、律师、医生、技术人员、工程师、会计师、科学工作等职业。

A≈B:你具备AB两类型人的长处,不仅能独立思考,也能处理好人际关系。供你选择的职业包括教师、护士、秘书、美容师、各类管理人员(如科长、厂长、经理等)

推荐阅读

一名大学生的求职信

单位:鸿翔证券公司 招聘部门:人力资源部 岗位:研究部分析员

尊敬的招聘经理:您好!

我是××大学经济学院经济专业的一名应届本科毕业生。我于10月21日参加了贵公司在我校举办的校园招聘会,得知研究部正在招聘分析员。我希望应聘贵公司“研究部分析员”一职。

我在兼职、实习期间一直关注中国金融市场的动态,对于新兴证券公司尤为关注。贵公司在成立之时,我正在环邦信息咨询公司担任实习翻译,有幸采编过有关贵公司组建的背景新闻,贵公司领导团队由一批具有创新意识和进取精神的高素质人才组成,将很有发展前途。最近又欣闻×××这位研究分析明星被聘为贵公司研究部首席分析师,这样的工作团队正是我一直向往的。以下是我个人能力与工作教育背景的综合简介。

* 良好教育背景:将于2004年7月获得××大学经济学院经济学专业经济学学士学位。

* 金融行业工作经验:在迅联金融培训公司任兼职分析员及环邦信息咨询公司担任兼职翻译的工作中对金融、电子、通信等行业有较深理解。

* 较强的沟通能力:在摄影协会及爱心社的社会工作中较多地进行对外沟通及内部管理工作。

* 扎实的个人技能:在兼职工作中经常使用英语,并用Excel及PowerPoint进行大量文案工作。

我希望凭借我所具有的相关工作经验和专业知识技能,以及自身的刻苦、进取精神,能为公司研究团队尽快提供扎实的基础分析工作,为公司的研究业务能更好地为机构客户服务而贡献力量。

尊敬的招聘经理，我非常希望能够得到贵公司的面试机会，供你们考察我在各方面的能力是否适合研究部分析员一职。我的联系方式如下。手机：13999999999，宿舍：(010) 12345678，电邮：wangjianguo@wangjianguo.com。感谢你们拨冗阅读我的求职材料。

顺颂商祺！

王建国

××大学经济学院经济专业2000级

地址：北京市东方路960号××大学32号楼202室(100001)

电邮：wangjianguo@wangjianguo.com

电话：(010) 12345678(晚9:00～11:00)

手机：13999999999(全天)

随函呈附：中英文简历各一份

附：英文求职信样本

英文信件内容略。

第八章　大学生的心理压力与控制

导言

大学生在日常生活、学习中，承受着各方面的压力：父母的期望、学业的竞争、同学之间的互相攀比、人际交往的障碍、对前途的担心等，这些大大小小、有形无形的压力如果得不到缓解，就会影响大学生的身心健康。实际上，每个人在生活中都会不同程度地感受到压力，一方面，压力代表挑战，能激发人奋进；另一方面，压力代表要求，人们必须满足它。当这些要求无法满足时，就会把人压垮，因此如何认识、面对压力，是大学生应该学会的重要一课。本章的主要内容就是介绍压力的概念、来源、危害以及大学生应该如何应对压力，特别介绍了目前引起社会广泛关注的大学生自杀问题。

引导案例

一位大学生的遗书片段

我觉得每天过得太忙、太累了，一天到晚上课、看书，在教室、食堂、寝室之间穿梭，根本没有一点休息时间，双休日一大早也要起来去看书。每天都疲于奔命。即使没课也休息不下来，总是在想：别人这会儿都在用功，我却在虚度光阴，结果总是又去看书了。同学个个都十分优秀、竞争太激烈，人没有一刻时间可放松一下。

以前总是盼望上大学，以为上了大学就可轻松了，结果大学比高中更忙。现在盼望毕业、工作，但到毕业时找工作更难，前途渺茫，而且工作了说不定有更大的压力、烦恼。这些烦的事情什么时候到头呀！

第一节　心理压力的产生

心理压力(psychological stress)，简称压力(stress)，目前还没有一个公认的定义，比较多数的学者认为心理压力是个体察知的，需求和满足需求的能力不平衡时所表现出的心身紧张状态。

在日常生活中，压力的来源是多方面的，既有生理的又有心理的；既有环境的又有社会的；既有物质的又有精神的。生活改变、日常琐事、心理因素是比较公认的三大压力来源。

一、生活改变

生活改变是指个人日常生活秩序上发生的重要改变。生活方面的突然变动是造成压力的主要来源，由于变动得太突然，人们很难有效地应对处理。符合这个定义的生活事件，应该包括积极和消极两种。但通常只有消极生活事件与心理问题有着高相关关系。消极的生活变化，可以认为是一个非连续性的、具有破坏性的客观经验，如家庭、恋爱和婚姻中的变故、亲人亡故、失业、失学、纠纷、受辱等等，会给人以紧张甚至痛苦的情绪。

生活改变也称急性压力源，急性压力源与下面所说的慢性压力源（生活琐事），主要是以持续时间的长短作为划分标准的。

二、生活琐事

生活琐事主要指慢性压力源。生活琐事指的是日常生活中经常遇到且无从逃避的琐事。每一件日常琐事的严重程度虽不足以造成很大的压力，也不足以构成危害，但累积的压力会对个人身心造成不良的影响和烦扰，就好比“最后一根草会压垮骆驼背”。

Lazarus 把在生活中成为压力的生活琐事归类为以下六个方面：

(1) 家庭经济方面：家庭生活中的一切费用支出，诸如衣、食、住、行等，多数家庭都会感到负担沉重。

(2) 工作方面：工作性质、待遇、兴趣、发展机会等对一般人来说，失意者多，得意者少，加之工作不稳定等因素，会给人们造成很大的压力。

(3) 身心健康方面：各种物理、化学刺激在内的生物性刺激物，对人的身体直接发生刺激作用。这类压力源首先引起生理反应，然后随着人们对生理反应的认识评价和归因过程，导致压力状态和心理反应。

(4) 时间分配方面：无法支配及把握自己的时间已成为一个很大的心理压力。对现代人而言，时间问题主要表现在三个方面：一方面是因事务太多而造成的顾此失彼的焦虑；另一方面是因交通拥挤而造成的等待与浪费时间的痛苦；第三是耗费大量时间在自己不喜欢和不愿意做的事情上。

(5) 生活环境方面：环境污染的问题日趋严重，不仅仅是空气、污染等自然环境的污染，还有文化环境的污染也随社会变迁而日益恶化。对终日处于污染环境而无法逃避的人们来说，心理压力自然沉重。

(6) 生活保障方面：除了现实生活外，对学业进修、职位晋升、工作保障、经济储蓄、退休安排等未来安全保障的担忧也会给人们的心理带来严重负担。

中国大学生校园压力源

李虹（2002）根据对大学生开放式调查结果，识别出 15 种主要校园压力源，它们是：学习，就业，人际关系，生活，恋爱关系，经济，社会，考试，家庭，生活及学习环境，未来，能力，个人（成长、外表、自信），健康及竞争。再根据编制的 30 个题目的压力问卷，提取出三个类型的校园压力源：个人烦扰、学习烦扰和消极生活事件，其中学习烦扰压力的程度较其他两类重些。

1. 个人烦扰

(1) 渴望真(爱)情却得不到。

(2) 青春期成长。

(3) 同学关系紧张。

(4) 外形不佳。

(5) 身体不好。

(6) 同学间互相攀比。

(7) 居住条件差。

(8) 遭受冷遇。

(9) 社会上的各种诱惑。

(10) 晚上宿舍太吵。

(11) 没有人追或找不到男/女朋友。

(12) 没有人说知心话。

(13) 没有学到多少真本领。

(14) 独立生活能力差。

(15) 各种应酬有困难。

(16) 家庭经济条件差。

2. 学习烦扰

(1) 对有些科目怎么努力成绩也不好。

(2) 学习成绩总体不理想。

(3) 讨论问题时常反应不过来。

(4) 考试压力。

(5) 同学间的竞争。

(6) 学习效率低。

(7) 每学期末考试成绩排名。

(8) 完成课业有困难。

(9) 有些课程作业太多。

(10) 各种测验繁多。

3. 消极生活事件

(1) 累计两门以上功课考试不及格。

(2) 一门功课考试不及格。

(3) 当众出丑。

(4) 被人当众指责。

三、心理因素

上述两类压力源主要涉及外在因素,而属于个人内在心理上的困难也是形成压力的重要来源。在压力的心理因素方面，挫折与心理冲突是最重要的两项。

（一）挫折与心理压力

1. 挫折的概念

挫折是指个体在通向目标的过程中遇到难以克服的障碍或干扰，使目标不能达到，需要无法满足时所产生的不愉快的心理反应。挫折无处不在，人人都遭受过或大或小的挫折。如为了通过英语六级考试，你每天都在背着英语单词、做练习，却最终还是没有通过；同学有了困难，你热心相助，却反遭误解等等，在这些情况下，你可能会产生失望、沮丧、痛苦的心理状态和情绪反应，也就是遇到了挫折。

挫折由挫折情境、挫折认知和挫折反应三个因素构成。挫折情境是指阻碍需要获得满足的内外障碍等情境状态或情境条件，如考试不及格、交往受挫、失恋、没有评上奖学金等；挫折认知是指个体对挫折情境的认知和评价；挫折反应是指伴随着挫折认知，对挫折情境产生的情绪和行为反应，如愤怒、焦虑、紧张或攻击等。在这三个因素中，挫折认知是最重要的，挫折认知是主观上对挫折情境的一种评价，它直接决定着个体对挫折情境的反应。如果客观上有障碍存在，但主观上并无知觉（认知），就不会构成挫折情境，或个体将别人认为严重的挫折情境认知评价为不严重，他的挫折反应会很微弱。反之，如果将别人认为不严重或根本不存在的挫折情境评价为严重的，则会引起强烈的情绪反应。因而在多数情况下即使面对同一挫折情境，不同的人会产生不同的挫折反应。

挫折对人的影响具有两面性。一方面挫折具有消极性，人在经历挫折时会产生焦虑、烦恼、恐惧、愤怒等不良情绪反应或粗暴的消极对抗行为，这些负性情绪或行为如果持续时间过长或强度过大，不仅会给他人造成严重损失，还会影响个人的身心健康，引发各种身心疾病；另一方面挫折又具有积极性，挫折对人的积极影响在于挫折引起的适度的紧张和压力，有利于人们更清醒地认识自己及所处环境，能不断调整自己，从挫折中吸取教训，磨炼意志，使人更加成熟、坚强，在逆境中奋起，从而有更大的发展。也就是说，对于强者挫折可以成为垫脚石，让人站得更高；对于弱者它可以作为绊脚石，使人一蹶不振。可见挫折犹如一把刀，它可以为我们所用，也可以使我们被割伤，这要看我们揪住了刀柄还是抓了刀刃。

2. 挫折的种类

按不同的标准来划分，挫折有不同的种类。

(1) 根据挫折的来源不同，可以把挫折分为三大类：①缺乏性挫折。主要是指当无法拥有自己认为非常重要的东西时所引起的挫折。如由于物资缺乏、能力缺乏、生理缺乏、经验缺乏和感情缺乏等带来的挫折，都属于缺乏性挫折。大学生中常见的由于缺乏知心朋友而产生的孤独感就是缺乏性挫折。②损失性挫折。主要是指失去了原来拥有的东西而引起的心理挫折。如亲人去世、失恋等都是严重的损失性挫折。③阻碍性挫折。主要是指那些在需求和目标之间出现阻碍或障碍时所引起的挫折。这种阻碍可能是客观的或物质性的，也可能是观念性的。如大学新生入学时，由于风俗、饮食习惯、气候等与家乡不同，不适应新环境所引起的挫折就属于阻碍性挫折。

(2) 根据挫折是否符合客观现实，可把挫折分为两类：①想像挫折。是指没有挫折情境,仅仅由于主观想像的作用而产生的挫折。如有的大学生因某种原因遭到别人的冷遇,就会想像成自己的人缘很差,大家都对他不好,为此在心理上产生强烈的挫折感受,引起焦虑、恐惧、担忧甚至痛苦等情绪反应。想像挫折往往比实际挫折更可怕,它是由错误的挫折认识所引起的。②实际挫折。是指由现实的挫折情境而引起的挫折。

当然还可以根据挫折的内容,可把挫折分为学习性挫折、人际交往性挫折、志趣性挫折、自尊性挫折、情境性挫折等。

3. 大学生挫折产生的主要原因

导致挫折的原因有很多,不同年龄段和不同类型的人群面对的挫折具有不同的特点。大学生遇到的挫折与大学生活环境和大学生自身特点密切相关,具有鲜明的特点。

(1) 与人际交往有关。在大学生心理咨询的实践中,人际交往常常在大学生来访者的问题中占第一位。人际关系紧张、敏感已经成为困扰大学生的一个不容忽视的问题。大学生远离家乡和父母,本来就有一种孤独感,一旦出现人际关系不和谐或发生其他人际冲突,这种孤独感就会进一步加剧,产生压抑和焦虑,从而导致各种挫折心理的产生。通过对大学生的调查表明,目前交际困难已成为诱发大学生心理问题的首要因素。

(2) 与学习有关。学习问题是大学生抱怨最多的问题之一。大学生每天在三点一线的生活中紧张度过,废寝忘食,超负荷运转。很多大学生不注意用脑卫生,用脑过度,导致学习疲劳,以致学习效率降低,学习成绩下降。学习成绩的下降,极易使大学生产生严重的受挫感,这种受挫感使得大学生学习兴趣下降,学习动力缺乏,在学习上形成恶性循环,产生挫折心理。

(3) 与恋爱有关。爱情作为人类美好的情感被大学生所向往和体验,但是大学生中因为恋爱引发的情感危机与心理挫折却比比皆是。大学生恋爱中的心理挫折主要包括单相思、恋爱中的感情纠葛和失恋,失恋可以说是大学生中最为严重的心理挫折之一。大学生因恋爱所造成的心理挫折,是诱发大学生心理问题的重要因素。

(4) 与经济困难有关。据调查,我国高校在校生中约有25%是贫困生,而这其中5%~10%是特困生。一部分经济困难的同学在日常生活相差悬殊的对比中产生自卑心理。他们总担心别人瞧不起自己,同学间不经意的一个玩笑或行为都会深深刺伤他们的心灵,有的甚至影响了正常的人际交往,变得敏感多疑,在内心产生消极、敌对的情绪,这方面的问题有日渐增长的趋势。另外,由于极度的经济困难,大学生一方面要时时刻刻计划自己的经济开支,一不小心就会陷入窘迫的困境;另一方面要应付繁重的学习任务,有的还要参加勤工助学。由于经济和学业上的双重压力,面对现实,他们有的觉得力不从心,在重压之下失去了青春应有的朝气和活力。有的学生说"压力很大,我觉得自己好无助"、"生活困难,身体不好,压力大,以致学习成绩不好,很想改变但很困难,有些力不从心"等等都是对现实感到无能为力的表现。还有的学生对家人有很深的愧疚感,特困大学生大多家庭经济困难,父母积劳成疾,有的甚至是靠兄妹外出打工或在全家节衣缩食的保护下才有条件读大学的。这使他们背上沉重的心理负担。"这么大的人了,还要靠父母养活,心里实在难以接受"、"一想起年迈多病的父母在家为我受苦,心里非常难受"等,都表明他们对家庭有很深的愧疚感。

(5) 与求职就业有关。当代大学生在拥有更多择业自主权的同时,也面临更多的就业竞争，无论是一般的学生还是品学兼优的学生都深切感到择业就业的压力，出现了新的难以摆脱的心理矛盾，致使大学生心理失衡，出现心理挫折。许多毕业生因焦虑和自卑而失去安全感，许多心理问题也随之产生。众多大学生在择业期间表现出过度焦虑的状态，有时甚至会产生问题行为。

4. 大学生的挫折表现

一般来说，大学生在面对挫折时会出现以下几种消极的反应：

(1) 攻击。当个体受到挫折时，常常会引起愤怒情绪，进而出现攻击行为，这是大学生受挫后通常产生的最直接、最简单的行为反应。攻击行为可能直接指向构成挫折的对象，多以动作、表情、语言、文字等表达出来，如对使自己受挫的人采取嘲笑、谩骂、殴打等行为。由于缺乏理智，往往不能控制自己的行为，也不考虑后果，其结果往往是严重的。直接攻击行为，多发生在那些缺乏生活经验比较简单、鲁莽、易冲动的学生身上。攻击行为也可能由于种种原因使之不能施加于使其受挫的对象上而转向其他替代物，或者把愤怒的情绪指向自己(如轻生、自我折磨、自我虐待等)或指向与其挫折情境无关的对象(摔物、向别人发泄怨气等)。转向攻击行为多发生在自制力较弱、自信心比较差的大学生身上。受挫的大学生通过攻击行为可以暂时发泄心中的愤懑和不快，但并不能消除原有的挫折感，甚至会引发新的挫折，并危害他人和社会，这也是大学生犯罪的原因之一。

(2) 冷漠。有些大学生在受挫后，由于压力过大，或屡次遭受挫折，无法排遣消极情绪，就将不良情绪压抑在心中，表现出无动于衷、对什么都漠不关心的行为反应，其内心却相当痛苦。例如，高校中一些学习困难的大学生，虽然尽了相当大的努力，但学习上依然无进展，达不到自己或家长期望的目标。这些大学生承受着内心越来越大的压力，对大学生活、同学关系、社会活动反应淡漠，表现出情绪低落、缺乏活力和责任感。

(3) 退化。退化指个人在遭受挫折后出现与自身年龄、身份很不相称的幼稚行为，如像孩子那样哭泣、耍赖、任性，做事没有主见，蒙头大睡等。这实际上是一种防御应对。因为当人们遇到挫折后，如果以成人的应对方式面对挫折，就会产生心理上的紧张、焦虑和不安，受挫者为了避免出现这种情况，往往会放弃已经习得的成人的正常行为方式，而恢复早期幼儿的方式加以应对，从而减轻内心的压力。如一位大学生与女朋友分手后，不是理智地分析问题，而是一连三天蒙头大睡，不吃不喝。

(4) 压抑。在日常的学习生活中，大学生常常把不愉快的经历不知不觉地压抑在潜意识中，不再想起，不再回忆，由于压抑，痛苦的经历似乎被遗忘，使人在现实意识中感受不到焦虑和恐惧。压抑不同于自然遗忘，它是行为主体的一种“主动遗忘”。但是这些被压抑的痛苦经历并没有消失，它在日常生活中会不自觉地影响人们的心理和行为，并且一旦出现相近的情境，被压抑的东西就会冒出来，对个体造成更大的威胁和危害。严重者会引发心理疾病。例如某大学生因一念之差偷了寝室同学的钱，事后他羞愧难当，内疚不已，可他又没勇气向同学认错。过了一段时间，他似乎把这不光彩的事忘了，内心恢复了平静。实际上这并非真正的遗忘，而是压抑起了作用。以后每遇到同学丢东西，他就怕被怀疑，甚至在同学面前辞不达意，举止失常，以致发展到怕见同学，怕见任何人，把自己封闭起来。

(5) 固执。有些大学生在受挫后不能适应已经变化了的情况，不分析失败原因，反而盲目重复导致其挫折的无效行为，不接受他人的建议，一意孤行，这就是固执的行为反应。在高校中，固执行为一般发生在一些性格内向、倔强、看问题片面的大学生身上以及以情感为纽带形成的消极的大学生非正式团体中。固执行为的最大特点是非理智性，企图通过重复无效动作对抗挫折。例如有的学生因为违反校规而受到批评，感到在众人面前丢面子，不仅不改正，而是接二连三地做出违反校规的事。固执不等于习惯，如果习惯性的行为不能满足需要，人们就会改变它；也不等于意志坚强，意志坚强的人如果知道某种行为不能达到预定的目标，就会改变策略，再作努力。所以，固执是种不明智的消极对抗行为，是一种不健康的、非理性的反应。

(6) 自杀。自杀是人遭受挫折后的极端情绪反应，也是针对自身的转向攻击行为。想到自杀的人一般都曾经处于万念俱灰、生不如死的情绪状态。通常，自杀是在挫折的打击大大超出受挫者对挫折的承受力的情况下发生的，特别是当受挫者将受挫的原因归结为自己，并对自己丧失信心，将自己作为迁怒的对象时更易导致自杀行为。大学生是同龄人中的佼佼者，成长过程都比较顺利，很少遇到大的挫折，他们对挫折的承受力普遍较低，同时大学生又自视很高，自尊心强，所以当受到挫折打击时，容易产生自杀行为（详见本章第四节）。

5. 正确应对挫折

(1) 正确认识挫折。正确认识挫折是大学生战胜挫折的先导和前提。真正引起大学生挫折感的，与其说是他们遭遇的挫折、困难、失败本身，还不如说是他们对挫折的认识，以及所采取的态度。从我国大学生现状来看，普遍存在着对挫折认识与态度上的偏差。因此，要战胜挫折，大学生首先要克服对挫折的一些错误认知。①调整认识挫折的角度。大学是大学生人生的一段重要旅程，在大学生成才之路上不可避免地会遭受到学习、生活、人际等多方面的挫折。大学生如果调整一下认识挫折的角度，视挫折为自然、正常的，这样才能平心静气地接受挫折，而接受挫折是改变挫折的重要前提。要知道，挫折也是一种契机，挫折能使有毅力、有抱负的人发挥出自己的潜力，在屡战屡败，屡败屡战中愈战愈勇，终能超越一般人而走向自己的辉煌。②全面、辩证地认识挫折。对挫折的合理认知应该是就事论事，不是简单地以某件事情来断言自己或他人，在挫折面前排除"一叶障目"，立足全面、辩证地认识挫折；学会宽容自己和他人，接受自己和他人都可能犯错误这一现实，不因为自己或他人有错误而全盘否定。③多挖掘挫折的积极意义。挫折具有双重效应，大学生要多关注积极方面：挫折能调动大学生的心智，促使大学生更快更好地成熟进步，大学生的挫折承受力只有在挫折经历中才能得到真正的培养和提高。从心理卫生的角度看，多从光明面看问题，多看到挫折所包含的积极意义，有助于减少挫折的消极影响，有益于心理健康。

(2) 战胜挫折的有效方法。①确立与自己能力相当的目标。要勇于承认经主观努力无法达到某些目标的事实，不要过于自责。这要求大学生在确立成就目标时应有过程观，即根据自己的实际能力设计有限目标，以有限目标的实现作为成功的激励。②正确归因自己的挫折。大学生在归因挫折时有两种习惯性取向：或者归因于外在因素，如学习上受挫后，把失败归因于教师的命题或评分，自己没有猜中题目、运气不好，而不去努力克服困难和改变失败的处境；或者归因于个人的内在因素，如学习上受挫后，把失败归因于自身的能力、技能过低，因而抱怨、责备自己。这两种习惯性归因取向，不可能找出造成挫折的真实原因。因此，每个大学生在学习或生活中碰到这样那样的挫折之后，必须冷静、客观地分析挫折的原因，并且主动取得老师和同学的帮助，一起认真分析，对挫折做出符合实际的准确的归因。③合理的宣泄。人的心理处于压抑状态时，应有节制地宣泄，把内心的苦恼向父母、老师或朋友倾吐。培根说过："如果把你的苦恼与朋友分担，你就只剩下一半的苦恼了。"同时还可以参加体育活动，如打篮球、踢足球、打排球等活动，以放松自己的紧张心理状态，转移挫折感带来的消极情绪。此外，还可以采取自我宣泄的方法，如在没人的地方放声大哭或大喊等。④进行心理咨询。当受挫后陷入极端恶劣的情绪中不能自拔，亲朋好友也无能为力或有些问题不好向亲朋好友倾吐时，大学生应该主动放弃偏见，学会寻求心理咨询的帮助，在专业咨询人员指导下及时疏导负性情绪，维护身心健康。

（二）冲突与心理压力

1. 心理冲突的概念

心理冲突是指个体在有目的行为活动中，常常会同时存在两个或两个以上相反或相互排斥的动机，如果这些并存的动机不能同时满足或是一个动机获得满足而使其他的动机受到阻碍，使人处于进退维谷、左右为难的矛盾心理状态，即构成心理冲突。心理冲突常常会造成动机部分或全部不能得到满足，同时也就是动机所指向的目标的实现受到阻碍，即挫折。所以，心理冲突是造成挫折和心理压力的一个重要原因。

一般来说，人人都有心理冲突和痛苦。但冲突的时间、频率，对人的影响是不同的。例如，大学生晚上有选修课，但正巧中央电视台要转播自己喜欢的足球赛，那么到底是上课还是看足球呢？不知如何选择，内心会产生冲突。最后可能是课没听进去，球赛也没看好，心里不痛快。这类生活中常见的冲突对人的影响相对小一些，最多一个晚上不愉快。但是，对那些人生面临的关键选择，出现左右为难，难以抉择的情境，诸如是先找工作还是攻读研究生；选择薪水高的职业还是自己喜欢能发挥自己专长的职业等对人的影响更大。

生活是由一系列机会组成的，社会充满矛盾，当一个人在众多机会中做出选择时，常常会出现冲突情境。选择什么的同时也意味着会失去些什么。中国寓言中有这样一个故事：一头饥饿的驴子，正好处于甲乙两垛草堆之间，它想去吃甲，又想去吃乙；就这样不断地考虑，不断地斟酌……结果，它最后却是活活饿死在两垛草堆之间。一个简单的故事，却是能够令人反省出许多有关的道理。

心理健康的人，心理冲突不尖锐、不持久，而且心理冲突会成为建设性和创造性活动的动力。哲学家的心理冲突可能迸发出智慧的火花，文学家的心理冲突可能产生出撼人的作品。但是，心理不健康的人，心理冲突是破坏性的，尖锐、持久，反复出现，形成恶性循环，长此下去使心理、生理、社会功能受到损害，导致心理疾病。

2. 心理冲突的形式

人的心理冲突是非常复杂的。心理学界为了便于研究和讨论，把冲突情境分为四种形式。

(1) 双趋式冲突。个体在有目的的活动中同时有两个并存的目标，而且两个目标对其具有同样的吸引力或引起同样强度的动机。当个人因实际条件的限制而无法同时获取两个目标时，就会在心理上产生难以做出取舍的冲突情境，即形成双趋式冲突。例如，一位男生同时喜欢上了两位女生，喜欢的程度相当，但是他又必须在其中做出单一的选择，便产生双趋式冲突。

(2) 双避式冲突。同时有两个可能对个人具有威胁性的事件发生，因为对个体都是不利的，当然对两者都想躲避。但迫于情势，若想躲开一件，则无法躲开另一件；而只能接受其中一件，才能避免另一件。这样在做出抉择时，就会产生双避式冲突的情境。例如，一个大学生在学校感到生活枯燥无味，想退学在家，可在家又要受到父母责骂，此时他就陷入双避式心理冲突之中。

(3) 趋避式冲突。对于同一个目标同时存在趋近与躲避的两种动机，即同一个目标对于个体来说可能满足某种需要，但同时也可能构成威胁。同一个目标对个体形成既有吸引力又有排斥力的矛盾心理情境，这时便产生趋避式冲突。其实，人们在生活环境中对任何一件事情做决断时，都要考虑决断后的利害得失。而所谓利害得失，往往又没有一个客观标准，只凭主观感受。每当个人做出正面决定(趋近)时，“害”与“失”的感觉就增高，但若作反面决定(躲避)时，则“利”与“得”的感受就增高。因此，在这种情况下，个人在做出正反两面的反复考虑时，常常陷入趋避式冲突之中。例如，学生希望接受挑战，选修一个难度较大的课程，同时又害怕考试失败；有的大学女生非常喜欢吃糖果，但又总是担心自己会发胖。

(4) 双重趋避式冲突。两个目标或情境对个体同时具有好与恶，即吸引与排斥的两种力量。例如大学生在毕业选择职业时，常常会遇到这样的情形：两个工作可供选择，其中一个工资很高，但内容单调，上班时间很死；另一个工作有趣，时间灵活，但工资很低。不论哪个选择都不全是积极的，也不全是消极的，其中每个选择都包含着积极与消极因素，让人产生矛盾心理。

3. 如何有效地解决心理冲突

当你面临冲突或必须做出一个艰难的决定时，要注意以下几点：

(1) 不要仓促做出重要决定。匆忙的决定常常使人后悔，要花时间收集信息，权衡利弊。即使三思后做出的决定仍旧带来了损失，只要你知道自己已经尽了一切可能来避免错误，你所承受的压力就会小一些。

(2) 在可能的情况下，执行某种决定之前要先做一下尝试。例如，你想选修一门课程，不妨先旁听几节课再做决定。

(3) 寻求可行的折中方案。但在此之前，最重要的是要尽可能获得所有的信息。如果你只有一两个选择，并且都不是你所愿意接受的，你应向你的老师、心理咨询专家或有关人员寻求帮助。因为也许还有一些更好的选择，你自己没有看到，但别人却知道。

(4) 如果你还是找不到理想的解决方案，那么一旦做出决定，就不要再后悔。在心理冲突中总是犹豫不决，只会让你付出更高的代价。有时，你只能不得已而求其次，但做出选择后就应坚持下去，在没有发现明显的错误以前不要再改变。

当然通过学习和锻炼不断提升自己的适应能力，时刻明确自己的需要，有承担风险的意识，勇于对选择结果(不论好坏)负责任，这些都是对付焦虑的有力防御。

李开复的人生选择

李开复，现任Google全球副总裁、中国区总裁。他生于中国台湾，受教于美国，曾供职于苹果、SGI、微软等世界顶级IT公司，曾担任微软全球副总裁，成为比尔·盖茨的七人智囊团之一。在2005年夏天，因为选择，他成为在全球掀起轩然大波的传奇人物。如此重大的选择，李开复又是依据什么来做决定的呢？

"我不会让命运带着我走路，我会为自己创造机会。我想我所创造的每一个机会都是一个转折点。一生有太多的转折点，每一个都是追随我心的积极选择。""2005年7月5日，我走进了我老板的办公室，我说的第一句话是：'I need to follow my heart（我要追随我的心）'。"就这样，李开复离开微软来到了Google。

"追随我的心"，这就是李开复进行人生选择的原则，其实就是听从内心召唤，满足自己认为最重要的需求，做自己认为正确的事情，而不仅仅是顺从社会潮流或他人的意愿。他的人生道路上的每一次选择，都有着明确而清晰的方向——在大学改变专业转到计算机系；毕业后离开学术界进入"苹果"；在"苹果"开发新型多媒体产品并得到升迁；离开"苹果"加入SGI；在微软公司，受比尔·盖茨委派，回中国创立了微软中国研究院；创办与大学生交流的"开复学生网"，撰书《做最好的自己》；离开微软，加入Google……李开复的所思所为，为那些依然不知道该如何进行人生选择的年轻人提供了参照的榜样。

第二节　心理压力的危害及其控制

一、压力的反应及危害

当人们面临压力时会产生一系列心理、生理的反应。这些反应在一定程度上是机体主动适应环境变化的需要，它能够唤起和发挥机体的潜能，增强抵御和抗病能力。但是，如果反应过于强烈或持久，超过了机体自身调节和控制的能力，就可能导致心理生理功能的紊乱，进而产生心身疾病。

（一）压力的反应

压力反应通常表现在心理反应、生理反应、行为反应三个方面。

1. 心理反应

压力引起的心理反应有警觉、注意力集中、思维敏捷、情绪的适度唤起，这是适度的反应，有助于个体应付环境。但过度的心理反应如过分烦躁、抑郁、焦虑、激动不安、愤怒、沮丧、消沉等长时间的负性情绪或使人自我评价降低、自信心减弱，表现出消极被动，形成"习得性无助"，或表现为骄横无礼、"破罐子破摔"等。

2. 生理反应

在压力状态下,机体必然伴有不同程度的生理反应,主要表现在中枢神经内分泌系统和免疫系统等方面。比如,导致心率加快、心肌收缩力增强、血压升高、呼吸急促、各种激素分泌增加、消化道蠕动和分泌减少、出汗等。这些生理反应调动了机体的潜在能量,提高了机体对外界刺激的感受和适应能力,从而使机体能更有效地应付外界环境条件的变化。但过度的压力会使人口干、腹泻、呕吐、头痛、口吃。

3. 行为反应

压力状态下的行为反应可分为直接反应与间接反应。直接的行为反应是指直接面临紧张刺激时为了消除刺激源而做出的反应。间接的行为反应是指为了减少或暂时消除与压力体验有关的苦恼而做出的反应,如借酒、烟、麻醉品等使自己暂时缓解紧张状态。

(二) 压力的危害

当一个人的压力过度时,会造成以下几方面的危害:

1. 对身体功能的损害

当人体面临压力危机时,一些器官的功能会加强,消耗的能量增加;而另外一些器官的功能被抑制,能量消耗减少。在压力状态下,人体首先会关闭消化系统,消化系统关闭时间过长,会导致胃病和消化功能紊乱。

2. 对心理功能的损害

由于生理和心理作用密切相关,我们在生理上越感到衰竭,我们对压力的心理反应便会越明显。当然,有些人可能会对压力做较长的抵抗,但最终也会因为生理的衰竭而造成心理功能的失调,甚至崩溃。

3. 认知功能下降

长期处在过度压力状态下,可以使个体的反应速度下降,记忆力减退,对非常熟悉的事物的记忆和辨别能力下降。让人难以进入聚精会神的状态,经常遗忘正在思考和谈论的事情,出现中途“思维断路”的现象。

4. 对情绪消极的影响

长期过度的压力会使人的精神委靡不振,无能力、无价值的消极自我评价会油然而生。已经存在的一些弱点,如焦虑、忧郁情绪更加恶化。

5. 影响睡眠

当大学生在生活中遇到压力事件时,无论是急性的或慢性的,情绪处于紧张状态,首先受影响的就是睡眠。当承受的压力较大时,常常躺在床上辗转反侧、终不成眠,压力反应一再被激起。

6. 导致心身疾病

压力是心理社会因素损害人的健康的一条重要途径。压力引起内环境紊乱,引起过度的心理和生理反应，从而使人处于对各种疾病的脆弱易感状态。在这种情况下，如果有其他致病因素的侵袭或个体有不良遗传素质因素，就会在心理压力和其他因素的共同作用下引发新的疾病。但是，患哪种疾病，主要取决于其他致病因素的性质和遗传素质（即哪个身体器官脆弱易损），心理压力主要是作为一种非特异的致病因素而起作用。

总之，长期过度的压力，会影响大学生的精神面貌，破坏大学生的生活情趣，损害大学生的心理健康乃至整个机体的有效运作，降低大学生的生活质量。

二、心理的中介调节机制

在现代生活中，人们的生活节奏不断加快，生活事件是普遍存在的，任何人都无法避免。然而，同样的刺激，有些人会产生强烈的压力反应，甚至会患病，有些人却未发生任何健康问题，这是为什么？刺激引起反应，除了与压力源的强度、持续时间等有关外，还取决于若干的中介因素，它们包括个体的认知评价、个体的应对能力、个体的个性特征、个体对刺激的易感性和抵抗力等。

（一）认知评价

压力源是否引起个体压力反应，关键在于认知评价。认知是人们对外界信息的选择性注意，对刺激信息的性质与强度的了解。在此基础上，个体再从自己的角度对遇到的生活事件的性质、强度和可能的危害情况做出估计，这就是评价。对生活事件的认知评价直接影响个体的应对活动和心身反应。个体只有在觉察到刺激对个体有意义，而且经过评价认为由于难于应对，对个体构成威胁时，才会引起个体的压力反应。

由于人们的认知评价标准的不同，以致对同一件事件可有不同的认知和评价，从而会引起不同的压力反应。影响个体认知评价的因素包括压力源的特点和个体的主观因素两个方面。

1. 压力源的特点

它包括刺激的强度、刺激的持续时间、刺激的发生方式等。刺激的强度如参加乒乓球个人比赛时，遇上知名运动员和不知名的新手，认知评价就会不一样。刺激的持续时间用“滴水穿石”、“积水成渊”两个成语就足以说明。日常生活中，学习紧张、人际关系紧张是比较常见的例子。刺激的发生方式同样会影响人们的认知和评价，如一个人突然听到自己的亲人因交通事故不幸身亡和听到一个久病不起的亲人亡故后所引起的内心震动不一样，就是因为一个是突然发生，而另一个已有心理准备的缘故。

2. 个体的主观因素

它包括个体的人格特征、个体的需要和期望值、个体过去的生活经历、个体的生物节律等几方面。

（二）心理防御机制

心理防御机制（mental defensemechanism），又称为自我防御机制，是弗洛伊德精神分析学说的基本概念之一，是指个体处于挫折与冲突的紧张情境时，在其内部心理活动中具有的自觉或不自觉地解除烦恼、减轻内心不安和焦虑，以恢复情绪平衡与稳定的一种适应性倾向，它被认为是一种潜意识的心理保护机制，是个体在精神受干扰时保持心理平衡和自尊的策略。每个人在处理挫折和紧张情绪时，都在自觉不自觉地运用自我防卫机制，但由于每个人的生活态度以及个性特征的不同，所采用的心理防卫方式也有差异。以下是一些常见的心理防御机制：

1. 积极的心理防御机制

积极的心理防御机制可以帮助大学生缓解受挫后的心理压力，调整好心理和能力状态，赢得战胜挫折的时机。常见的积极心理防御机制有：

（1）认同。指一个人在遇挫而痛苦时效仿他人获得成功的经验和办法，使自己的思想、信仰、目标和言行更适应环境的要求，从而在主观上增强自己获得成功的信念。大学生在学习、生活中常常把一些历史名人、科学家、自强不息的模范人物，某些歌星、影星，甚至自己身边的同学，作为自己认同的对象。那些与自己家境条件、经济状况、社会经历极为相似或相近的名人、学者，更是他们认同的对象。大学生从他们的人生经历、奋斗精神，甚至风度、仪表等方面获得信心、力量和勇气，进而奋发进取，战胜挫折。

（2）升华。通过对社会有益的行为来摆脱无法实现的本能愿望或危险冲动，即把原始的不良动机、需要、欲望，投射到文学、艺术、体育、科学文化领域之中，抛开杂念与烦恼，执著地追求高尚的目标，使精神升华。在大学校园中，一些貌不惊人的大学生，由于长相、身材的影响，往往使他们在最初的社会交往中受到制约，于是他们在学问、个体思想道德修养上下功夫，学习、品德优秀，为同学所瞩目。升华一方面转移了原有的情绪与情感，使心理得到平衡，另一方面创造了积极的价值，无论对于自己还是对于他人，都有积极意义。

（3）补偿。当由于主客观条件的限制和阻碍，使个人的目标无法实现时，设法以新的目标代替原有目标，以现有的成功体验去弥补原有失败的痛苦，称之为补偿。比如一些大学生失恋后，把精力积极投入到学业上，刻苦学习，用好成绩来补偿情感的受挫。当然也有的大学生会采取不符合社会规范的补偿行为，如，丢失钱物后以偷别人东西的方式来补偿。

（4）幽默。一个人在遇到挫折、处境困难或尴尬时，用幽默的方式来化解困境、维护自己的心理平衡，这不仅是一种聪明的做法，也是心理素质较高的表现。

2. 消极的心理防御机制

消极的心理防御机制通常不利于受挫者的心理健康，长期消极的心理防御会使人的心理退化，形成消极、退缩的心理特征。常见的消极心理防御机制有：

（1）文饰。文饰又叫“合理化”，这是一种援引合理的理由来解释所遭受的挫折，以减轻或消除心理困扰的方式。它的表现形式可概括为“找借口”、“酸葡萄效应”、“甜柠檬效应”等。如有的同学当不上学生干部，却安慰自己“当了学生干部耽误学习，没啥意思”。

（2）潜抑。潜抑是指人们在受到挫折后，把意识所不能接受的、使人感到困扰或痛苦的思想、欲望或体验压抑到潜意识中，不再想起，不去回忆，主动遗忘，以保持内心的安宁，使自己避免痛苦。在这种遗忘中，被潜抑的东西并没有消失，往往不知不觉地影响人们的日常心理和行为。精神分析理论认为，一个人的潜抑过甚，就可能以心理异常、心理疾病的形式表现出来。

(3) 投射。投射又称推诿，是指把自己的不当行为、失误或内心存在的不良动机和思想观念、欲望转移到别人身上，说别人也是如此，以此来减轻自己的内疚和焦虑，逃避心理上的不安。如大学生中有的人自己自私，却说人人都自私，“人不为己，天诛地灭”，等等。

(4) 反向。这是一种“矫枉过正”的心理防御机制，为了防止自认为不好的动机外露，采取与动机方向相反的行为表现出来，以掩盖自己的本意，避免或减轻心理应激。例如，有些学生内心很自卑，却总是以自高自大、傲慢不羁的表现来掩盖自己的弱点。反向行为的掩饰性包含着压抑，长期运用会扭曲自我意识，使动机与行为脱节，造成心理失常。

实际上在任何人的心理活动中，都可以见到防御机制的存在，是现实生活中相当普遍的心理现象。心理防御机制具有两面性：一方面，当一个人遭遇挫折时，其情绪必然会起剧烈的变化，行为往往是紊乱的、缺乏理智的，因此非常容易出现攻击性行为。某些防卫方式的使用，可帮助个人保持自尊，并可起到减少焦虑、内疚、敌对等心理作用。在这种情况下，可以说心理防卫机制是保护个人自我概念的工具。人在面对各种压力、挫折时，虽然通过意识水平上的努力，直接解决面临的问题是一条较健康的应对途径，但不是所有的问题都能解决得了。例如，一个人得了致残性疾病或失去亲人时，首先需要的是减轻情绪的痛苦，适当地运用心理防卫机制，可以使焦虑和紧张维持在不十分令人痛苦的水平上，从而使人能赢得时间，重新集结力量，调整心态，更有效地解决现实问题。另一方面，心理防御机制虽然有助于挫折情绪的缓冲，暂时缓解痛苦和不安，但从根本上说，现实存在的矛盾并没有真正解决，心理防御机制只不过是一种“自我欺骗”。如果一个人只依赖于心理防御机制而不去学习更为有效的克服挫折的方法，使心理防御机制成为个人应付问题的占支配地位的反应方式，终日在曲解、掩盖或否定的现实中生活，就会使人格发展受到影响，形成病态心理。

总之，心理防御机制是人在面对挫折时自发产生的反应，能帮助人们暂时缓解消极情绪却并不改变原先的事实，只是简单地改变人们对事实的看法和观点，但认识的不同会使事件沿着不同的轨迹继续发展而得到不同的结果。因此，心理防御机制有两重作用。有意识地合理运用心理防御机制，进行积极的自我心理调节，方能发挥其积极作用。

（三）应对

应对(coping)，又称应对方式(coping style)，是个体压力的中介机制之一，目前还没有一个统一的定义，常用的是福克曼(Folkman)在1986年所下的定义：个体在处理来自内部或外部的、超过自身资源负担的生活事件时所做出的认知和行为的努力。应对有两个功能：一是改变现存的人—环境关系，它通过改变个体支持问题的行为或改变环境条件来实现；二是对压力性情绪或生理性唤醒的控制，它通过调节情绪以减少烦恼，维持一个适当的内部环境来实现。应对机制与心理防御机制一样，具有缓冲压力的作用，目的都是通过调节来减轻事件对个体自尊或自我的影响或伤害。但应对活动是一种有意识的心理策略和行为策略，因而与心理防御机制在概念上有着本质的区别。

Folkman等将应对分为八类：对抗、淡化、自控、求助、自责、逃避、计划和再评，这八类又可以划分为问题关注应对和情绪关注应对两大类，前者指直接改变、适应人—环境关系的行为，后者指通过情绪调节解决情绪、心理反应的活动。应对作为一个中介机制，是人生命活动的一个重要组成部分，可以影响人体的健康。如：借长跑锻炼引起的升压反应可以降低焦虑的水平，借酒浇愁的应对行为常导致疾病的产生或加剧。所以说，应对在有些时候起到缓冲压力的作用，有时的作用却相反。个体的认知评价、社会支持、个性特征和生活经验等许多因素都会影响个体的应对风格。如，有的人遇事爱大事化小、小事化了；有的人遇事却认真无比；有的人遇事能勇于面对，用幽默应付；有的人遇事则采取回避的态度，借酒浇愁等等。这种习惯化了的风格是可以在个体的社会化过程中加以培养的。

（四）社会支持

社会支持又称心理环境中介因素，是指个体遭遇压力源时所能得到的来自周围环境的物质和精神上的支持与帮助。它反映一个人与社会关系联系的密切程度和质量。

人是一个生物的人，同时，更是一个社会的人，其生活中发生的任何一件事都与一个人的社会关系有关。当一个人遭受压力时，其社会支持就可能对其产生广泛的影响，是压力的一个十分重要的中介机制。社会支持对人体健康起保护作用的机制有两个：一是在压力状态下的“干预压力”作用，即降低压力反应；二是“普遍影响”作用，即提高个体的耐受力。

一个人遭遇压力时能否及时得到高质量的社会支持还与下列因素有关：①社会风尚，优越的社会制度，良好的社会风气，有效的社会保障，及时的社会救助等都可使压力当事人及时得到来自社会各个方面的关心，支持和理解，“一人有难大家帮”，可有效地降低或缓解压力的强度，平稳地度过灾难。②个性，一个人的个性如何，既会影响其对社会支持的感受程度，又会影响其对社会支持的利用度。

（五）个性特征

如前所述，一个人的个性特征如何，可以影响到个体对压力源的认知评价与反应，还可影响其压力的防御应对方式、社会支持的获得等，因而也是一个重要的心理压力中介因素。不少例子都可以证明个性与压力反应有密切关系。许多科学家的研究发现与压力有密切关系的某些疾病与个体的人格特征密切相关。如具有A型人格的人好竞争、易激动、有时间紧迫感又缺乏耐心，有这种个性特征的人处理与压力有关的事件时往往采取的应对方式是面对，而不是逃避。因此，A型人格具有冠心病的易罹性。

三、压力控制

压力在现实生活中是难以避免的，经常会有诸如考试、评比、检查、比赛、求职等事件发生，使人们感到生活的紧张并产生心理的压力，适当的压力和紧张，可以推动人们更好地进行工作或学习，具有积极意义。但随着社会和经济的高度发展，心理压力源的种类愈来愈多，强度愈来愈大，这又是人所无法改变的，这些过度紧张及持久的精神压力，对人体的心身健康会起到有害作用，是消极的，必须要进行有效的防治。心理压力的控制包括以下几个方面：

（一）消除有害压力源

引起压力的根本原因是大量的来自生物、心理和社会的压力源，所以要从根本上控制压力，消除对人体有害的压力源不失为一个最理想的办法。

生活中有很多压力源是可以通过人们的努力而得到消除的，如噪声和温度如果超出或低于一定的范围，就可以使人产生心烦意乱等情绪反应，而人类就可以通过有效的科技手段使人们处于一个适宜的环境中，这样，就可以免受压力的困扰。

近年来，一些国家通过采取心理社会环境的改造、个体生活方式的改变、不良行为方式的纠正等措施，在一定程度上降低了曾逐渐上升的冠心病发病率，这正是从控制压力源的角度控制压力反应发生的一个很好的事例。

消除了压力源，压力状态自然就不会产生，但在现实生活中压力源往往无法消除，那么控制心理压力就应该从增强个体自身对压力的抵抗力方面着手。

（二）增强自身对压力的抵抗力

1. 培养健全的人格

一个人的人格特征对个体面对压力时的认知评价、态度、方式都有很大的影响，直接会影响到个体处理压力的态度、方法等，因此培养健全的人格就显得非常重要。

一个人的个性是在个体不断社会化的过程中逐渐形成的，一旦形成后，就具有相对的稳定性，所以说要从影响人格形成的诸多因素着手，家庭影响、社会环境和学校教育几管齐下，相信能取得好的效果。

2. 培养自己多方面的能力

当今世界是一个知识不断更新、竞争日益剧烈的信息时代，如果说自身能力不够，势必会出现遇事束手无策、被社会淘汰的危险，自然会引起焦虑、紧张的压力状态出现。只有不断学习新知识、新技能，才能强化自信心，使个体立于不败之地，从而增强解决问题的能力，挑战压力。

3. 建立良好的人际关系

人是一个生物的人，但更是一个社会的人，人在社会群体网络中生存，不可能不与他人发生关系。良好的人际关系有利于个体获得社会支持，对抗压力，人际关系不良本身就是压力源。所以说，人在交往中要多运用“易位思维”，培养幽默感，使自己时时处于愉悦的环境中。

（三）正确运用压力过程中的中介机制

同样的刺激，有的人会产生压力反应，而有的人却不会产生不良反应，这有多种原因，其中，中介机制的作用不可等闲视之。在上述中介机制中，不少是有意识的心理策略，有的虽是在潜意识中进行，但也可部分地被有意识地使用，或通过有意识的训练而成为习惯行为反应。运用得当可以大大提高机体的应对水平，自然就可以控制压力和缓解由此引起的不良反应。如：努力寻求社会支持，提高自身社会资源的利用度，适时转移情绪积累，以安全的方式发泄被压抑的情绪、进行心理咨询等等。其他如合适的放松训练、适度的体育锻炼、良好的时间管理、合理的饮食这些通用的手段和措施都是积极应对压力所必需的。

心理压力控制技术

1. 放慢节奏

人们对压力的仓促反应常常会给自己增加压力，因此，我们需要有意放慢反应的节奏。如果你近年来始终在匆匆忙忙中做事，就更需要注意自己的节奏。你可以对自己说："关键是我与目标之间的距离有多远，一时的进展速度是次要的。最重要的是达到目标，欲速则不达。"

2. 计划

生活没有计划就会产生压力，因此，计划性是克服压力的有效武器。你可以重新审视一下自己面前那些要做的事情，并重新计划一下，排一个先后顺序。你可以问问自己：哪些事是真正重要的？要把精力集中在那些值得做的事情上，学会把那些杂七杂八的琐事撇在一边。更重要的是，每当你感到有压力时，要记住三个字：简单化。越简单越好！

3. 维持平衡

在正常的生活中，需要顾及方方面面，包括工作、学习、家庭、朋友、兴趣、爱好、娱乐等等，无一不重要。严重的心理压力常常是由于你让其中某个因素（如工作或学习）占了过大的比重。其实，当你认为自己在"虚度光阴"时，也许正在做着一些非常重要的事情，比如在街上闲逛、在家里休闲、看闲书、玩游戏或打瞌睡，这些都是你自己生活中的事，需要时间去做。我们追求的是生活质量，而不是数量。因此，我们需要尽量在"必要的压力"和"放松"之间保持一种平衡。

4. 承认自己能力有限

许多人都要求自己达到十全十美的目标，但这并不实际。有史以来，从没有一个人是完美的。不管他们的实际表现如何，那种过高的追求使一些人总感到自己不够好。因此，我们需要为自己设定渐进的、可能达到的目标，要实事求是地为自己设定一天可能完成的工作量，还要学会拒绝接受自己不可能完成的附加任务。

5. 寻求社会支持

社会支持是指人们之间建立的亲密的、积极的相互支持关系。这种关系有利于人们的健康。产生这种效果的原因之一，就是家人和朋友的支持会成为一个阻挡压力事件的缓冲器。当你把问题说给他们听之后，压力就被表达出来，这会产生令人难以置信的帮助。如果你认为自己确实出现了心理障碍，可以寻求心理医生、心理咨询专家或你最信赖的人的帮助。请记住：借酒浇愁是不可取的。

6. 把自己的感觉写下来

如果你找不到人听你倾诉压力事件，你可以试着把你的想法和感觉写下来。一些研究发现，那些把自己烦恼时的体验、想法和感觉写下来的人能够更好地适应压力，这类人中较少出现心身疾病，他们的学习成绩也更为出色。

7. 换一个方式想问题

假设你要参加一次考试，但忽然意识到自己没有充分的时间复习准备，此时，你也许会对自己说："麻烦大了！我完了。"但是，你也可以换一个方式想，比如对自己说："早些开始复习就好了，但现在干着急无济于事。尽量准备吧，争取最好的结果就是了。"如果采用第一种方式想问题，你的身体反应很可能是马上开始出汗、紧张和胃疼；如果采用第二种方式，你的压力水平就会相对降低。

如前所述，压力在很大程度上受我们对事件看法的影响。后悔或其他消极想法只会加剧生理上的紧张反应，做出错误决策的可能性也会随之增加。此时，你看问题的方式将决定你是走向"解脱"还是走向"崩溃"。

第三节　自杀及其预防

目前，自杀已经成为全世界共同关注的公共卫生和社会问题。根据世界卫生组织的估计，一个人自杀平均会使 6 个家人和朋友的生活深受影响，还给国家和社会带来重大的经济负担。一项调查表明，自杀给中国造成的经济负担占中国每年疾病负担的 1/5，居各种疾病负担之首。据卫生部门在 2003 年 9 月 10 日"预防自杀日"公布的数字显示，我国每年约有 28.7 万人自杀死亡，是我国公民死亡的第五大原因，占全部死亡人数的 3.6%。专家估计我国每年有 112,983 个 15～34 岁的人死于自杀，自杀是我国 15～34 岁年龄段人群的首位死亡原因，约占相应人群死亡人数的 19%。世界卫生组织称，从年龄上看，15～25 岁之间的青少年的自杀率呈上升趋势。近年来，我国大学生中自杀死亡的人数呈上升趋势，其危害与后果极为严重。据南京危机干预中心对南京部分大学的调查发现，我国大学生自杀率约20/10 万。

一、自杀概述

（一）自杀的定义

自杀是指有意识地采取各种手段结束自己生命的异常行为。从心理学角度分析，自杀者多数是由于生活中遭遇困境而产生内心激烈的冲突，陷入危机状态而不能自拔，难以承受或心理异常而产生的自毁行为。自杀是一个人的烦恼和苦闷发展到极点，自己又无法解脱，对挫折产生恐惧，对生活失去信心，感到没有生活与存在的意义时采取的极端的、最后的"自我保护"手段。自杀一般始于心理挫折，发生在摆脱痛苦的心理冲突的过程中。自杀既可见于正常人，也可见于精神病人和有人格障碍的人。在病理性激情、幻觉以及妄想状态下，有可能出现自杀的行为。

（二）自杀类型

1. 根据自杀的结果可将自杀行为分为三类

(1) 自杀意念：有寻死的念头，但未采取实际的自杀行动。

(2) 自杀未遂：有伤害自体的行动但未导致死亡。

(3) 自杀死亡：采取有意的自伤行为并导致死亡。

2. 按照发展过程可将自杀分为两类

(1) 冲动型自杀又称情绪型自杀，常常因爆发性的激情引起，有明显的偶然事件，如失恋、亲人死亡、意外事故导致伤残等，从而引起愤恨、羞愧、痛苦、内疚、绝望等，是在情绪失控状态下的冲动行为，具有突发性、进程快、周期短的特点。例如，某艺术院校一位大二女生，因唱卡拉 OK 没唱好，引起同学们哄堂大笑，觉得有失面子而自杀。某职业院校一舞蹈专业女学生，不幸因车祸导致截肢，于痛苦绝望之下跳楼自杀。

(2) 理智型自杀：理智型自杀是自身经过多方面的评价和体验，充分思考后逐渐萌发自杀意念，有计划有目的地进行自杀准备而采取的行为，具有隐蔽性、进程慢、周期长、心理表现复杂、计划周密等特点。例如，某大二男生张某由于长期追求同班一位女生而多次遭到拒绝，觉得自己活在这个世界上得不到真爱，不被人理解，毫无意义，慢慢地产生了离开人世的想法，随后经过充分准备而自杀。

一般来说，冲动型自杀致死的可能性比较大，因为发生得突然，难以预测和防范；理智型自杀发展则比较缓慢，虽然隐蔽，也总会有某些异常的迹象和征兆，容易发现，便于进行危机干预。

对自杀问题认识的误区

关于自杀，以讹传讹的错误认识实在太多。我们必须先认清这些假象并了解事实，才能避免在面对有自杀企图的人时，因错误观念而无法有效预防。

传闻 1：嘴巴上说要自杀的人不会真的自杀。

事实是：估计约有 80%的自杀死亡人士，生前曾谈到他们的自杀想法。我们必须严肃地看待那些威胁说他们想自杀的人。

传闻 2：不提还好，提起自杀反倒提醒人们采取自杀方式。

事实是：对本来就想自杀的人而言，向别人说出他们的想法是预防自杀有力的帮助。而向那些还没想到要自杀但明显表现出焦虑或沮丧的人，表明自杀并非明智之举，也是很好的预防措施。

传闻 3：自杀是无预警的。

事实是：自杀是一连串过程后的结果，甚至可以追溯到好几年前。自杀者通常先计划好他的自杀方式，并且会露出些蛛丝马迹。

传闻 4：所有的自杀者都有精神上的疾病。

事实是：虽然所有的自杀者可能都不快乐、焦虑及烦躁，但不能就此断定所有自杀身亡的人都有精神上的疾病。

传闻5：自杀倾向是遗传的。

事实是：这一点争论甚多。现在似乎有些证据显示，某些基因因素造成家族性的自杀倾向。就算排除基因影响的因素，一个家族中若有人自杀，那么家族中其他成员自杀的机会也很大。换言之，这个传闻似乎不全然是假象，也有真实的成分。

传闻6：一旦有过自杀倾向，就会不断地想自杀，没有人能帮得上忙。

事实是：自杀危机一般都非常短暂，只要有人中途介入并经过治疗，他可能永远不会再有自杀的想法。虽然如此，也约有10%的企图自杀者最后还是自我终结生命。需要说明的是，所有企图自杀人士中只有10%自杀成功而身亡；另一方面，所有自杀成功而身亡的人中，约有45%过去曾多次企图自杀。

传闻7：想自杀的人都一心一意求死。

事实是：大部分想自杀的人心中都很矛盾，他们想死，可是他们也想活。

传闻8：未留下遗书者不算自杀。

事实是：只有约三分之一的自杀身亡人士会留下遗书。

传闻9：自杀危机改善后就不会再有问题。

事实是：有自杀企图的人经过危机干预状态改善后，情绪会好转。周围的人常常会误以为自杀危险性已经不存在了，而放松防范措施。自杀危机改善后，至少在3个月内还有再度自杀的可能，尤其是抑郁病人在症状好转时仍有危险性。

传闻10：穷人比富人较可能自杀。

事实是：自杀无经济地位差别。

传闻11：一般人不会有自杀念头。

事实是：很多人以为一般人不会有自杀念头，其实国内外研究结果都显示，30%～50%的人都曾有过一次或多次自杀念头。对于性格健康、家庭关系好的人，自杀意念可能只是一闪而过，很少发展为真正的自杀行动；而性格或精神卫生状况存在问题的人在缺乏社会及家庭支持时，自杀念头有可能转变为自杀行为。

传闻12：想自杀的人不会寻求医生帮助。

事实是：研究显示75%自杀身亡的人，在自杀前三个月内曾找过医生帮助。

二、大学生自杀的主要原因

当一个人面临压力情境、抑郁以及愤怒的情感、各种形式的人际关系危机、失败以及由此引起的自我贬低、内心的冲突以及丧失意义感和希望感等时，这些因素单独出现或结合出现，都可能产生一种可能导致自杀的心理状态。自杀行为是一个复杂的现象，不是单一原因所致，据研究，大学生自杀的主要因素可以归纳为：

1. 抑郁症

抑郁症是自杀最主要的危险因素，抑郁症患者的自杀率比一般人群高6倍。我国年轻人尤其是大学生在抑郁症患者当中占有较高的比例。哈佛大学精神病研究者阿瑟·克莱因曼认为，年轻人缺乏应对困难的经验，容易患抑郁症并由此引发更严重的心理危机。有抑郁症的患者不能像正常人那样思考，疾病使他们不能从积极的角度来思考问题，不能意识到他们所患的疾病是可以治愈的，因而会感到无助，并因为疾病而陷于情感痛苦和躯体疼痛之中，难以忍受，对生命和生活都失去了动力，对感情失去了感觉，他们本不想死，但又感到死亡是解决痛苦的惟一方式。

每个人都会感到抑郁、悲伤、孤单、不稳定，通常这些感觉很快就过去了，如果这些感觉长期存在，就会干扰人们的正常生活。抑郁的女大学生经常表现出逃避、安静、沮丧和不积极的行为趋势；而抑郁的男大学生却有相反的表现，有破坏性和侵犯性的行为，以期引起老师和家庭的注意。侵犯性行为又会导致个体的孤立和孤独，孤独本身就是自杀行为的一个危险因素。

2. 躯体疾病

躯体疾病与自杀紧密相关，躯体疾病是一种压力，患者对其产生较多的关注和忧虑，特别是恶性疾病和慢性疾病的终末期，必然会给患者带来心理压力，这种情况下自杀的危险性更大。此外，躯体疾病往往继发出现抑郁，增加自杀的可能性。

3. 恋爱失败

南京危机干预中心的调查显示，恋爱失败占大学生自杀原因的44.2%。某大学中三年级一女生，其男友在与她恋爱了近两年后宣布分手。此后，她情绪陷入低落，时常自叹，目光呆滞，寡言少语，常以身体有病为由拒绝参加集体活动，学习成绩也下降很快，这就进一步加强了她的自我否定和内疚感，终于有一天在市内一家宾馆的11楼，她跳楼结束了自己年轻的生命。

4. 学习压力

调查显示，学习压力占大学生自杀原因的29.8%。过去高校自杀的学生中以本科生居多，现在硕士和博士自杀的比例呈增加趋势，这是由于高学历学生面临的压力比过去更突出。学业压力过大是我国大学生自杀的主要因素之一。首先，他们考上大学以后，往往会碰到新的适应问题，如专业不如意，甚至根本就不喜欢，学习科目多，难度大，学习方法不适应，听不懂学不会，成绩下降，有危机感，进而产生厌学情绪；其次，想在大学里好好学习，出类拔萃，将来干一番事业，势必带来多方面的竞争和压力；再次，现在绝大多数大学生都是家里的“独苗”，父母们对孩子的期望值过高，使孩子感到难以达到，特别是某些家庭比较困难的大学生，父母借钱供自己上学或利用贷款来支撑学习，压力更大，越是懂事的孩子越觉得对不起父母，因而一旦学习成绩下降，考试不理想而又感到无能为力，就很容易陷入绝望而自杀。

5. 人际关系紧张

人际关系紧张是大学生产生烦恼而导致自杀的另一个很重要的原因。从中学到大学，学习方式、管理方式有很大不同，来自不同的家庭环境、不同的区域的大学生，他们的文化背景、生活方式及习惯都不一样，面临全新的人际关系问题，处理得不好往往可以给一个人带来致命的打击。有人说："人类的心理适应最主要的就是对人际关系的适应。所以，人类的心理病态主要是由于人际关系的失调而来。"大学生在小学、中学主要的任务是学习，没有或很少有关如何处理人际关系这方面的训练。到大学，首先就要处理宿舍里的同学关系，处理得不好，会影响整个大学生活；其次还要处理好与其他同学的关系、与老师的关系以及与异性的关系等，处理得不好也容易使一些同学很苦恼，久而久之就会感到自己很孤独、很无能，从而产生严重的自卑感而导致自杀。

6. 家庭原因

据社科院心理研究所王极盛教授的研究，中国有70%的家长的教育方式不合格，其中30%是过分保护，30%是过分监督，10%是严厉惩罚、传统的打骂方式。这些不合格的教育方式带来的结果就是年轻人的承受挫折能力差，适应能力差。此外，20世纪80年代出生的大都是独生子女，心理承受能力比较弱，缺乏社会责任和对人生价值观的认识，遇到挫折可能采取极端行为。

7. 负性生活事件

据调查，自杀前的三个月，大部分自杀者都经历过某种负性的生活事件，如人际关系问题，与恋人、家人、朋友争吵，丧失亲人，经济问题，遭受损失，如财产损失等以及其他的压力，如被他人羞辱或威胁等。

8. 社会压力

当前社会上对大学生的评价及其待遇、地位都较以前下降，加上市场经济带来的竞争压力，让学生们对找工作深感焦虑，并产生自卑感。

此外，媒体经常报道自杀现象，对受众也有感染作用。自杀现象在媒体上的公开化对社会、尤其是对青少年的影响极大。重复而连续的自杀新闻报道，往往使人在不得志时首先想到的是自杀，使人们认为自杀是正常和值得效仿的。有研究表明，在电视播放自杀案例后的10天，自杀数量猛增。日本曾出现一位走红女星跳楼自杀事件，此后的几个月中，连续不断出现采用类似方式而自杀的事件，其中女学生居多；日本筑波大学发生过一男性教师从理工大楼7层跳楼自杀，一年中在同一地方先后以同样的方式自杀3人；2006年我国某大学也在10天内连续发生4起在校人员跳楼自杀事件。

须防自杀的感染性

春季学期开学伊始，同一所高校中接连发生学生跳楼轻生事件，原因何在？专家认为，春雨绵绵、乍暖还寒时节，天气阴晴不定，潮湿郁闷，本就容易使情绪不稳，诱发抑郁等精神疾病。加上学生刚从过年的放纵玩乐中回到校园，有些人未能及时适应，突然面对各种压力，便更容易产生抑郁、焦虑的症状。由于青少年的从众心理，在经济、恋爱、家庭背景等方面，容易不顾自身条件盲目攀比，受到创伤易造成抑郁和焦虑。

目前，抑郁和焦虑是大学生中最常见的心理障碍。专家提醒，这连串事件中最需注意的是自杀的感染性问题。一起自杀事件，会对周围产生极大的负面影响，与死者越亲近，受到的刺激就越大。事件中死者同宿舍的室友，事后都吓得搬到别的寝室睡觉，这是自然反应，也是一种自我保护。这段时间，周遭氛围中的沉重、恐惧和忧伤，容易触动一些消极的感受，对生活产生悲观的想法。有的人本身已有抑郁倾向，曾出现过死亡意念和自杀动机，受到别人自杀事件的刺激和感染后，也有可能放弃生命，须重点防护。

出招应对：对集体和个人及时进行心理处理。自杀事件影响的某个范围内，如自杀者所在班集体，应进行集体心理咨询、认知治疗，唤起对生命的热爱与积极的人生态度，不要停留在消极的情绪上。而对于受到影响的个人应该留意反省自己的情绪在此事件中受到多大影响。以前曾有情绪障碍的学生要特别留意，一出现情绪障碍，应及时向心理专科咨询。

三、自杀的预测

（一）自杀的心理过程

自杀行为是可以预测的，特别是对于理智型自杀，往往可以发现其心理表现和心理过程。一般来说，自杀者的心理过程可以分为四个阶段：

1. 自杀动机或自杀意念形成阶段

个别学生在遇到挫折或打击时，如学业失败、人际关系恶劣、失恋等，便自认为生存无价值，活着无意义，经常责备自己，怨天尤人，自暴自弃，逃避现实，在心理状态比较脆弱的情况下，感到非常无助和绝望，于是萌生出自杀这种形式来“保护”自己，逃避现实，将自杀作为寻求解脱的手段。例如，有位大学生因生活自理能力差，对大学生活难以适应，成绩因此一落千丈，自感生活毫无意义，便决定以自杀来寻求解脱。有的自杀者借自杀作为自罪自责心理的补偿。如一位大学生在中学时，成绩一直在班上名列前茅，进入大学后，学习方法不正确，学习成绩一直不好，自感对不起父母和乡亲，在强烈的自罪自责心理驱使下便采取了自杀行为。此外，有的把自杀作为报复手段，从而使有关的人感到内疚、后悔和不安。如一位大学生的父母离异，对他的学习、生活不闻不问，给该生的心理带来很大的创伤。在学习、生活中几经挫折后，更是万念俱灰，想到了以自杀来报复其父母。在这个阶段，其内在的自杀动机和意念一般不易察觉，但并非没有迹象。如自杀者常常表现出情绪低落、孤独、沮丧、沉默寡言、自我封闭等，是可以察觉的。

2. 矛盾冲突阶段

自杀者萌生了自杀的念头后不会马上就采取行动，往往处于非常苦恼和徘徊之中。在生与死的面前，想得非常多，产生激烈的心理矛盾，这个时期求生的欲望特别强烈。由于求生的本能使自杀者陷人生与死的矛盾冲突中，常常会谈论与自杀有关的问题，直接或间接地暗示自杀意图。例如，最常见的是说“不想活了”、“活着真没意思”、“你说我们活着到底是为了什么呢?”等等之类的话。实际上也可以把自杀者的这些表现看作是一种向外呼唤和求助的信号，甚至有些人自杀本身就是一种求助信息。在这个阶段，如果能得到外界及时的帮助，就可以有效地消除自杀的念头，避免死亡悲剧的发生。但这个阶段往往被人忽视。国外一些资料表明，有70%的人在自杀前明确表示过他们自杀的打算或暗示过自杀的动机，如“活着好累！不如死了好”、“不要管我，你们会后悔的”，他们常常对父母说“你们不应该生我，还是死了好”。对于恋人，往往有的自杀者会说“你心中没有我，我死给你看”、“没有你，我活着有什么意义呢?”等，其中有25%的自杀者求助过心理医生的帮助，因而设立“生命热线”为他们提供帮助是重要的，也是有意义的。但也有些人比较隐晦，比如在日记里写想自杀，或者录音等，而这往往是死后检查时才被发现，这一点尤其应当引起我们的重视。

3. 自杀的决定阶段

自杀者在经过生与死的抉择之后，已从生与死的矛盾中解脱出来，坚定了自杀的念头，情绪会恢复，表现出异常的平静、轻松、自然，开始考虑自杀方式，做自杀准备，如写遗书、告别朋友、无缘无故地送给他人礼物等。在这个阶段，如果能及时发现这些反常的行为并给予危机干预，可以避免自杀悲剧的发生。写遗书和反常表现是自杀决定阶段的主要特征，写遗书、绝命书往往表示自杀意念比较坚定。据统计，大学生自杀前写遗书比较多，占30%，遗书内容多半表示个人私事或人际关系不调，表达愤怒、敌意或者失望等情绪。自杀过程的前三个阶段，可以视为自杀者向外发出信息的表现，如果能发现并给予帮助，往往可以防止和减少自杀行为的发生。

4. 自杀实施阶段

自杀者经过上述几个阶段以后，往往采取比较果断、坚决的自杀行为。这时自杀的死亡率特别高，而自杀未遂者自杀的复发率也很高。如某高校一男生，由于学习及家庭的原因，3次自杀。前两次自杀未遂，最后一次自杀身亡。第一次跳进水库，被人救起送回学校；第二次跑到山里上吊，树枝断了，自杀未遂；第三次正是考试阶段，接着就放寒假，结果他一个人在学校宿舍里上吊自杀。

（二）自杀者的心理状态

自杀者的心理状态主要有三种特征：

1. 矛盾情绪

大部分人对自杀都有复杂的情感。自杀个体一直处于“希望活着又希望死”的心理冲突中，他们迫切地想摆脱生活的痛苦。很多自杀个体并不是真的想死，但又认为死是解决痛苦的惟一方式，如果给予及时的帮助和支持，就会增加他们生活的希望，自杀的危险性就会降低。

2. 冲动性

自杀也是一种冲动性的行为，像其他的冲动行为一样自杀的冲动是短暂的，仅持续几分钟或几小时，通常由负性的生活事件引发。

3. 僵化性

当人们自杀时，他们的思想、感情和行为受到限制，他们不断地想到自杀，不能以其他方式来考虑问题。大部分自杀个体都会表达他们的想法和意图，他们经常发出一些迹象和声称“想死”、“感到无用”等等，所有这些对帮助的祈求不能被忽视。

（三）自杀线索

自杀研究中的“3P”（perceptible，predictable and preventable），即可知觉、可预见、可预防，要求对任何自杀的线索都很敏感。然而，要预先识别出有自杀危险的人却不容易。但个体实施毁灭行为前往往有一些异常的表现，通过研究这些前期征象，可以做到早期预防，及时干预，避免自杀行为的发生。80％的自杀案例在采取行为前都有自杀线索，其中尤其要注意的是言语线索和行为线索。

1. 言语线索

(1) 说话中流露出无助和无望的感觉，比如“活着没用，没有我，别人会生活得更好”。

(2) 谈论死亡，强调死了还好些。

(3) 询问药物的致死剂量。

(4) 与他人讨论自杀的方法。

2. 行为线索

(1) 写遗书。

(2) 把私人财物赠送他人。

(3) 近期内有过自我伤害或自杀未遂的行为。

(4) 突然地高兴或安静。

(5) 烦躁不安。

(6) 社交活动减少。

(7) 注意力集中在与有关死亡主题的音乐、文学和绘画上。

(8) 对喜欢的事物失去兴趣。

(9) 意外拜访他人或打电话说“再见”。

(10) 有危险行为(如在交通干线上行走等)。

3. 疾病线索

(1) 有抑郁症的患者，突然出现情绪“好转”。

(2) 精神疾病患者出现自责、幻听、妄想等症状。

4. 情形线索

(1) 重要亲人的突然去世。

(2) 失恋。

(3) 患恶性肿瘤。

信息框

有关自杀想法的特征

一个人一生的选择通常是在有特殊经历的时候，理解自杀者的特征有助于理解其心态，并提供相应的支持与鼓励。

1. 有结束痛苦经历的强烈愿望

突发的创伤事件所带来的痛苦可能引发自杀意念，如果长时间得不到解决的问题或短时间内累积的创伤都可能压垮一个人。不求助于身边的社会支持系统，痛苦经历的结果可能是令常人无法忍受的。如果事情越发严重，解决事情的方法就越发渺茫。一些人便开始认为自杀可能是他们解决问题脱离痛苦的惟一方法。

2. 无助感

自杀者的想法通常包括在面对痛苦时显得无能为力，没有任何可以改变现状的方法及无法控制自己的情绪。这种想法有“我所做的都是无用功”或者“我已经尽力做好每一件事情了，可是……”。这时候，有一种感觉是自己什么也控制不了，惟一可以做的只是对自己生与死的控制。

3. 没有任何希望

没有希望的感觉是其他人的帮助也不能解决病人自身的问题。即无论怎么做事情都不会有任何转机，将来还会引发更多的痛苦。好像没有任何理由可以解决他的事情。

4. 矛盾情绪

自杀并不是轻而易举就决定的。一旦想到自杀，内心深处的激烈斗争便行驶于用自杀来结束一切与继续存活的两种想法之间。这造成了巨大的困惑及矛盾心理。恐怖、忌讳、疑问和疑惑都成为不得不面对的痛苦，死亡的想法就源于此。这种摇摆不定的徘徊于死亡与生存之间的想法称为矛盾情绪。从病人的言谈举止中可以找出矛盾困扰的线索及表象，在这时可以提及自杀问题并且帮助他们以脱离自杀想法。

矛盾情绪的关键在于可能使他人误解。有的人可能会认为病人的自杀想法并不是很强烈，由此他们对病人可能会显得不耐烦并且对病人也不会给予相应的鼓励和支持。遇到这种情况以后，病人的矛盾情绪可能会使不完整的自杀想法逐渐成为其主导想法。

自杀者的深层危险是这种情绪的突发性伤害。伴随着自杀想法的最终决定，这种伤害也会产生。接下来他们会表现为很平静、冷静，甚至是开心。其他的人会认为这些人的危机已经过去，事情也会相应好转，事实上，这些人的死亡计划越发逼近。任何有自杀念头的人的情绪的突然改善都是应该值得关注的。

5. 孤独感

自杀者的普遍特征是感觉身边的人断绝与自己联系。这会使他们产生一种想法，没有人理解自己的处境或者他们也有很多的事要处理。他们会想一种保护自己的方法——脱离他人，并认为以前解决痛苦的方法(如逃避)可能会使家人及朋友生气并且他们不会再支持自己。通常人们想到自杀是因为他们认为没有任何方法可以帮助自己解决困难。其实自杀人群的支持系统比他们自己想像的要多得多，告诉他们这些会帮助他们减轻孤独感，这么做也是非常必要的。

四、防止自杀的对策

自杀的预防是一项艰苦而复杂的工作。自杀的预防包括三级预防：一级预防主要是预防个体自杀倾向的发展，防止引起致命后果行为的措施，有针对高危人群(如抑郁症患者)和针对全人群进行的双向预防策略；二级预防又称“三早预防”，即早期发现、早期识别和早期阻止，是对处于自杀边缘的人进行干预，防止自杀行为的发生；三级预防属于事后对策，是对于自杀未遂的个体，给予躯体治疗和心理治疗，防止第二次自杀甚至反复自杀的发生。具体来讲，主要包括以下几个方面：

1. 开展人生意义教育

要从根本上减少青少年自杀的发生，开展人生意义与价值观的教育非常必要。加强人生观教育，使大学生正确认识人生的价值和意义，善待人生，珍视生命。

2. 加强心理素质教育

加强心理素质教育，培养学生良好的认知方式和个性，掌握良好的社会技能，对自己充满信心；在学校中遇到困难会寻求帮助，或者做重要的选择时会寻求建议；教会学生与家人保持良好的人际关系；使学生学会调控情绪，培养坚强的意志、乐观的态度，善于处理矛盾冲突和人际关系，增强社会适应能力。

3. 宣传教育

面向学生长期开展有关自杀问题的教育，使学生认识到自杀是一个可以预防的公共卫生和社会问题，并获得学生对自杀预防工作的支持。让学生知道有关自杀行为的各种线索，如果感到某人有自杀的危险，采取行动阻止自杀。通过宣传教育，可以向自杀的高危人群传播这样的信息，自杀并不是解决问题的惟一出路。

4. 减少获得自杀手段

例如农药、鼠药、刀具等，限制自杀途径的方便易得。研究表明限制自杀途径可显著降低自杀率。

5. 改善心理卫生服务状况

提供适当的心理卫生服务是预防自杀的重要组成部分。治疗精神障碍患者(特别是抑郁症、酒精中毒和精神分裂症患者)；进行危机干预，对有严重心理危机的人进行心理疏导、心理按摩，帮助他们解决心理矛盾，摆脱困境，对于有自杀倾向、自杀未遂者来说，危机干预有极为重要的意义；重视事后援助，对于自杀未遂者，家庭、学校及亲友要给予精神上的安慰和物质上的支持，要引导他（她）们定期接受精神科医生或临床心理学家的咨询与指导，及时处理新发现的心理社会问题，并密切进行追踪观察，以防止再度发生自杀。

6. 加强对媒体的管理

媒体应避免对自杀案例进行轰动性的报道，不应渲染自杀的图片、自杀方式以及自杀的场景。新闻报道对自杀有很大的影响，自杀方法公开得越多，人们使用它的危险性越大。媒体应从帮助的角度提供信息，可以列出精神卫生机构的电话和地址；介绍自杀的迹象标记和危险因素；突出可以替代自杀的方式；对于自杀者的家人提供社会支持网络的电话；如果报道自杀案例，应与卫生权威机构一起播报事实。媒体不应做的是：出版自杀图片；详细报道自杀手段；赋予自杀者荣誉；推崇宗教或文化模式；宣扬“自杀是由简单原因造成”等。

自杀干预的策略

1. 倾听

任何一个处于心理危机中的人，他最迫切的需要就是有人能倾听他所传达出的信息。对有自杀可能的人的指责只会阻碍有效的交流。专业人员应努力去了解有自杀可能的人潜在的情感。

2. 对处于危机中的人的心理进行评估

对任何自杀的想法都要认真对待。如果处于危机中的人已对自杀做了详细的计划，那么自杀的可能性要比仅仅想到自杀时大得多。在做出自杀行动之前，他们既可能表现得很安静，也可能表现得情绪激动。如果既处于明显的抑郁之中，又伴有焦躁不安，这时出现自杀的危险性最大。

3. 接受所有的抱怨和情感

对处于危机中的人的任何抱怨都不应轻视或忽视，因为这可能对他们是非常严重的问题。在某些情况下，处于危机中的人可能以一种不经意的方式谈到他们的不满或抱怨，但内心却有着剧烈的情感波动。

4. 不要担心直接问及自杀

处于情绪危机中的人可能会隐约涉及自杀问题。但却不一定明确提出来。根据过去的经验，在适当的时候直接询问这一问题并不会产生不良的结果。但一般应在会谈进展顺利时再询问这一问题，因为当与处于危机中的人建立良好的协调关系后再问这一问题效果会更好。处于危机中的人一般也比较喜欢被直接问及自杀的问题，并能公开地对此进行讨论。

5. 要特别注意那些很快“反悔”的人

处于危机中的人经常会因为讲出了自杀的念头而感到放松，并且容易错误地以为危机已过。然而问题往往会再次出现，这时的自杀预防工作就更为重要。

6. 做他们的辩护者

处于危机中的人，他们的生活中需要有坚定、具体的指导者。这时，要向他们传达这样的信息：他们所面对的问题已处于控制之中，并且会尽全力阻止自杀。这样可以让处于危机中的人有力量感。

7. 充分利用合适的资源

每一个体都既有内部资源（个人的、心理的），又有外部资源（环境中的，家庭、朋友的）。心理资源包括理性化、合理化，以及对精神痛苦的领悟能力等。如果这些资源缺乏，问题就很严重，必须有外界的支持和帮助。

8. 采取具体的行动

要让处于危机中的人了解你已做好了必要的安排，例如在必要时安排其住院或接受心理治疗等。对一个处于危机中的人来说，如果他觉得在会谈中一无所获，他会感到一种挫折感。

9. 及时与专家商讨和咨询

根据问题的严重程度，要及时与有关专家取得联系。任何事都由自己一个人去处理是很不明智的。但同时应在处于危机中的人面前表现得沉着，让对方感到他的问题已处于完全的控制之中。

10. 决不排斥或试图否认任何自杀念头的“合理性”

当有人谈到自杀时，决不能认为谈论自杀的人并不是真的想自杀。如果这样做，处于危机中的人会真切地感受到这种排斥或谴责，这是很不明智的。

11. 不要试图“大喝一声”就让试图自杀的人幡然悔悟

公开向试图自杀的人讨论并劝告他停止自杀，并相信这种评论会使对方认清自己的问题，这种想法是很危险的，可能会导致悲剧的发生。应该指出如果病人的选择是去死，那么这样的决定就是不可逆的。只要生命尚存，就有机会解决存在的问题；而死亡同时也终止了任何出现转机的机会。同时也应强调情绪低落的阶段是会过去的，情绪低落虽然是对自我的限制，但它也是有其周期的。当抑郁症状再次出现时，人们也应同时看到它不久又会消失。当正处于自杀或其他的情绪危机中时，不能自己一个人去面对。当一个人孤立无援或缺乏人际接触时，自杀的危险性会大大提高。

思考与讨论

一杯水的力量

教师指导：

(1) 举起一杯水，问同学：各位认为这杯水有多重？

(2) 同学的回答可能各种各样。继续说：这杯水的重量并不重要，重要的是你能举多久？

(3) 邀请几位同学现场来个“举水耐力比赛”

(4) 请举水的同学谈自己的感受和体会。

（5）请大家谈感受和体会。

练习与实践

压力应对方式测验

当回答以下问题的时候，请尽量想像一个充满心理压力的情境。你自己也可以好好想一想，在过去几周内自己所遇到的最大的生活变化或对自己有压力的事件。可涉及你的家庭、你的朋友和亲人，或者是涉及其他一些对你十分重要的事情。在回答问题之前，你可仔细想想这种压力情境，它发生在何处，涉及了谁，你是如何处理的，为什么它对你那么重要。或许是你仍然身处这种压力情境之中，或许这种压力发生在最近几周之内，但是它们对你目前仍然产生着重要的影响。

当你回答每一个问题的时候，请在自己心中想着这种压力情境，认真阅读每一个题目，并标明当你身处压力情境时，最可能使用或采取的表达方式。（请在以下四种答案中，选择最符合你自己的实际情况："0"表示不用或没有用过；"1"表示有时使用；"2"表示使用很多；"3"表示使用最多）

题　号	题　目	你的选择			
		0	1	2	3
1	我会主要考虑以后怎么办				
2	我尽量去分析问题，以便更好地理解它				
3	我转向其他活动或工作，不再去想那些事情				
4	我认为时间一过，事情自然就会变化，只是耐心等待				
5	我争辩或讲和，尽量采取主动				
6	我会做些不一定有用的事，但至少我是做了				
7	我争取找到有关的人来帮忙				
8	我会找一些人谈话，以便更多地了解问题				
9	我会批评或惩罚自己				
10	我尽量使问题留有某种余地				
11	我会期待着出现奇迹				
12	我会听天由命，有时我运气不好				
13	我会无所谓，像什么事也没有发生一样				
14	我会尽量控制自己的感情				
15	我将尽量去看问题好的一面				
16	我会埋头去睡上一觉				
17	我会向惹起问题的人发火				
18	我会接受别人的同情和理解				
19	我告诉自己一些能使自己感到舒服的事情				
20	我将主动针对该问题做些有用的事情				
21	我将尽量去忘掉所有的事情				
22	我会去寻求专门的帮助				

续表

题　号	题　目	你的选择			
		0	1	2	3
23	我做些改变和调整，正所谓“吃一堑长一智”				
24	我将静观其变				
25	我会做出道歉或做些补偿				
26	我会订出行动计划并去执行				
27	我接受另一件好事情来补回自己的需要				
28	我会发泄一下自己的情绪				
29	我会认为是我自找麻烦				
30	我在事后会比事前感觉好一些				
31	我会找能为此事做些实际帮助的人谈话				
32	我会尽量先休息，以便暂时摆脱危机				
33	我会通过喝酒或抽烟等方式来使自己感到舒服些				
34	我会去冒险来解决危机				
35	我尽量做到不冲动，不急躁				
36	我将寻求新的信心				
37	我会维护自己的声誉，坚强不屈				
38	我会重新发现生活的意义				
39	我认为改变一些事情，整个事情就会慢慢好转				
40	我将避免与人接触				
41	我会尽量不让它影响我，一般不去对它作太多考虑				
42	我将去征求我所尊敬的亲属或朋友的意见				
43	我尽量不让其他人知道这件事情有多糟				
44	我尽量使事情淡化，我不会太认真地对待此事				
45	我会与别人交谈我的感受				
46	我坚持己见，争取我想得到的结果				
47	我把事情尽量推到别人身上				
48	我将凭借过去的经验，因为过去我也遇到过类似的情境				
49	我知道该怎么做，所以会努力使事情解决				
50	我不会相信事情真的已经发生				
51	我会告诉自己，下一次事情就不会这样了				
52	我会用几种不同的方法来解决问题				
53	我接受事实，因为对此已经无能为力				
54	我将尽量排除干扰，只想眼前的问题				
55	我希望自己能改变已经发生的事情				
56	我将设法改变自己的一些感受				

续表

题号	题目	你的选择			
		0	1	2	3
57	我会幻想有一个比眼前处境要好的地方或机会				
58	我希望事情很快会过去				
59	我幻想或祈祷事情会自己好转				
60	我祈求上天来保佑				
61	我会做好最坏的打算				
62	我将仔细考虑将如何说或如何去做				
63	我想像并模仿我所崇拜的人,来处理自己所遇到的事情				
64	我将尽量从别人的角度来看问题				
65	我提醒自己事情可能还会更坏				
66	我接受教训,作为一次锻炼				

评分与分析:

借助以上测验项目,心理学家将人们的“应付方式”分为以下几种类型:

(1) 直接型应付:在测验项目46、7、17、28、34、6六个项目中得分累计超过10分的,属于该类型应付,即意味着习惯于对压力事件的面对面的直接处理。

(2) 间接型应付:在测验项目44、13、41、21、15、12六个项目中得分累计超过10分的,属于该类型应付方式,即意味着多采用间接或迂回的方式应付所面临的压力。

(3) 自我控制型应付:在测验项目14、43、10、35、54、62、63七个项目中得分累计超过12分的,属于该类型应付方式,即意味着多采用自我控制的方式来应付所面临的压力。

(4) 寻求帮助型应付:在测验项目8、31、42、45、18、22六个项目中得分累计超过10分的,属于该类型应付方式,即意味着多采用寻求社会支持的方式来应付所面临的压力。

(5) 逃避型应付:在测验项目58、11、59、33、40、50、47、16八个项目中得分累计超过15分的,属于该类型应付方式,即意味着多采用逃避的方式来应付所面临的压力。

(6) 计划型应付:在测验项目49、26、1、39、48、52六个项目中得分累计超过10分的,属于该类型应付方式,即意味着习惯于理智的分析与解决所面临的压力问题。

(7) 主动型应付:在测验项目23、30、36、38、60、56、20七个项目中得分累计超过12分的,属于该类型应付方式,即意味着多采用积极主动的态度应付所面临的压力。

你的压力应对方式属于哪种类型?你要怎样改进?请谈谈你的想法。

推荐阅读

生命里重要的事情

一位哲学教授站在他的学生们前面,他面前的桌子上放着一些物件。当课程开始的时候,他无言地拿起一个非常大的、空的橄榄油广口瓶,开始往里面填充石块,直径大约2英寸*。

* 1英寸=2.54厘米,后同。

然后，他问学生们那个瓶子是否满了。他们都认为它是满的。

于是，教授接着拿起一盒鹅卵石，把它们倒到了瓶子里，他轻轻地摇动瓶子。当然，鹅卵石滚进了石块之间的空隙。然后他又问学生们瓶子是否满了。他们认为是这样的。

教授拿起一盒沙子，把它倒进了瓶子里。当然，沙子填满了所有的东西。接着，他再一次问瓶子是否满了。学生们异口同声地回答："是的。"

接着，教授从桌子下面拿出了两听啤酒，并开始把啤酒倒进那个瓶子里——事实上，这填满了沙子之间的空隙。学生们大笑。

"现在"，当笑声消退下去后，教授说，"我需要你们认识到，这个瓶子就代表着你的生命。那些石块是重要的事情——你的家庭、你的伴侣、你的健康、你的孩子们——如果其他所有的东西都失去了，仅仅只剩下这些东西的时候，你的生命将仍然是丰满的。鹅卵石是富有意义的其他事情——像你的工作、你的房子、你的汽车。沙子是所有其他的事情，小事情。"

"如果你首先将沙子放进瓶子，"他接着说，"就没有鹅卵石或者石块的地方了。你的生命也是同样。"

"如果你把你所有的时间和精力放在那些小的事情上，你将永远没有时间给那些对你来说很重要的事情。关注那些对你的幸福至关重要的事情，和你的孩子们一起玩耍，拿点时间去做身体检查，带你的伴侣出去跳舞。总是会有时间去工作，打扫房间，准备一顿餐会，确定丢掉什么。首先关注石块——那些真正重要的事情，设置你的优先考虑，其余的都只是沙子而已。"

一位学生举起了她的手，问，啤酒代表着什么。

教授微微地笑了。"我很高兴你问了。它正好向你们显示了，无论你的生命看起来多么饱满，总还是有一杯啤酒的地方。"

第九章　大学生常见的心理障碍

导言

随着社会的发展，竞争日益激烈，生活节奏越来越快。青年大学生正处在学业、择业、就业、恋爱、社会适应等重要人生选择时期，面对的矛盾多，内心冲突大，情绪易波动，同时他们的心理调节能力还不完善，容易产生心理障碍。作为医药类专业的大学生，除个体自身的健康要求外，所从事的职业也需要他们重视心理健康问题，对心理障碍相关知识有基本的了解。本章简要介绍大学生中常见的心理障碍，主要内容包括：心理障碍概述、神经症、进食障碍与睡眠障碍、人格障碍与性心理障碍。

引导案例

大学女生小N，来自江南某大城市，身材匀称，五官端正，加上整齐端庄的服饰，虽说不上百里挑一，但也让许多男生喜欢、女生嫉妒了。她是个特别在乎容貌的姑娘，对自己外貌的评价和外人的看法差异很大。她认为自己"看起来很丑"。理由是她五官有缺陷，"我的眼睛一大一小，近几年来，我一直为此烦恼、甚至痛苦。"仔细看看她的两只眼睛，的确大小稍稍有异，不过差别很小，如果不仔细看，是分辨不出来的。然而她自己却总为此烦恼、痛苦。她到医院做过各种检查，结果都是正常的。找过医生，想通过做手术使眼睛大小一致，医生们都反复向她保证，她的眼睛大小差异在正常范围，完全没有必要做手术。但无论如何，都没有办法让她放弃"自己的眼睛一大一小，影响了容貌美丽，别人看起来自己很丑"。这个想法。她甚至常常不愿抬眼看人，生怕别人发现她的眼睛大小不一，觉得她丑。她也知道，按道理自己的眼睛应该没有什么问题，自己的想法是错误的，但还是忍不住这样想："自己的眼睛一大一小，影响容貌，别人看起来很丑。"

第一节　心理障碍概述

心理障碍又称精神障碍，是指心理（精神）状态、心理过程或人格较明显偏离正常，并达到影响个体的社会适应功能或使自我感到痛苦的心理异常状态。

一、心理障碍的判定标准

心理活动正常与异常的判别是相当困难的，判定标准并不是黑白分明。这是由于，首先，正常心理活动和心理障碍的差别只是相对的，并没有绝对的界限，几乎无法确定一种绝对的标准来度量错综复杂的异常心理现象。其次，心理障碍表现受多种因素的影响，包括心理的、社会的、个体的因素，而这些因素直接影响判别。此外，由于不同的理论学派对心理障碍的研究角度不同，理解也不同，因此很难有统一的、公认的标准。

一般可以从以下三个方面来衡量心理是否正常。首先，个体心理活动与环境是否统一，即个体行为是否符合所处情境的要求；其次，个体自身心理活动是否完整协调统一；第三，个体个性特征是否相对稳定。

在实际操作中，人们常运用以下的标准来判定心理是否异常：

1. 经验标准

经验标准包括两个方面，首先是患者的主观体验，由于患有心理障碍，患者可能体验到焦虑、抑郁、说不出明显原因的不愉快，或觉得不能控制自己的某些行为，无法摆脱困境，据此，患者本人可以判断是否存在心理障碍，从而寻求医生帮助。但仅靠患者的主观体验作为判定依据是不够的，一方面，当心理障碍严重到一定程度时，患者本人会丧失自知力，即难以对自己的心理状态做出符合客观实际的认识和评价；另一方面，有些心理障碍患者，例如反社会型人格障碍者，他们并不认为自己的心理有异常。经验标准还包括观察者的评判，即观察者根据自己的经验做出被观察者心理正常还是异常的评判，如被观察者家属、朋友、专业人员等的评判。由于经验标准因人而异，是有局限的。

2. 社会适应标准

人总是在特定的社会文化环境中生活，社会对个体的行为具有规范性的要求。正常人的行为符合社会规范，能够遵循社会要求、道德准则以及风俗习惯来行事，亦即行为符合社会常态，是适应性行为。因此，根据一个人的社会适应状况来判别心理是否异常，包括对人对己的态度，与他人交往的方式，人际关系状况，生活自理能力，社会适应和社会功能情况等。使用这一标准时，应注意社会文化的差异，在某一社会文化背景下被认为是正常的心理和行为，在另一社会文化背景下可能被视作异常。

3. 统计学和心理测验标准

这种标准来源于对正常心理特征的测量。在普通人群中，对人群心理特征进行测量的结果常常显示常态分布，大多数人属于心理正常范围，而远离中间大多数的两端，则被视为"异常"，即把异常心理看作是对"正常的偏离"。显然这里"心理异常"是相对的，它是一个连续的变量，所谓正常与异常的界限是人为划定的。偏离平均值的程度越高，则越不正常。这种方法比较规范，能提供比较客观的数据，因而易于比较和交流。但也存在一些明显的缺陷，如智力超常或有非凡创造力的人在人群中是极少数，但很少被认为是异常的。

4. 精神症状标准

心理障碍必然会有其表现，包括主观感受或客观行为，异常心理活动的表现即为心理(精神)症状。因此，是否存在精神症状可作为心理是否异常的判定标准，根据症状还可以进一步对心理障碍进行分类。有的精神症状与正常精神活动有着质的差别，如幻觉、妄想等；有些症状与正常精神活动之间只有量的差别，如见于各种神经症中的焦虑。对于后者，判断其是否属于精神症状比较困难，必须结合具体的情境来分析。例如，遇到高兴的事时感到愉快，遇到挫折时感到沮丧、郁闷等，都属于正常心理活动，但如果这些情绪持续的时间和严重程度与客观事件不相称，以致影响了个体的社会功能时，就属于心理症状了。

典型案例

你对号入座了吗

"喂，你好，这里是青春热线。"

"你好，"对方是一个有些犹豫的男声，"我是一个内向而敏感的人，最近又得了抑郁症，我真的不知道该怎么办了，您能帮帮我吗?"

"哦?"我心里一怔，"你怎么知道自己患了抑郁症？是去医院看了吗?"

"不是的，我特别爱看心理学方面的书，这段时间我心里总是挺烦，也不太爱理人，晚上还睡不好觉，后来我查了查书，特别像抑郁症的症状。知道这些以后，我就更烦、更睡不着觉了，白天上课也没什么精神，您说我该怎么办呢?"

原来是一个"对号入座"者！为了对他有更清楚的了解，我询问了一些他的基本情况。他是一名大学二年级学生，前一段时间，交了一个女朋友，但没过多久，女孩就提出分手。这对他的打击很大，也令他很烦躁，不太想理别人，也不太想出去玩，只是躲在寝室里，听听歌，上上网，晚上很晚才睡得着觉。

听完他的介绍，我心里清楚了很多。然后告诉他，抑郁症是心理疾病，任何一种心理疾病，都不能简单地凭个别现象来诊断，其诊断是有一套严谨的标准和方法的，必须到正规医院的心理科，由专业人员进行诊断。而且，根据我的判断，他的情况也不太像抑郁症，更像是由一个事件引起的应激反应。我建议他如果不放心，可以到当地医院的心理科去做一个诊断。

他听了我的话，长长地吁了一口气，沉默了片刻，接着问，"那您看怎么样才能让我不再烦呢?"

我试探着问："这是你交的第一个女朋友吗?"

他说："不是，我在中学的时候也交过一个女朋友。"

"那次你也是这么烦吗?"

他想了想，说："也挺难过的，但好像没这次这么烦。"

"哦？那一定是因为你对这个女孩特别动心吧!"

"也不是，我们交往没多长时间，谈不上动心。只是她和我分手的理由是我太内向，这让我挺烦的……"

我脑子里打了个大大的问号："性格内向"，是一个很一般的中性用词，为什么他会如此敏感呢?

于是我问道："难道你认为性格内向有什么不好吗?"

"当然不好!"他回答得很坚决，"性格内向的人不开朗，不好交往，朋友少，也不容易干出什么大事来，哪像性格外向的人，大家都喜欢……"

"那你的周围有没有性格内向的人？他们当中有给你印象最深的吗?"

他想了想，说："性格内向的？好像挺多的。但要说印象最深的，就是我的父亲。我现在一想起他，就是这样一幅画面：妈妈指着爸爸说，'你这个窝囊废，什么本事也没有，一天也不吱个声，我啊，不知道上辈子做什么坏事了，这辈子嫁给你……'然后爸爸就蹲在一边，吧嗒吧嗒地抽烟，一句话也不说。”

“所以你很难过，很担心会重蹈覆辙，走和父亲一样的路，对吗？”

“是啊。”他迅速回答。

“那你能告诉我，当你母亲骂父亲的时候，你的心里是什么感受呢？”

“我挺不好受的，其实父亲是个特别勤劳的人，每天从早干到晚，家里虽然不富裕，但也说得过去。可母亲就是不满意，老说他，所以我一方面恨母亲不知道心疼父亲；另一方面，又怪父亲太内向，让母亲瞧不起，让母亲欺负。从那时起，我就暗下决心，长大后一定不做父亲那样的男人！但可悲的是，我还是和我爸一样……”

接下来，我与他讨论了他与父亲的不同之处。他意识到，自己与父亲所处的时代不同、社会环境不同、知识层次不同、交往圈不同、兴趣爱好不同、职业也不同等等。

我说，一个人的命运如何，不仅与他的个性有关，还与上述这些方面有关，性格可以分为内向和外向，但并不直接导致人的两种命运。

在这个来话中，存在着两个“对号入座”的问题。一个是这位同学与他父亲的“对号入座”。另一个“对号入座”是这位同学对某种心理问题的“对号入座”。

随着社会的进步，人们不只是关心身体的健康，也开始关注心理的健康了。于是不少人开始阅读心理学书籍，然后对照着书上描述的各种心理疾病与自己比对，当发现自己与有些症状相似，就开始惶惶不可终日，最终真的有可能导致一些心理问题。其实心理学是一门很深奥的科学，从事这种职业的人都要经过大量系统的学习，以及严格的筛选。而书店里卖的心理学书籍，绝大多数都是科普性质的，靠读几本心理学的书，是无法成为心理医生的，充其量只是一个“江湖郎中”而已。所以，如果怀疑自己有问题，一定要去正规的医院或机构去检查，不要让自己这个“江湖郎中”给害了。

（引自：中国青年报．原文作者林红）

二、心理障碍的形成原因

人们从不同途径和层面探讨了心理障碍产生的原因。有人认为心理障碍产生的原因可分为内因和外因，内因是基础，外因是条件。如果机体不具备某些特定条件，外因就不起作用，也就不会发病。如果个性作为内因，心理创伤作为外因，那么，个性较健全的人，在经受巨大的精神创伤时才会出现心理障碍；而个性缺陷较明显的人，稍有精神刺激就容易产生心理障碍。总的来说，目前倾向于认为心理障碍是多种因素共同作用的结果。根据现有研究结果，心理障碍产生主要有三方面原因，即生物－心理－社会模式：

1. 生物因素

研究表明，脑器质性病变、体内生化过程异常、神经递质代谢失常等都可能导致心理功能异常。遗传学研究发现，精神分裂症、躁狂抑郁症、人格障碍等常常具有明显的遗传倾向。现已发现，精神分裂症高发家系的第五号染色体长臂近端 D5S79 和 D5S76 可能是精神分裂症病理基因的位点。

2. 心理因素

人们发现个性特点与心理障碍具有相关性。精神分裂症和躁狂抑郁症的病前个性特征，长期以来受到许多研究者的注意。例如，分裂性人格主要表现为退缩、孤僻、胆怯、沉默和怪癖等，这类人格常见于精神分裂症病人；突出表现为情感高潮－低落循环波动的循环性人格，多见于躁狂抑郁症患者等。个性特征是在先天因素和后天环境相互影响下形成的，个性特征与心理障碍之间的关系，应引起家庭和教育工作者的足够重视。

3. 社会文化因素

社会文化关系失调是心理障碍的重要原因。大多数心理障碍和正常心理一样，都是社会文化生活的产物。心理障碍的内容和表现形式也受社会文化因素的影响。社会文化因素对心理活动具有制约作用。例如，个体得到社会的理解和支持多，遇到的压力、挫折少些，心理受到的冲击和创伤也就小，心理状态就更能保持稳定和正常；而当社会文化环境不稳定或恶劣时，个体出现心理障碍的可能就大大增加。

生物因素和心理、社会因素在心理障碍的发生中共同起着决定性作用，但并非平分秋色。在某些心理障碍中某种因素起着主导作用，在另一些心理障碍中则另一些因素起着重要作用。例如，在神经症的发病中，心理、社会因素是发病的主要因素，但也有神经生理学的改变。在精神分裂症、躁狂抑郁症，以及人格障碍和精神发育迟滞的发病中，则主要是生物因素（例如遗传因素）起着主导作用，当然，心理、社会因素的影响也不能忽略，它可能起着促发作用。

人是同时具有生物－心理－社会三个方面的整体，每一个方面的因素都在人的心身健康中起着重要作用，这三方面的相互关系是错综复杂的，这是一个有待研究的问题。不过，可以认为，任何心理障碍的产生都是这三方面因素共同作用的结果。

三、心理障碍的分类

对心理障碍的分类是出于对心理障碍认识的需要；研究者之间交流的需要；开展心理治疗和心理评估的需要。心理障碍的表现多种多样，机制各异。由于对心理障碍理解的多维性和多层面性，以及与心理障碍有关的许多概念的发展变迁，心理障碍的分类一直是一个发展过程。时至今日，尚未形成一种标准的分类格局。目前，使用的主要有三种分类系统：一是世界卫生组织编写的《国际疾病分类》（ICO）中的精神与行为分类，现已修订到第十版即ICO-10，这是在国际上有很大影响的分类系统；另一种是美国精神医学会编写的《精神疾病诊断和统计手册》（DSM），现已颁布了第四版即 DSM-Ⅳ，这个分类在国际上也颇有影响；再就是我国中华医学会精神科学会通过的《中国精神疾病分类方案与诊断标准》，现已修订到第三版即（CCMD-3）。根据中华医学会精神科学分会 2001 年 4 月出版的《中国精神障碍分类与诊断标准第 3 版（CCMD-3）》，精神障碍可分为以下十大类：

（1）器质性精神障碍。

（2）精神活性物质或非成瘾物质所致精神障碍。

（3）精神分裂症（分裂症）和其他精神性障碍。

（4）心境障碍（情感性精神障碍）。

（5）癔症、应激相关障碍、神经症。

（6）心理因素相关生理障碍。

(7) 人格障碍、习惯与冲动控制障碍、性心理障碍。

(8) 精神发育迟滞与童年和少年期心理发育障碍。

(9) 童年和少年期的多动障碍、品行障碍、情绪障碍。

(10) 其他精神障碍和心理卫生情况。

第二节 神 经 症

神经症是大学生中最为常见的一类心理障碍。据调查,大学生神经症患病率呈上升趋势,各种类型的患病率有明显变化。1991年神经症患病率为6.44%,到2001年上升为9.34%,焦虑症患病率明显升高,由原来的第2位升至第1位,抑郁症由原来的第5位升至第2位。男生患病率明显增加,已接近于女生,由失恋引发的神经症明显增加。另据报道:2003年对某市大学生的调查结果显示,大学生神经症患病率为26.14‰,抑郁症排在首位。不健全的个性特征和认知偏差是此类疾病的发病基础。在此基础上,如果遇到重大的心理创伤,便会导致神经症的发生。

当前大学生心理问题越来越引起社会、学校、家长和大学生本人的重视。根据神经症严重程度分别采取心理治疗、药物治疗或两种治疗结合,对于有自杀企图的患者,应积极采取预防自杀措施,立即进行药物治疗或住院。

在大学生中,发病率最高的主要是焦虑性神经症、抑郁性神经症、强迫性神经症、恐怖性神经症、神经衰弱。

神经病、神经症和精神病的区别

在日常生活中,人们开玩笑或者骂人时经常使用"神经病"这个词,其实,人们心里想表达的内容是"精神病"的涵义。一般人以为神经病、神经症、精神病三者是一回事。事实上,这三个概念的意思是不同的。

神经病指中枢神经系统和周围神经的器质性病变,并可以通过医疗仪器找到病变的位置。常见的神经病有:脑炎、脑膜炎、脑出血、脑梗死、癫痫、脑肿瘤、重症肌无力、帕金森综合征等。患者应去综合医院神经科寻求诊治。

神经症是一组轻性心理障碍的总称。神经症是由心理因素引起的,没有相应的器质性损害。表现为当事人一般社会适应能力保持正常或影响不大;有良好的自知力,对自己的不适有充分的感受,一般能主动求治。

精神病是在有明显幻觉、妄想等精神症状,心理功能严重受损,自知力缺失的严重心理障碍。患者的认识、情感、意志、行为等均可出现持久的明显的异常;不能正常的学习、工作、生活,言语、行为难以被一般人理解,显得古怪,与众不同;患者往往对自己的精神症状丧失判断力,认为自己的心理与行为是正常的,拒绝治疗。

一、焦虑性神经症

焦虑性神经症主要分为惊恐发作和广泛性焦虑两种。

惊恐发作以反复出现强烈的惊慌恐惧，伴有濒死感或失控感，以及严重植物神经功能紊乱为特点。发作间歇期基本没有焦虑症状。这种发作不局限于特定情境，具有不可预测性。

广泛性焦虑是一种缺乏明确对象的提心吊胆、紧张不安为主的焦虑症，并伴有显著的植物神经症状、肌肉紧张及运动性不安。患者常难以忍受又无法摆脱，因而感到痛苦。患者注意力难以集中，从而使工作和学习效率明显下降。

大学新生进入新的环境，各方面都要重新开始适应和调整。如果对自己期望过高，压力过大，凡事患得患失，时间长了，就会产生持续性的焦虑、不安、担心、恐慌，以及伴有明显的运动性不安和各种躯体上的不舒适感。患焦虑症的人，其个性上也有一定的特点，大多胆小，做事瞻前顾后，犹豫不决，对新事物、新环境适应能力差，遇上一定精神刺激，就很容易患焦虑症。

二、抑郁性神经症

典型案例

崔永元谈抑郁症

崔永元在央视《艺术人生》节目中证实自己患有重度抑郁症，并披露了患病和治疗情况——

主持人：你忌讳说你的病情吗？

崔：我是知识分子，有一定的医学常识，所以不忌讳。我得的是抑郁症，而且是很严重的抑郁症，重度。

主持人：一个抑郁症患者离开人世的时候，他是什么感觉？

崔：他特别快乐。这个你可以去请教专业医生，他们都会这样告诉你。因为他跟正常人的想法是不一样的，他觉得走了可能就解脱了，会觉得特别轻松。这是两年前的事了，这两年我一直在积极配合医生治疗，按时服药，然后再做心理咨询、心理治疗。我觉得见好，正在恢复。

主持人：你不忌讳咱们就这个话题再谈点吧？

崔：不忌讳。其实应该很忌讳，这是个人隐私，但是我注意到一个问题，是社会上对这方面的知识知道得特别少，包括我的家人、领导，他们都觉得没有这种病，觉得我就是想不开，就是小心眼，就是以前“火”，现在不“火”了，所以现在受不了——都是这样想。实际上它是一种病，那么就要吃药，有的时候比如当我很有耐心或者很有精力的时候，我会慢慢讲一点给他们听，有关抑郁症这方面的知识，有时我不耐烦了，我就说：如果你觉得我没有这个病，你把我的药吃几片试试。因为那个药劲是非常大的，我是睡眠障碍，吃了那个药才能睡着觉，但是如果没这种病的人吃了这个药，他可能三天都睡不醒。

主持人:得病是为什么?是因为工作的压力,还是其他什么原因?

崔:病因非常复杂,既然是心理疾病,就非常复杂,比如跟你童年的成长环境都很有关系。如果你身边有朋友得了这种病,希望你不要歧视他,要鼓励他去看医生,医生可以帮助他解决这个问题。像韩国的李恩珠,包括张国荣,还有好多好多人——海明威、川端康成,那都是大家,但都是因抑郁症自杀的。所以得抑郁症的人,基本上都是天才。

主持人:身边朋友都说,现在《小崔说事》挺好看,挺像《实话实说》。你为什么不回《实话实说》?

崔:我们当时做《实话实说》时特别投入,我觉得我发病都跟这有关系,有点钻牛角尖,希望每一期节目都做好,希望一期比一期精彩,老是这样想,给自己压力太大了。我觉得你现在《艺术人生》做得很好,但千万别有这个想法——就是希望一期比一期好,每一期都好,那你就跟我一个病了。

(引自:羊城晚报)

抑郁性神经症是大学生中常见的一种心理障碍,著名心理学家马丁·塞利曼将抑郁症称为精神疾患中的"感冒"。

抑郁性神经症患者心境低落,与所处的情境不相称,可以从闷闷不乐到悲痛欲绝,甚至发生僵木状态。常伴有食欲和性欲减退、睡眠障碍、倦怠无力,也有人表现慢性疼痛等。严重者可出现妄想、幻觉等精神病症状,某些病例中焦虑与运动性激越比抑郁更显著。

抑郁性神经症与一般的"不高兴"有着本质区别,它有明显的特征:情绪低落、思维迟缓和运动抑制三大主要症状,即通常称的"三少"。

情绪低落是指高兴不起来、总是忧愁伤感,甚至悲观绝望。

思维迟缓是指自觉脑子不好使,记不住事,思考问题困难,觉得脑子空空、变笨了。

运动抑制是指不爱活动、浑身发懒、行动慢、言语少等。严重的可能不吃不动,生活不能自理。

中医药与抑郁症

虽然中医没有抑郁症的病名,但依据临床证候、发病转归等,抑郁症当归属中医郁证范畴。郁证早在内经时代便有较系统的研究,其中情志内郁致病的思想对后世影响深远。

千百年来,经过历代中医学家的探索,不断积累总结,已形成了一系列具有中医特色的治疗方法。根据辨证施治的原则,或分为虚证、实证两大类;或分为肝气郁结、郁久化火、气滞血瘀、心脾两虚、阴虚火旺等若干证型。分别采用养心安神、补益心脾、滋补肝肾等法则。著名的中药方剂有:柴胡疏肝散、逍遥散、甘麦大枣汤等。针灸治疗精神类疾病在历代文献中都有记载,约有130个穴位与治疗精神类疾病有关。北京中医院针灸科依据中医治疗"郁证"、"颠证"的方法,通过总结该院老专家经验和其他医院的新疗法来探索针灸治疗抑郁症。经过两年多的探索,针灸治疗改善症状迅速、没有副作用等独特优势,逐渐为患者所接受。研究显示,单纯的针灸治疗与单纯的药物治疗效果相近,而使用针灸配合药物治疗,效果明显提高。另外,抑郁症的心理治疗,也被历代医家所重视。《素问·汤液醪醴论》:"精神不进,志意不治,故病不可愈"。强调心理活动直接影响疾病的病程和预后,抑郁症的治疗必须配合精神调理。

抑郁症病因病机复杂多样,因人而异,治疗也适乎其变。历代中医学家对抑郁症病因病机的论述,形成了系统的理论体系,总结出一系列的治疗法则及方法,继承和发扬传统医学的精华,必将为更多的抑郁症患者带来福音。

抑郁性神经症最严重的危害在于自杀。患者常常由于严重的情绪低落而抑郁、绝望,严重的自责自罪妄想等,而导致自杀观念和自杀行为。

一般来讲,抑郁性神经症患者在病前大多能找到一些精神因素,如生活中的不幸遭遇,学习中遇到重大挫折和困难,在公众场合中自尊心受到严重伤害等。该症的发生与个性有一定关系。一向自卑的人,在受到挫折后,很容易产生失望、自卑而发病;不开朗、多愁善感、好思虑、过于敏感和依赖的人,在精神因素作用下,容易导致抑郁症的发生。

有的大学生对枯燥的专业学习不感兴趣,对刻板的生活方式感到厌烦,为自己学习或社交的不成功而灰心丧气,陷入抑郁悲观状态。长期的忧郁状态会导致思维迟钝、失眠、体力衰退等,对个体危害是很大的。大学生抑郁症比例较高,这主要是由于:一方面,他们对社会有各种强烈的需求,极力想表现出自己的才能;另一方面,他们对社会的复杂缺乏认识,对自身行为的合理性和可能性了解得不够深刻,加上人生观、价值观尚未稳定建立,对挫折的承受能力与心理防卫机能不成熟、不完善,因而很容易表现出抑郁的情绪和心境。

抑郁性神经症的预防,可以采用以下途径:一是学会将自己的忧伤、痛苦以恰当的方式宣泄出来,以减轻心理上的压力。例如,倾诉、写日记、哭泣等等,都可以减少心理负荷。二是多与其他同学交往,开阔视野,尝试从另一个角度看待自己所面临的问题。三是有意识地参加一些实实在在的活动,如体育锻炼、文化娱乐活动等,让自己从苦恼中走出来。四是寻求专业人员的指导。

三、强迫性神经症

典型案例

怎样清洗才干净

大一女生小M,做事仔细、认真、要求完美,不满意就重做。从幼儿园到高中都是个听话、爱学习的好孩子,初中时当过班长。进入大学三个月后,开始出现反复洗手、长时间洗澡及反复洗涤衣物的情况,担心自己的这些异常行为被同寝室的同学发现,小M洗涤时总是尽量避开同学。情况逐渐严重,发展到洗涤的次数越来越多、花的时间越来越长,以致只有早早起床赶在寝室同学起床前洗漱完毕。白天逃课洗衣服,只要发现已晾晒的衣服被人碰一下,就一定要取下来重新反复清洗,晚上等同学们都睡下才开始洗漱。自己知道没必要这样清洗,但克制不了。

小M父亲是一名军人，从小对她要求很严，做事要有计划，房间、书桌等要收拾得十分整齐。小M从小就怕父亲，说话小心翼翼，干事畏手畏脚。母亲性情温顺，什么事都替小M干，以致小M生活自理能力很差。通过较长期心理咨询和父母的配合，小M的情况逐渐好转。

强迫性神经症也是大学生中较多见的一类神经症。强迫性神经症患者头脑中反复出现某些观念、意向或重复做出某种动作。其特点是有意识的自我强迫和自我反强迫并存，两者强烈冲突使患者感到焦虑和痛苦。患者明知某种行为或观念是不合理的，但又无法摆脱，因而非常痛苦。病程迁延者可表现为以仪式化动作为主而心理痛苦显著减轻，但社会功能严重受损。强迫性神经症包括两大类，一类是强迫观念，指患者反复而持久地思考某些没有实际意义的问题，可以是思想、观念、印象或念头等，患者力图摆脱，但又无能为力，因而紧张苦恼、焦虑痛苦，并出现躯体症状。常见强迫性穷思竭虑、强迫怀疑、强迫联想、强迫回忆、强迫对立思维等。另一类是强迫行为，指反复出现的、刻板的仪式动作，患者明知无意义，但又非做不可。往往是作为减轻强迫观念引起的不良心境而采取的顺应行为，以强迫检查和强迫清洗最常见。

常见强迫性神经症主要类型有：

强迫检查：强迫检查行为是患者为减轻强迫怀疑引起的焦虑而采取的措施。如出门时反复检查门窗是否关好，寄信时反复检查信中的内容，看是否写错了字等。

强迫清洗：患者为消除受到脏物、毒物或细菌污染的担心，常反复洗手、洗澡或洗衣服。有的患者不仅自己反复清洗，而且要求与他一道生活的人，如配偶、子女、父母等也必须按照他的要求彻底清洗。

强迫性仪式动作：患者必须按照有固定格式的行为组合仪式行动，稍有差错，便从头做起。如，患者出门时必须右脚先迈出门，如遗忘则回来重新出门。

强迫计数：不自主地点数台阶、楼层、窗格或路边的树木等。本身并无现实意义，患者完成计数，只是为了解除某种担心或避免焦虑的出现。有的患者只是在自己头脑里计数，或重复某些词句，以解除焦虑。

强迫性穷思竭虑：患者对日常生活中的一些事情或自然现象，寻根究底，反复思索，明知缺乏现实意义，没有必要，但又不能自我控制。例如，反复思索：为什么1加1等于2而不等于3？树叶为什么是绿色，而不是其他颜色？有时达到欲罢不能，以致食不甘味，卧不安眠，无法解脱。有的患者表现为与自己进行无休止的争辩，欲罢不能，分不清谁是谁非。

强迫联想：患者脑子里出现一个观念或看到一句话，便不由自主地联想起另一个观念或语句。如果联想的观念或语句与原来相反，如想起“和平”，立即联想到“战争”；看到“拥护……”，就联想到“打倒……”等，称为强迫性对立思维。

强迫回忆：患者经过的事件，不由自主地在意识中反复呈现，无法摆脱，并因此感到苦恼。

强迫询问：为了消除疑虑或穷思竭虑给患者带来的焦虑，常反复要求他人不厌其烦地给予解释或保证。有的患者可表现为在自己头脑里自问自答，反复进行，以增强自信。这类患者常常不相信自己。

强迫症的发病与家庭环境和个体人格特征有较明显的关系，如拘谨、古板、犹疑、做事细致、过分注意细节、井井有条、要求十全十美等，这类人在某些因素作用下容易发病。

四、恐怖性神经症

典型案例

我会出丑

某大学一女生小K，自尊心特别强，性格内向。她总认为周围的人随时在注意她、评价她，担心自己会在别人面前出丑，因此，时时小心、事事谨慎，生怕有什么差错会被人发现，别人会议论她、瞧不起她。大学二年级，小K爱上了一位男同学，但不敢流露，生怕别人知道这个秘密。为了不让别人看出她心中的这个秘密，小K尽量不看别人的眼睛，成天低着头独来独往。一天，有个同寝室同学开玩笑说：我知道你爱上谁了，你别藏在心里啦！小K一听心里就发慌，觉得其他人都知道这个秘密了，想像同学们正在对她评头论足。从此，她见人就躲闪，有人与她说话，她就心慌意乱、语无伦次、面红耳赤。严重时，小K每天都会回顾自己在教室里、寝室里与同学们在一起的细节。

恐怖性神经症是一种以过分和不合理地惧怕某些特殊物体、活动或情境为主要特征的精神障碍。患者不得不回避所害怕的对象或情境。恐怖症的共同特征是：①某种客体或情境常引起强烈的恐惧；②恐怖发作时往往伴有显著的焦虑和植物神经症状；③极力回避所惧怕的客体和情境；④明知这种恐惧是过分或不必要的，但不能控制。恐怖症包含三个成分：①预期焦虑；②焦虑情绪；③回避行为。

恐怖性神经症常按恐怖对象分为以下三类。

单纯恐怖症：表现为对某一种或一类特殊物体、情景或活动的害怕。这类患者害怕的往往不是与这些物体接触，而是担心接触之后产生可怕后果。例如：患者不敢接触尖锐物品，害怕会用这种物品伤害别人；害怕各种小动物会咬自己等。大多数患者认识到这些害怕是过分的，不合理的，实际上并没有什么可怕，但却无法控制自己的恐惧。即使向患者保证，仍不能减轻他们的害怕情绪。按照患者恐惧对象的特点，可分为动物恐怖、自然环境恐怖、血—伤害—注射恐怖、其他特殊恐怖等。

广场恐怖症：指害怕到某些特定的场所，并产生回避行为及心理障碍。可伴有惊恐发作。如害怕到人多拥挤的场所、害怕使用公共交通工具、害怕单独外出或单独留在家、害怕到空旷的场所等。当患者进入这类场所或处于这种状态便感到紧张、不安，出现明显的头昏、心悸、胸闷、出汗等植物神经反应；严重时可出现人格解体体验或晕厥。由于患者有强烈的害怕、不安全感或痛苦体验，常随之而出现回避行为。在一次或多次类似经历以后，常产生预期焦虑；每当患者遇到上述情况，便会感到紧张，极力回避或拒绝进入这类场所。在有人陪伴时，患者恐惧可以减轻或消失。

社交恐怖症：是以害怕与人交往或当众说话，担心在人面前出丑或处于难堪的情况，因而尽力回避为特征的一种恐怖障碍。主要表现在生理和心理两个方面。在生理上，紧张者表现为面部肌肉僵直、不自然，身体的某些部位不由自主地发抖、心跳加快、手心冒汗等症状；在心理上，紧张者主观上感到别人都在盯着自己，看到了自己的紧张表现，甚至别人还在心里嘲笑自己，他们就会产生一种逃避心理。在公共场合，尽量逃到不会被人注意到的角落，而且尽量不发言，来减轻自己的紧张状况。社交恐惧症的表现形式不仅仅是面对陌生人而手足无措，而且还表现为不能在公众场合打电话，不能在公众场合和人共饮，不能单独和陌生人见面，不能在有人注视下工作等较为极端的行为。

患者所害怕的对象或处境若非外在的则不属于恐怖症。如对自身疾病的恐惧。

社交恐怖的自我调适

(1) 积极的自我暗示：每天晚上睡觉前和早上起床后，对自己说20遍“我接纳自己，我相信自己！”通过这种积极的自我心理暗示，逐步改变我们心里以前对自己的否定观念，学会悦纳自己，培养自己的信心。

(2) 系统脱敏训练：改变是不大可能一步就到位的，它是一个渐进的过程，我们需要一步一步地来战胜自己的紧张心理。先为自己设立一系列的行为目标，比如说列出10个自己以往紧张的交际场景，然后再根据自己的情况，将其按由易到难的顺序来排列。这样由易到难地去进行一项一项的社交实践训练，每一项练到很轻松自如了，就可以进入下一项的练习。要相信，人的能力是在实践活动中经过锻炼而逐渐培养发展起来的，社交能力也是如此。

(3) 镜子技巧：每天拿10分钟左右的时间，站到镜子前面，看着镜中自己的眼睛，对自己大声说道：“我相信自己可以轻松自如地与别人交往！”“我相信自己一定能成功地改变！”如此反复多遍，要细细地体验自己内心所发生的变化，感觉一下自己是否相信这句话。

(4) 放松入静训练：找一个安静没有人打扰的地方，舒适地坐下来，闭上眼睛，想像自己来到一个青山环绕、绿树成荫的幽静地方，心境变得平和起来。现在开始放松，从头部、颈部、手臂、胸部、腹部、背部、臀部、大腿、小腿、脚部依次想像变松变软……每天至少一次，通过经常这样的练习，能帮助我们控制自己的身体，有助于克服紧张的反应。

(5) 阅读伟人传记：尝试着看一些名人伟人的传记，用他们的成长和成功经历来激励自己，使自己树立起愿意改变的勇气和信心，同时，看过这些伟人的事迹后，还能起到偶像的作用，我们可能会潜在地模仿他们的一些积极的思想和行为。比如：海伦·凯勒、林肯、福特、诺贝尔、拿破仑等的传记。

(6) 学习人际交往技巧：查看一些关于人际交往和口才技巧方面的杂志和书籍，多学习别人的人际交往的经验，来提高自己的交际能力，这样，有助于帮助我们树立起与他人交往的信心。

五、神经衰弱

典型案例

大一男生小B,来自贫困山区。父亲在他几岁时去世。由于经济原因哥哥姐姐初中未毕业就辍学。现在家中只有六十多岁的多病的老母亲,经济愈加不好。每月靠100元贷款和哥哥给点资助维持学习生活。为了能完成学业,一周只吃一份菜,班上开展的要花钱的活动,如郊游、生日宴会等,都不参加;尽量节约几角钱甚至几分钱。时常被经济问题弄得心神不安。听到有的同学嘲笑、讥讽说"农村来的就是小家子气"、"吝啬"、"没有小伙子的潇洒气度",就感到是对自尊的伤害、人格的侮辱。有些同学还指责他不关心集体。小B委屈、苦闷、孤独、自卑,常常叹息命运对自己不公平。小B认为"人要活得有骨气些。"所以从没把自己的困难告诉过他人。

近半年来,小B出现夜间盗汗、难入睡、易惊醒,白天头昏、四肢无力、常感胸闷、心悸。基本上不能把心思集中在学习上,学习效率低,成绩不理想,觉得很对不起亲人和家乡父老。由于他是解放以来全村惟一的大学生,所以在来上大学之前,老乡们特意凑钱放了庆贺电影。当时,小B心里很激动,决心好好学习,争取考上研究生。如今这样的状况,小B感到自己简直是个低能儿,不知怎么办。

神经衰弱是大学生中极为常见的心理障碍。它的特点是容易兴奋、迅速疲倦、常有情绪烦恼、易激惹等情感症状,以及各种躯体不适感和睡眠障碍等生理功能紊乱症状。这些症状不是继发于其他疾病。由于神经衰弱可能是许多躯体疾病和某些精神病的早期症状,因此,必须特别注意鉴别。

引起大学生神经衰弱的主要原因,是由于长期存在的某些精神因素引起大脑活动过度紧张,从而使大脑活动减弱。还与大学生个体缺乏良好的适应能力和个体生活中应激事件多有关,如学习负担过重、专业思想不稳定、个体自我调节失灵,对社会、对人生疑虑过多,在家庭问题上、恋爱问题上犹豫徘徊或受到挫折等因素。在患者头脑中产生强烈的思想冲突,使得神经活动过于强烈而持久地处于紧张状态,超过了个体神经系统的张力所能承受的限度,从而引起崩溃和失调。有易感素质和不良个性特征的人,更易患神经衰弱。

患神经衰弱的学生,应合理安排学习和生活作息,适当参加娱乐活动和体育锻炼,并进行必要的心理治疗,一般可以收到较好的效果。

第三节　进食障碍与睡眠障碍

一、进食障碍

典型案例

大三女生小云猝死,体重不足30公斤。法医初步鉴定,她可能患有神经性厌食症。而她的父亲透露,小云在生前断断续续喝了5年大黄茶,肝功能一直不好。医生说,小云的厌食症，其最根本的原因是体象障碍，哪怕已经很瘦，却总觉得自己还不够瘦。如一位1.6米高的少女，体重只有80斤，却依然认为自己太胖，坚持不进食。体象障碍，是心理障碍的一种。

小云虽是一个个案，但值得警惕的是，很多女孩乱吃减肥药、过度节食，是导致厌食症的主要原因。"以瘦为美"深入人心，很多女生追求纤瘦。神经性厌食症的增多，与社会文化有着密切联系。许多少女为达到"瘦"的目标，不吃肥肉等食物，渐渐地，连主食也不吃了，而以水果为主；与此同时，她们为减肥又过度消耗体力，渐渐地失去了对饮食的兴趣。到后期，部分患者会有贪食症症状，并采用催吐、泻药等方式将食物强制排出体外，从而造成患者内分泌紊乱以及情绪紊乱，并伴有抑郁症状。由于营养不良，后期神经性厌食症患者的消化功能往往会减退，当他们认识到饮食的重要性时，已经无法控制自己的食欲了。除胃肠功能会衰竭外，性功能和心肺功能也会减退，如果不及时治疗可能导致死亡。同时，也有一些患者因抑郁症，对生活失去信心，然后自杀死亡。

"因为神经性厌食症是心理障碍引起的身体疾病，所以纠正心理障碍，才是治疗关键。"某医生说。曾有一名18岁少女，1.62米的个子只有72斤，也是因为怕胖而减肥的，经住院治疗后体重增至80多斤。可是出院后，少女始终没有改变自己太胖的观念，再次减肥禁食，结果体重迅速下降至60斤。这时，少女已皮包骨头，面下部凹陷，连人格也发生改变，变得淡漠、自私和固执。医生在她家长的帮助下，对她进行体象障碍纠正，让她认识到心身健康才是真正的美。经过三个月的综合治疗后，她康复出院，前不久，她考上了浙江某大学，现在体重已经有100多斤了。

进食障碍是一组以进食行为异常为主的精神障碍，表现为反常的进食行为和情绪异常，伴发显著的体重改变和/或生理功能紊乱。主要包括神经性厌食症和神经性贪食症。

神经性厌食症是由心理因素引起的厌食或拒食，以自愿的饥饿和明显的体重下降为特征，多见于青少年女性。轻者营养不良、闭经、抵抗力下降；重者生理功能紊乱、心动加速、卧床不起，需要送医院治疗。

神经性贪食症以发作性暴食为主要特征。暴食发作时常有情绪改变，表现出不可抗拒的摄食欲望和行为，甚至一次可摄入正常量的数倍食物。食后出现厌恶、内疚、担忧，以呕吐、导泻、利尿、禁食或过度运动等方法来抵消体重增加。发作间歇期食欲多数正常，伴有自我催吐、导泻的患者可因消化道出血和其他并发症而威胁生命。例如，一位女大学生这样描述她的感受："可能因为学习考试加找工作的压力太大，我得了暴食症。每当忧虑、烦躁、压力加大时，我就会以吃东西来缓解自己的压力，一直吃到胃撑得受不了为止。然后害怕发胖，就再吐出来，我很痛苦，甚至痛不欲生。每次吃完就后悔，太难受了，下次再不这样吃了，或者让家人监督自己，但是一点作用也没有，有时家人不让吃就生气，甚至更甚。"

造成进食障碍的原因包括过度关注外界评价、低自尊和过分追求完美。在青春期自我意识尚未完善阶段，特别容易走入误区。近年研究发现，家庭环境也在对此造成影响。进食障碍的治疗包括营养状况的恢复、心理治疗和药物治疗几个方面。

二、睡眠障碍

睡眠障碍指各种心理社会因素引起的非器质性睡眠与觉醒障碍。包括失眠症、嗜睡症和某些发作性睡眠异常情况(如睡行症、夜惊、梦魇等)。

失眠症是一种以失眠为主的睡眠质量不满意状况,其他症状均继发于失眠,包括难以入睡、睡眠不深、易醒、多梦、早醒、醒后不易再睡、醒后不适感、疲乏,或白天困倦。失眠可引起患者焦虑、抑郁,或恐惧心理,并导致精神活动效率下降,影响社会功能。

嗜睡症指白天睡眠过多。不是由于睡眠不足、药物、酒精、躯体疾病所致,也不是某种精神障碍(如神经衰弱、抑郁症)症状的一部分。

睡行症指一种在睡眠过程中尚未清醒而起床在室内或户外行走,或做一些简单活动的睡眠和清醒的混合状态。一般不说话,询问也不回答,多能自动回到床上继续睡觉。通常出现在睡眠的前 1/3 段的深睡期,不论是即刻苏醒或次晨醒来均不能回忆。

第四节　人格障碍与性心理障碍

一、人格障碍

典型案例

我总是受害者

大学二年级男生小 L 这样向心理咨询师介绍自己:"高三时我的学习成绩相当好。我一向我行我素,因为我具有比别人更强的能力和智慧。当然,有时结果不理想,但那不是因为我的能力存在什么问题,而是客观原因造成的。平常我虽然常与人交往,也很喜欢与同学交谈,但我总觉得他们嫉妒我的才能,总是用一种异样的目光看我,他们不承认嫉妒我,但我认为他们在说谎,是在辩解。有的人因此不主动接近我,这说明了什么呢?还不是嫉妒我的才能。还有,那时我爱顶撞班主任,我觉得他的想法经常是错误的,反而说我是错的。"

"我认为现在我在大学同学的眼中属于人见人恨那种人。我才不管别人的感受。他们一定还认为我思想简单,最好欺负。我懒得与他们交往,我更喜欢自己独处。但我对别人的怀疑一直没有放松。我为什么要信任他们呢?如果信任他们,说不定哪天他们就会利用我的信任。最近我就被人利用了,毫无道理,我被调寝室了。为什么要调我?我断定有人搞鬼,肯定是因为他们嫉妒我的才干,我愤愤不平,觉得班主任这样对我实在是很不公平。班主任说我一直搞不好同学关系。我为什么要理那些人呢?我已给校长写信,直述了我所蒙受的耻辱,并且直述了我对班主任的看法。我女朋友还不让我这样做呢!她劝我算了,我不听,她就说我有病,我有什么问题,我看是她变心了。我一直都注意到,她每次见到班主任的眼神都很特殊。如果他们俩真有什么,我就更是与他们没完。"

人格障碍是指人格特征明显偏离正常,患者形成了一贯的反映个人生活风格和人际关系的异常行为模式。这种异常行为模式显著偏离特定的文化背景和一般认知方式(尤其在待人接物方面),明显地影响其社会功能,造成对社会环境的适应不良,患者为此感到痛苦,并已具有临床意义。人格障碍通常始于童年期或青少年期,并长期发展到成年期或终生。常见的有以下几种类型:

偏执型人格障碍:以明显的猜疑和偏执为主要特征的一类人格障碍。特点是主观、固执、敏感多疑、心胸狭隘、报复心强。一方面,骄傲自大,自命不凡,总认为自己怀才不遇,自我评价甚高;另一方面,在遇到挫折失败时,又过分敏感,怪罪他人,推诿客观,很容易与他人发生冲突与争执。患者把生活中本与自己无关的事件都认为是针对自己的,对现实生活中或想像中的耻辱特别敏感多疑。

依赖型人格障碍:缺乏独立性,感到自己无助、无能和缺乏精力,生怕被人遗弃。将自己的需求依附于别人,过分顺从于别人意志。要求和容忍他人安排自己的生活,当亲密关系终结、中断联系或孤独时则有被毁灭和无助的体验。有一种将责任推给他人来对付逆境的倾向。

冲动型人格障碍:又称攻击型人格障碍。以行为和情绪具有明显的冲动性为主要特点。发作没有先兆,不考虑后果,不能自控,易与他人发生冲突。发作之后能认识不对,间歇期一般表现正常。

强迫型人格障碍:以要求严格和完美为主要特点。做事过分谨慎与刻板,事先反复计划,事后反复检查,不厌其烦。平时犹豫不决,优柔寡断。不合理地坚持要求别人严格服从或按照患者的方式做事,否则就极不愉快。表现为过分拘谨、刻板、无业余爱好、缺乏愉快和满足体验、较易于内疚或悔恨自己。

反社会型人格障碍:以行为不符合社会规范为主要特点。这种人感情冷淡,对人缺乏同情,漠不关心,缺乏正常的人间爱;挫折耐受性差,轻微刺激即可引起冲动性行为;即使给别人造成痛苦,也很少感内疚,缺乏罪恶感;因此常发生不负责任的行为,甚至是违法乱纪的行为,屡教不改。

分裂型人格障碍:以极端孤僻、社交退缩、情感冷酷,对人缺少感情为主要特征。患者对生活缺乏热情和兴趣,对喜事缺乏愉快感,对人冷淡,缺少知音,我行我素,很少与人来往,过分沉湎于幻想。

人格障碍形成的原因比较复杂,大量的研究资料和临床实践表明,生物、心理、社会环境等方面因素都会对人格的形成产生影响。目前一般认为,生物因素是形成人格障碍的原因之一,但可能不是主要的;童年期精神创伤和不合理教养是人格障碍形成的重要原因;恶劣的社会风尚和不合理的社会制度均可影响儿童的心身健康,与人格障碍的发生有一定关系。个体人格一旦形成,往往具有一定的稳定性,要改变并非易事,但通过长期加强自我调节和进行各种治疗,人格障碍可以在一定程度上得到纠正。

二、性心理障碍

性心理障碍泛指性心理和性行为明显偏离正常,并以这类性偏离作为性兴奋、性满足的主要或惟一方式为特征的一组心理障碍。主要分为三类:

（一）性身份障碍

患者有改变自身性别的强烈欲望，如易性症。有两个特点，一是持续存在的强烈的自我性别认同障碍，即强烈认同自己为相反的性别；二是对自己的生理性别有强烈的厌恶感，以致要求改变自己的生理性别。

典型案例

成都小晓的故事

在成都，有一位十七岁的大学生小晓，一直梦想着成为“梅艳芳第二”，为实现这个愿望，他决定改变性别。小晓的童年在乐山犍为县乡下度过，父母都是农民。作为家里的独苗，母亲格外宠爱他。由于长相乖巧，母亲经常给小晓穿裙子，并且在他的左耳打了两个耳洞，戴上耳坠。而与他从小一同长大的堂姐常给他穿裙子，为他梳扎辫子。小晓说，他从小生活在女性圈子里，和女生一起玩，所以接受的习性更多是女性的，“就像一个人从小生活在狼窝里，长大了便有狼性一样。”

上中学以后，小晓开始清楚地知道“自己不是女孩子”，但在心底深处，他渴望自己是一名女孩子。这种生活犹如一个魔鬼左右撕扯着他的思维：是否该勇敢地追求自己的真实想法？

上初二时，他收到了一封情书——一同班男同学李刚向他表达了爱意，“我忐忑不安地接受了……”就这样，两个男生谈起了恋爱，这在小晓所在的小城引起了“喧哗”。一年后，经过一番思想挣扎，小晓决定和李刚分手，他在给李刚的信中写道：“我现在还是男生，不能和你再谈情感了……”

去年，16 岁的小晓考入成都某校音乐教育系学习。此时，他变性的愿望越发强烈起来，甚至由于无法接受和男同学同住一个宿舍，向学校提出单独住一个宿舍的申请。只有在网络世界里，小晓才能博得网友“叶子姐姐”等人的理解，许多女性朋友都把小晓当作妹妹来照顾。

（二）性偏好障碍

患者采用与常人不同的方式来满足性欲。主要有以下几种：

恋物症：异性常用的贴身物品对患者具有强烈的性兴奋作用，以致患者偏爱或只喜欢这种方式满足性欲。患者经常收集这些物品，并从这些物品上获得性满足。患者多为男性，这类物品多为女性的乳罩、内裤、头发等。

典型案例

女生内衣为什么总丢失

某大学女生宿舍连续发生失窃案，丢失的都是女生的内衣、内裤、乳罩之类的小件衣物。保卫部门于是布置人员伏守，终于抓获了偷窃者。原来是某专业一名二年级男生。在该生的箱子里还找出十几件女生内裤、乳罩之类的物品。据他交代，他一见女性的内衣裤等物品就有一种抑制不住的冲动，想拿来抚弄摸玩，从中得到满足和快感。有时还一边抚玩观赏，一边手淫。上中学时有些女同学有时说“不方便”或“不舒服”而不上体育课，年龄大的男生说是因为“例假”或“月经”来了。他觉得很好奇和神秘，隐约觉得与女性的某种秘密有关。上高中时，一次他路过住校女生宿舍，看到路旁晒着的女生内衣内裤，心里突然产生了要探个究竟的冲动，顺手取走一条三角裤，回到家里偷偷玩弄，感到一种从未有过的满足。以后他在好几个地方偷过女工、女学生的内衣裤和胸罩。每次偷窃和摸弄女性衣物都给他带来说不清的满足，事后他也曾后悔、自责、害怕过，知道恋物行为不光彩，偷窃女生衣物这种行为会扰乱学校治安，可能给自己带来麻烦和严重处罚，但他仍难以控制自己的行为，因而经常处于内心矛盾、痛苦、忧郁、自责、自卑和孤独之中，甚至在日记里把自己狠狠地骂过。到了大学后，他的行为继续持续，直至被抓住。据了解，该生平时比较内向、拘谨，品行良好，无其他劣迹或流氓行为，大学学习成绩良好。在给予批评教育后，保卫部门老师要求该生到学校大学生心理健康咨询中心进行心理咨询。

异装症：以异性装扮为主要方式来获得性满足。

摩擦症：指以用阴茎在他人身上抵触或摩擦以达到性兴奋，大多在拥挤的场合。

露阴症：指反复多次在陌生人毫无准备的情况下暴露自己的外生殖器以达到性兴奋的目的，通常选择一些比较僻静的角落，或容易逃跑的地方，但无进一步性行为。

典型案例

某日中午午休时间，教学楼里静静的，一间教室里有两位女同学在自习，教室门半掩着。突然，一个男生站到门口，手中握着他的生殖器并对她们做猥琐动作，两位女生惊诧得难以置信，还没等她们反应过来，那男生就走开了。没想到，过了一会儿，他竟然又回到教室门口，重复以上动作！其中一名女生，把书一摔，站起大喝一声，然后追出去，他撒腿就跑，跌跌撞撞冲下楼去……。女同学当即向管理员反映，管理员说：“有人脑子不正常，你们厉害点吼他两句，这事不是第一次……。”女同学随即又向学校有关部门报告了情况。

性施虐与性受虐症：前者是指从给性伴侣施加虐待性行为（如：捆绑、侮辱）造成痛苦中获得性满足。后者则从性伴侣所施加的虐待性痛苦中获得性满足。只有施虐、受虐行为成为最重要的或必备的性满足手段时，才属于这类心理障碍。

（三）性指向障碍

对常人不引起性兴奋的人或情境对患者却具有强烈的性兴奋作用。如同性恋，在正常生活条件下，从少年时期就开始对同性成员持续表现性爱倾向，包括思想、感情及性爱行为；对异性可毫无性兴趣，也可仍有减弱的性爱倾向和正常的性行为。某些人由于性指向障碍可伴发心理障碍，如：个人不希望如此或犹豫不决，为此感到焦虑、抑郁，及内心痛苦，有的试图寻求治疗加以改变。这也是《中国精神障碍分类与诊断标准（第3版）》（CCMD-3）中，纳入同性恋的主要原因。

在国内大学生群体中，同性恋倾向者有逐渐增加的趋势。其原因非常复杂，但其中不乏由于好奇，抱着“好玩”的态度去尝试同性恋；也有将同性恋当作时尚，认为“和异性谈恋爱是生活必需品，和同性谈恋爱是时尚”等等。

性心理障碍是由成长过程中的性心理发育、遗传因素、教养方式、教育背景、社会影响等一系列因素造成的。病因复杂，其治疗也比较困难。应从婴儿就正确培养，加强青春期性知识教育，引导正常性行为发展，一旦出现不正常性心理、性行为，应及时求治，防止其发展。目前主要采用心理治疗，配合药物治疗。

典型案例

我是同性恋吗

有一位大学二年级的女生，是系里的宣传部长，她性格活泼，好动，主动大胆，乐于与人交往，凡事积极向上。可是，她却总觉得自己内心深处藏着一个不可告人的秘密，冷不防地会冲出来咬她一口。这是一个什么秘密呢？她在给我的信中写道：“今年6月中旬，学校已经进入了期末复习备考阶段，而我一面要学习，一面还要忍受一件不可思议的事对我的折磨。在多次克制、回避都无用处的情况下，一个雨夜，我终于对一个女生说了如下的话：‘我很想见到你，但又怕见到你……’今天下午，我去书店查了一本书，想知道自己是否属于同性恋情况。”

她怀疑自己是“同性恋”，是因为自己很佩服那位女生，想与她一起玩，看见她与别人要好，心中很是嫉妒。那位女生在自己眼中，是一个完美无缺的人：篮球打得好，头脑非常敏锐，知识面很广，对生活充满热情……

她把同性之间的亲昵感情与“小心眼儿”，当成了“同性恋”心态而寝食不安，并招来不必要的烦恼，这与见诸于报刊的有关文章不够严谨、不够科学，难免与误导有关，也与她本人对性科学知识一知半解有关。倘若她对正常与非正常的性心理、性行为有更多一些的了解，就不会为此事担惊受怕了。

思考与讨论

南瓜试验

在美国麻省Amherst学院曾进行了一个有意思的试验。实验人员用很多铁圈子将一个小南瓜整个箍住，以观察当南瓜逐渐长大时，对这个铁圈产生的压力有多大。最初，他们估计南瓜最大能够承受大约500磅*的压力。在实验的第一个月，南瓜承受了500磅的压力；实验到第二个月时，这个南瓜承受了1 500磅的压力；当它承受到2 000磅压力时，研究人员必须对铁圈加固，以免南瓜将铁圈撑开；最后当研究结束时，整个南瓜承受了超过5 000磅的压力后南瓜皮才产生破裂。他们打开南瓜并且发现它已经无法食用，因为它的中间充满了坚韧牢固的层层纤维，试图想要突破包围它的铁圈。为了吸收充分的养分，以便于突破限制它成长的铁圈，它的根部甚至延展超过8万英尺，所有的根往不同的方向全方位地伸展。

---

* 1磅=0.454千克，后同。

南瓜实验对你有什么启发？谈谈你的感受。

练习与实践

感情彩虹

程序：

(1) 请每位同学选择一种最喜欢的颜色，并将选择同种颜色的成员结合成小组。

(2) 每个小组的成员在一起讨论，为自己小组喜欢的颜色冠名，如红色象征着：“革命”或“热情”；绿色象征着“宁静”。

(3) 小组的成员代表向全组同学阐明本组所持颜色的观点，并谈谈由颜色的象征性及人们对其不同的理解联想到人的情绪多样性及其复杂性。

推荐阅读

一个农村女生的逆境独白

我考上大学那年，是全县的文科第三名。我们村已经十多年没出过一个大学生了，连邻居婶婶大娘都为我高兴。乡亲们特意送来红包表示祝贺，村头的奶奶给了我 20 元钱，直夸我有出息。

进了大学校门，头一个感受就是新鲜，我仿佛从地球的一隅被空投到了繁华的都市。我没见过火车、没见过大海，没见过那么宽的马路、那么高的楼房。初进校门，我惊呆了：比家里墙上的画还要漂亮呀！校园依山傍水、建筑物起伏有致……我一屁股坐在校园门口的一棵树下，再也不愿意站起来。

那时候，我特别喜欢到处闲逛。第一次去肯德基是陪一位同学结算暑期工的薪水，那杯加冰的可乐真好喝啊！当时我还不知道肯德基是世界著名的快餐店，心里特别羡慕同学，心想，要是自己有机会来这里打工就好啦！

因为觉得新鲜，所以也很愿意表现自己，主动认识同学，争取给老师多帮忙，但就在表现的过程中，我陷入了尴尬境地。

很多时候，我觉得自己像个白痴，即便再使劲儿表现也无济于事。上课时，老师带来投影仪，我坐在前排，老师随便点了我过来帮忙，可我只能手足无措地站在旁边，完全不知道该干什么。学校开了电脑课，这是我头一次瞧见电脑长啥样儿。我呆呆地坐在那里，看着旁边的同学熟练地开机、打字、做图。那一瞬间，我忽然理解了什么是被人取笑的“土”——我真的很土！

学生会要招新人，我满怀信心地报了两次名，要知道，从中学起，我一直都是班干部。可出乎意料的是，我竟然被拒收。原因是我无任何特长，书法、唱歌、跳舞、排球、网球，哪样都不灵。我想，要是我长得漂亮一点，或者衣服再光鲜一点，也许他们会让我做一些事务性的工作吧！可我是个处于贫困边缘的农村孩子。我头一次产生了深深的自卑感，对自己产生了全面怀疑。我忽然发现，除了考试，我居然什么都不行。

就连我上医院看病，都被医生数落一番。在校医院，我紧张得不知道该怎样向医生讲自己的病情！还是一个同学帮我向医生讲述症状。我至今记得那个医生的轻蔑眼光：“看看你，再看看人家，差得多远！还是大学生呢，连话都不会说。”我像被重棒猛击了一下！恨不得一头扎进地缝里。在那天的日记本里，我狠狠宣泄着耻辱感，恨自己的不争气，居然连反驳的勇气都没有。我愤怒地写道：谢谢你（指医生）告诉我这一点！我发誓，以后再不会出现这种事……直到现在，那一页的日记上还有清晰可见的泪痕。

所有的遭遇仿佛在时刻提醒我，我是个来自农村的孩子，身上打着农村的烙印！这个烙印带给我太多的不平、委屈，甚至是怨恨。我只能默默忍受，一点一点努力改变。但是，从哪儿下手呢？日常生活中我与别人不和谐的小事太多了。

因为我家乡口音浓重，连食堂的师傅都会责怪我说不清"四"和"十"。宿舍的同学也经常拿我开玩笑，尽管没有恶意，但次数多了，我心里很别扭。

我找来词典，把可能会发音错误的字和拼音抄在本子上，一个个地纠正。没人的时候反复练，每天讲话之前都要先想想再说，这样一直坚持了半年多。直到有一天，我去做家教的那家家长说："真奇怪啊，你是从农村来的，却没有口音。"听到这话，我真想大哭一场。

同宿舍还有一个农村来的女生。有时候，我们经常悄悄相互提醒注意一些生活细节，培养城市生活习惯，避免丢人。一天中午，只有我们俩在宿舍，我正在吃饭，她突然吞吞吐吐地告诉我："以后你吃饭不要弄出这么大声音。"我当时真想跑到我妈面前质问她：这些知识你为什么不告诉我！后来放暑假时，我还真问我妈了。她很惊讶，因为她从来没觉得这有什么不对。

在大学，同学们的价值标准也发生了巨大变化。上中学，只要你学习好，老师同学就喜欢你。可现在同学们比较的是谁会玩、谁能出风头、谁见多识广、谁有组织能力，甚至是谁的家庭背景好、谁的衣服贵、谁有钱，而这些，我都没有。

为了跟同学们玩在一起，我花费了很多心思。城里同学都会"转笔"：在做作业、思考问题的时候，手指灵活一翻，玩出各种花样。大家还暗暗比较看谁玩得好。为了学会"转笔"，我经常一个人偷偷在宿舍练，为此摔坏了好几支笔。

宿舍里有个同学的姐姐是商场收银员，这个同学因此会点钞。看她点钞，大家都觉得新鲜，都跟着学。我突然发现这项技能是个普遍的"空白"，大家起点都一样，我就拼命练。直到现在，我点钞还是又快又准。

我还学过打响指、报名学电脑。为了跟上大家时髦的话题，我特意记住了很多名车的牌子，像奔驰、宝马、本田、丰田等。

但是，这些好像都没有让我感到过自信，因为我总在学别人早已熟知的知识。而且"生活方式"包含的内容太多了，它是长期积累、不断学习并融入血液的过程，我学得很累，也很生硬。就算我掌握了很多，可我的独特性在哪里？

整个大一上半年，我每天都感到压抑和恐慌，经常一个人发呆。实在烦闷之极，就躲在宿舍使劲打被子。我一度怀疑自己根本不该来上什么大学。应当说，我人缘儿还不错，有几个谈得来的好朋友。但我很少求助于别人，宁愿自己摸索、摔打。

我的生活终于出现转机是在大三。那个教我们应用文写作的、脾气古怪的老师，让我们写一篇文章《我最喜欢的一本书》。这是小学的作文题目，很多同学觉得与课程无关，草草了事。可我写得很认真，我从小学起，作文成绩一直是班里数一数二的。

没想到讲评课上，那个老师竟大肆表扬了我一番，这可是"怪老师"从未有过的。他说我有"慧根"、有思想，如果以后好好写作，会成绩斐然，并建议大家传阅我的文章。

同学们纷纷来借我的文章。我想自己当时一定脸红了,但心里美滋滋的。我这个默默无闻的人,第一次被人重视起来。从此,班里、系里的同学都知道我的文章写得好。

不久,系学生会需要一个秘书长,辅导员问我愿意不愿意担任。我当时真有一种扬眉吐气的感觉。

因为学生会的工作,我认识了更多的人。跟其他同学、老师逐渐熟悉起来。后来,我参与并组织了多项活动,比如矿泉水的市场调查、中央电视台的居民收视情况调查、大学生科技创业项目等。在日益丰富的活动中,我锻炼了能力,性格也更开朗了。最重要的,是我逐渐找到了"自我"。

在矿泉水调查活动中,我认识了现在的"老板"——我的研究生导师。我在调查中的表现得到了他赏识,他主动问我愿意不愿意以后到他的公司工作。也正因为后来加盟到他旗下,我开始接触趣味盎然的管理咨询、职业咨询和心理学。

考上了研究生,并学习了心理学之后,回过头来看待那段心态不平衡的岁月,感慨良多:我不会像以前那样怨恨自己、怨恨我的出身。这是社会现实的客观存在,我与城市同学的差别是社会环境不同造成的,既不是我父母的错,也不是我的错。

如今看来,磨砺中的压力和焦虑都是我的财富。应当说,当环境转换、压力增大的时候,是一个人最痛苦的时候,但也是成长最快的时候。换句话说,因为你追求成长,所以才会遭遇这么多阵痛。

而且你会发现,所有快乐和幸福感都来自你一步步地成长,而不是你目前是什么水平。我从一个起点很低的地方走来,每一点进步都会让我感到满足,这是条件优越的同学体会不到的。我是个空瓶子,给我一点儿水,就觉得是收获。而有的人本身就端着盛有水的瓶子,遇到点波折就叫喊:"哎呀,我的水没有了!"不容易产生幸福感。

我还学会了宣泄。以前我认为流泪是不好的,常常躲起来哭。现在我认为,哭是表达情绪的方式,我哭完,也不会觉得自己软弱。另外,当你烦闷的时候,找一个信任的朋友聊聊天,或痛快地打一场球、购物,都比一个人生闷气强。

最重要的是积极储备、耐心寻找机会。我常常想,"作文"是我的一个机遇,但是不是我特别幸运呢?不见得。关键在于,我们虽然承受痛苦,却依然要保持积极进取的心态。我相信,只要不断充实自己、提高自身素质,机会一定会青睐于我。每个人都有优势,只要努力,肯定会有展现自我的那一天。

我至今深深怀念和感谢的,是我们宿舍友善可爱的姐妹们。记忆中的温馨片段是我大学生活最美好的剪影。我的很多的"第一次"都是和她们一起度过的,第一次吃海鲜、吃荔枝、坐电梯、学游泳等等。我的第一件棉外套也是在她们七嘴八舌的讨论下买的,她们怕我不认识路,不会砍价,特意陪我去……这件衣服我穿了整整四年。

虽然我现在离开了那个城市,但我仍然认为那里是我的半个家,因为曾经的岁月,我的同学们、朋友们曾扶持、陪伴我一起走过。

(引自:中国青年报.原文作者高艳)

参考文献

段鑫星,赵玲.2003.大学生心理健康教育.北京:科学出版社

樊富珉.1996.团体咨询的理论与实践.北京:清华大学出版社

樊富珉.1997.大学生心理健康与发展.北京:清华大学出版社

郭念锋.2002.心理咨询师.北京:民族出版社

郝伟.2002.精神病学.北京:人民卫生出版社

洪炜.1996.医学心理学.北京:北京大学医学出版社

胡佩诚,宋燕华.1999.心理卫生和精神疾病护理.北京:北京大学医学出版社

黄希庭,郑涌.1999.当代大学生心理特点与教育.上海:上海教育出版社

黄希庭,郑涌.2000.大学生心理健康与咨询.北京:高等教育出版社

黄希庭.2004.大学生心理健康教育.上海:华东师范大学出版社

贾晓明.2005.大学生心理健康——走向和谐与适应.北京:北京理工大学出版社

姜乾金.2003.医学心理学.北京:人民卫生出版社

姜宪明.2001.大学生心理自我保健.北京:北京出版社

李虹.2004.压力应对与大学生心理健康.北京:北京师范大学出版社

梁宝勇.2002.变态心理学.北京:高等教育出版社

林崇德.2002.咨询心理学.北京:高等教育出版社

刘华山.2001.心理健康与学校心理辅导的研究.当代中国心理学.北京:人民教育出版社

刘胜林.2004.让孩子成为最好的自己:启迪自我的教育.成都:四川人民出版社

刘兆吉.1995.高等学校教育心理学.北京:北京师范大学出版社

马文元.2002.全科医生心理治疗手册.北京:人民卫生出版社

皮亚杰.王宪钿等译.1981.发生认识论原理.北京:商务印书馆

钱禧.2005.现代大学生综合素质教育与心理健康教育及心理测试指导全书.北京:中国教育出版社

申荷永,高岚.2001.心理教育.广州:暨南大学出版社

史克学,张喜琴.2003.现代人际交往艺术——沟通人生.北京:中国国际广播出版社

陶国富,王祥兴.2003.大学生交往心理.上海:华东理工大学出版社

王登峰,崔红.2003.心理卫生学.北京:高等教育出版社

王登峰.1992.大学生心理卫生与咨询.北京:北京大学出版社

王声涌.2003.伤害流行病学.北京:人民卫生出版社

王希永,金庆昕.2001.大学生心理保健.广州:中山大学出版社

王裕如.2001.现代人的性困惑.南京:江苏科学技术出版社

谢炳炎.2006.大学生心理健康教育与指导.长沙:湖南大学出版社

辛治华.1990.心理卫生——日常生活和工作中的适应心理学.太原:山西教育出版社

颜世富,俞平等.1998.储备辉煌.北京:学林出版社

杨钋、林小英.2001.聆听与倾诉——质的研究方法应用论文集.北京:教育科学出版社

余琳,崔芳等.2004.大学生心理健康.武汉:武汉大学出版社

张大均.1999.教育心理学.北京:人民教育出版社

张厚粲.2001.大学心理学.北京:北京师范大学出版社

赵小青.2000.自我训练——如何与人交往.上海:上海科学普及出版社

郑日昌.1999.大学生心理卫生.济南:山东教育出版社

郑希付.2003.健康心理学.武汉:华中师范大学出版社

Dennis Coon 著.郑钢等译.2004.心理学导论——思想与行为的认识之路.北京:中国轻工业出版社